普通高等院校新形态一体化“十四五”规划教材
上 海 高 等 学 校 一 流 本 科 课 程 配 套 教 材

数据库技术及应用

（第二版）

谷　伟◎主　编
张校玮　陈佳敏　张　芊　邢振祥◎副主编

中国铁道出版社有限公司
CHINA RAILWAY PUBLISHING HOUSE CO., LTD.

内 容 简 介

本书结合上海市一流课程建设和上海市优质在线课程建设进行编写，按照应用型本科人才培养目标要求，并以成果导向为目标设置教材内容，旨在培养学生的数据库设计能力和数据管理能力。主要内容包括数据库概述、数据模型、数据库设计基础、SQL基础、数据库编程、关系规范化理论、数据库安全管理、数据库应用系统项目案例、SQL Server 2019操作与应用等。全书以课程能力目标为出发点设计每个章节的具体内容，将知识和能力相结合进行讲授，在讲解理论基础的同时，注重应用能力的培养。

本书内容系统全面，实用性较强，为了强化SQL的应用，弱化了数据库管理系统依赖，将SQL Server的操作单独成章，从而保持SQL语句的独立性，以使读者能更方便地使用任何数据库管理系统，掌握SQL Server的操作过程。

本书适合作为普通高等院校计算机类专业、信息管理类专业数据库技术课程的教材，也可作为数据库技术爱好者的参考书。

图书在版编目（CIP）数据

数据库技术及应用/谷伟主编．—2 版．—北京：中国铁道出版社有限公司，2023. 9（2024.7重印）

普通高等院校新形态一体化“十四五”规划教材

ISBN 978-7-113-30107-1

Ⅰ.①数… Ⅱ.①谷… Ⅲ.①数据库系统－高等学校－教材 Ⅳ.① TP311. 13

中国国家版本馆 CIP 数据核字（2023）第 054686 号

书　　名：数据库技术及应用

作　　者：谷　伟

策　　划：王春霞　　　　　　　　　　**编辑部电话**：（010）63551006

责任编辑：王春霞　彭立辉

封面设计：付　巍

封面制作：刘　颖

责任校对：刘　畅

责任印制：樊启鹏

出版发行：中国铁道出版社有限公司（100054，北京市西城区右安门西街 8 号）

网　　址：https://www.tdpress.com/51eds/

印　　刷：三河市宏盛印务有限公司

版　　次：2017 年 9 月第 1 版　2023 年 9 月第 2 版　2024 年 7 月第 2 次印刷

开　　本：850 mm×1 168 mm 1/16　**印张**：16.5　**字数**：429 千

书　　号：ISBN 978-7-113-30107-1

定　　价：45.00 元

前　言

数据库技术与人工智能、物联网技术一起被称为计算机界的三大热门技术，各领域与信息技术的融合发展，产生了极大的融合效应和发展空间。党的二十大报告提出：“加快建设教育强国、科技强国、人才强国，坚持为党育人、为国育才，全面提高人才自主培养质量，着力造就拔尖创新人才，聚天下英才而用之。”因此，如何更好地结合社会需求培养科技创新人才，是信息技术类相关专业面临的挑战和使命。

本书第二版在第一版的基础上对相关内容和知识点进行扩充和精简，围绕一个和学生密切相关的教学管理系统项目案例组织和设计学习数据库技术的原理和方法。全书围绕该案例贯穿数据库技术中各个模块的理论讲解，包括数据库系统的基本概念、数据库设计流程、SQL应用、存储过程和触发器、数据库安全管理、事务与并发控制、数据库备份和恢复等内容。通过项目实践，学生可以对技术应用有明确的目的性（为什么学）、对技术原理更好地融会贯通（学什么），也可以更好地检验学习效果（学得怎么样）。

本书具有以下特点：

（1）重视实际操作和理论要点。对IT相关知识的学习，必须要有很多实际操作过程，IT是做出来的，而不是想出来的。理论很重要，但一定要为实践服务，以实际操作带动相关理论的学习是最快、最有效的方法。本书围绕实际项目案例进行讲解，通过案例的学习，学生能够对数据库整体的设计和应用开发有全面的了解和掌握，减少许多盲目感，如只会画E-R图，只会按照要求创建表，不知这些表如何从E-R图得到的，不知整体是什么的盲目感。本书把数据库理论部分中最重要的部分进行讲解，并厘清相关理论之间的关系和对实际应用的作用。读者首先从整体了解数据库设计过程和步骤，之后深入局部细节，系统学习相关理论，并在此基础上不断优化和扩展细节，完善整体框架。

（2）SQL语句和SQL Server操作分开讲解。本书在正文中都是用数据库技术通用的SQL语句作为操作数据库的基础，从而使读者对SQL语句有完整的概念。而SQL Server界面操作部分，单独放在第9章进行讲解，读者学习相关知识后，也可以根据书中的相关操作内容，自己使用SQL Server界面形式创建案例中的数据库，从而达到融会贯通的目的，也提高了读者的自学能力。

（3）提供立体学习方式。本书为了方便读者随时学习，在传统教材编写的基础上，增加了微视频内容，可以为读者提供更加直观的学习方式，同时结合信息技术手段建立“智慧树”在线课程，以方便读者随时学习，构建立体化教材内容，实现教材建设和改革的目标。

本书由谷伟任主编，张校玮、陈佳敏、张芊、邢振祥任副主编，其中第1章、第2章、第3章由谷伟编写，第4章、第9章由张校玮编写，第5章由张芊编写，第6章由邢振祥编写，第7章、第8章由陈佳敏编写，全书由谷伟统稿。在本书的编写过程中，得到了有关学校和专家的大力支持，在此一并衷心感谢。

本书是上海市一流本科课程建设成果之一，并配套有上海市优质在线课程“数据库原理”在线学习平台，如有需要，可以和作者联系，Email：guwdx@126.com。

由于编者水平有限，书中难免存在疏漏和不妥之处，恳请广大读者不吝赐教。

编　者

2023年5月

目　录

第1章

数据库概述

随着信息化发展，信息技术已经成为人类赖以生存和发展的支柱，而各种大数据的广泛应用，使得数据库技术成为各种业务数据处理、数据资源共享、信息化服务的重要基础和核心，并与物联网技术、人工智能一起称为计算机界的三大热门技术。数据库技术是各种业务数据处理系统的核心。数据库的建设规模、数据量和应用深度已成为衡量一个国家信息化程度的重要标志，世界各国高度重视数据资源和数据库技术，并纳入重要优先发展战略。通过学习数据库有关知识和技术，可以为未来的业务数据处理和就业奠定重要基础。

在人类的工作和生活中，信息无处不在，人类在不知不觉中使用或产生大量的数据。例如，当顾客到卖场、超市进行购物结账时，收银员输入顾客的会员账号后，立刻就知道该会员的相关信息，包括买过多少商品等，这背后就是卖场超市的购物系统后台有个数据库，所有和购物有关的信息都会存储在这个数据库中，等待需要时查询并加以利用。数据无处不在，其形式和数量各不相同，需要使用合适的数据库管理系统或数据库技术存储和管理。

在探讨数据库技术之前，先回顾一下数据管理是如何发展的，从而帮助数据库设计人员正确理解数据库的相关理论和发展过程。

学习目标

本章主要介绍数据库的发展、数据库的基本概念、数据库系统的体系结构等相关内容。通过本章的学习，需要实现以下目标：

◎理解数据库管理方法中文件管理和数据库管理的区别。

◎识别数据库系统中的基本概念和关键元素。

◎理解数据库技术的基本特点。

◎了解数据库系统的体系结构。

◎知道数据独立性的含义。

1.1 数据库发展阶段

计算机数据管理技术随着计算机硬件技术（主要是外存储器）、软件技术和计算机应用范围的发展而不断发展，大致经历了三个阶段：人工管理阶段、文件系统阶段和数据库系统阶段。

1.1.1 人工管理阶段

视频

数据库发展介绍

20世纪50年代中期以前，以电子管为元器件的电子计算机主要用于科学计算；以打孔纸带机、磁带机、卡片机为外存储设备；无操作系统与数据文件管理软件；只依靠手工方式用纸卡片或表格等记载、存储、查询和修改数据。

人工数据管理阶段的主要特点如下：

① 数据面向应用。数据对应不同的应用程序，数据改变时程序也随之变更，不同应用程序间不能共享数据，造成数据冗余且不一致。

② 数据不独立。当应用程序改变时，数据的逻辑结构和物理结构也随着变化。

③ 数据无法存取。数据同程序一起输入，处理结果不能长期保存及重复使用。

④ 没有数据文件管理软件。由程序员设计并安排数据组织方式，数据由应用程序管理，无数据文件处理软件。

在人工管理阶段，程序和数据之间的关系是一一对应的，一组数据只能对应一个程序，多个应用程序如果涉及某些相同的数据，也必须各自定义，因此程序之间存在大量的冗余数据。

1.1.2 文件系统阶段

20世纪50年代中期到60年代中期，计算机以晶体管为主要元器件，磁盘作为存储设备，数据可用文件的形式存储，操作系统、汇编等语言的出现，促进对文件的管理。计算机不仅用于科学计算，还扩展到预订机票等多种业务数据的管理。此阶段的特点如下：

① 数据以文件形式保存。各种数据以文件的形式保存在计算机中，只能以文件存取，如同电子表格。

② 数据无法共享。文件在文件系统中仍面向应用，各种文件用同一数据时需要建立各自的文件，而不能共享，致使数据冗余度大且占用更多存储空间。

③ 数据不独立。软件同业务数据及结构互相关联影响，难以修改维护。

④ 数据管理功能简单。数据管理用文件系统，可减少程序员的工作。

可见，文件系统阶段对数据的管理虽然有了长足的进步，但随着数据量的急剧增加，文件系统的缺点逐渐突显，有些根本性的问题如数据不共享冗余大、数据不一致、数据文件缺乏关联没有得到彻底解决。

例如，用文件管理学校职工档案系统，由于各个部门需要的职工信息不尽相同，除了需要职工的基本信息外，还需要保存职工各方面的信息，因此需要不同的文件进行存储，从而导致有些信息不能共享，数据独立性差，具体如图1-1所示。

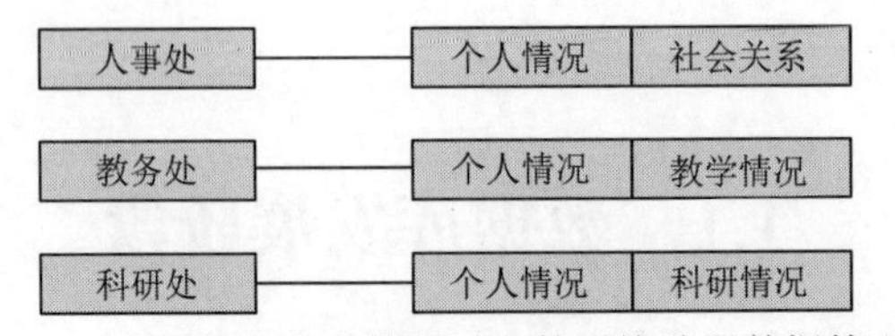

图 1-1　学校职工信息管理（文件系统阶段数据管理）

1.1.3 数据库系统阶段

20世纪60年代后期开始，业务数据快速发展及迫切需求极大地促进了数据库技术产生、发展和数据库管理系统的研发，数据库成为计算机领域中最具影响力和发展潜力、应用范围最广泛、成果最显著的技术，开始进入“数据库时代”。从计算机硬件技术来看，磁盘的容量越来越大并且价格低廉；从软件技术来看，操作系统已经开始成熟，程序设计语言的功能更加强大，操作和使用更加方便。这些软硬件技术为数据库技术的发展提供了良好的物质基础。同时发生了三件大事，标志着传统的文件管理数据向现代的数据库管理系统阶段转变：一是1968年IBM公司推出了世界上第一个层次模型的数据库管理系统IMS；二是美国数据系统语言协会（CODASYL）的数据库任务组（DBTG）于1969年发表了网状数据模型的报告；三是IBM公司研究员E. F. Codd连续发表论文，提出了关系数据模型及其相关概念，奠定了关系数据库的理论基础。

数据库系统对数据的管理方式有别于文件系统，是将所有应用程序需要的数据按照统一的结构集成在一起，在数据库管理系统（DBMS）的统一管理和监督下使用，可以满足多用户和多个应用程序的共享。因此，数据库管理技术的出现解决了数据独立性、数据冗余、数据共享、数据统一管理等问题。

数据库系统管理阶段的主要特点如下：

① 数据结构化集成。数据库系统以统一数据结构方式处理，使数据结构化，并且用规范的数据模型表示出来。数据结构的定义不仅要考虑某个应用的具体要求，还要考虑整个组织的整体要求，不仅要描述数据内部的结构，还要反映数据间的联系。全局的数据结构由多个应用程序共同调用共享，各程序可以调用局部结构的数据，全局与局部的结构模式构成数据集成。数据结构化是数据库系统和文件系统的本质区别。

② 数据共享性高。数据面向整个系统不再面向单一应用，数据可被多用户、多应用共享。数据共享不仅可以节约存储空间，而且可以大幅减少冗余，从而降低由于数据冗余造成的数据不一致现象。另外，数据库中主要存储基础、综合的数据，可以被多个应用程序共享，由于某一应用程序通常仅使用数据库中的一个子集，当新的应用需求被提出，或者修改原来应用程序时，只需要重新选择数据子集或者添加新的数据子集就能够实现，有利于系统功能的扩展。

③ 数据独立性强。所谓数据独立性，是指应用程序与数据库中数据相互独立，当数据的物理结构和逻辑结构更新变化时，不影响应用程序使用数据，反之修改应用程序不影响数据。

④ 数据统一管理控制。数据库由DBMS统一管理。数据库的创建、操纵和维护均通过DBMS实现，DBMS提供了友好的数据管理用户界面，便于使用，并且提供自动检测用户身份及操作合法性、数据一致性和相容性，保证数据符合完整性约束条件、数据安全性和完整性，以并发控制多用户同时对数据操作，保证共享及并发操作，恢复功能保障及出现意外时的自动恢复。

1.1.4 数据库发展新技术

借鉴数据库应用及多家分析机构的评估，数据库技术将以社会需求为导向，面向实际应用，并与计算机网络和人工智能等技术相结合，为新型服务提供多种支持。

1. 云数据库和混合数据快速发展

云数据库（Cloud Database）简称云库，是在云计算环境中部署和虚拟化的数据库。它将各种关系型数据库看成一系列简单的二维表，并基于简化版本的SQL或访问对象进行操作，使传统关系型数据库通过提交一个有效的链接字符串即可加入云数据库。云数据库可解决数据集中更广泛的异地资源共享问题。

2. 数据集成与数据仓库

数据仓库（Data Warehouse）是面向主题、集成、相对稳定且反映历史变化的数据集合，是决策支持系统和联机分析应用数据源的结构化数据环境。它以面向主题、集成性、稳定性和时变性为特征，主要侧重对企事业机构历史数据的综合分析利用，找出对机构发展有价值的信息，协助决策支持提高效益。新一代数据库使数据集成和数据仓库的实施更简捷，从数据应用逐步过渡到数据服务，开始注重处理关系型与非关系型数据的融合、分类、国际化多语言数据。

3. 主数据管理和商务智能

在企事业机构内部业务整合和系统互联中，许多机构具有相同业务应用的数据被多次反复定义和存储，导致数据大量冗余成为IT环境发展的障碍。为了有效使用和管理这些数据，主数据管理已经成为一个新的研究热点和方向。

商务智能（Business Intelligence）是指利用数据仓库及数据挖掘技术对业务数据进行分析处理并提供决策信息和报告，促进企业利用现代信息技术收集、管理和分析商务数据，改善决策水平，提升绩效，增强综合竞争力的智慧和能力的技术。它是融合了先进信息技术与创新管理理念的结合体，集成企业内外的数据，处理并从中提取能够创造商业价值的信息，面向企业战略并服务于管理层。

4. 大数据促进新型数据库

进入大数据时代，出现大数据量、高并发、分布式和实时性的需求，由于传统的数据库技术的数据模型和预定义的操作模式通常难以满足实际需求，致使新型数据库在大数据的场景下，取代传统数据库成为主导。

5. 其他新技术的发展方向

部分观点认为，面向对象的数据库技术与关系数据库技术相结合，将成为下一代数据库技术的发展主流。数据库技术与多学科技术的有机结合、非结构化数据库、演绎面向对象数据库技术将成为数据库技术发展的新方向。

课后练习

1. 下列关于文件管理阶段的描述是错误的是（　　）。
   A. 用文件管理数据，难以提供应用程序对数据的独立性
   B. 当存储数据的文件名发生变化时，必须修改访问数据文件的应用程序
   C. 用文件存储数据的方式难以实现数据访问的安全控制
   D. 将相关的数据存储在一个文件中，有利于用户对数据进行分类，因此也可以加快用户操作数据的效率
2. 下列说法中，不属于数据库管理系统特征的是（　　）。
   A. 提供了应用程序和数据的独立性
   B. 所有的数据作为一个整体考虑，因此是相互关联的数据的集合
   C. 用户访问数据时，需要知道存储数据的文件的物理信息
   D. 能保证数据库数据的可靠性，即使在存储数据的硬盘出现故障时，也能防止数据丢失

1.2 数据库系统的组成与类型

一个完整的数据库系统应包含可以反复使用的数据、可以管理数据的工具，以及数据库管理员和具体的应用程序和使用者，即数据、数据库、数据库管理、数据库管理员、应用程序和用户。

视频

数据库相关概念

1.2.1 数据

数据是指对现实世界的抽象表示，是描述客观事物特征或性质的某种符号。即把许多发生在现实世界的现象转化为象征性的符号，这些符号可以是文字、数字、图形、图像、声音、视频等。

给出某个数据的表现形式还不能完全表达其内容，需要经过解释才能确定其含义。数据的含义称为数据的语义，数据和它的语义是不可分的，如93是一个数据，它可以是学生某门课的成绩，也可以是某人的体重，或者是学生人数，因此在给出数据的同时，必须给出该数据的语义，才能正确使用该数据。

1.2.2 数据库

数据库（DataBase，DB）是长期存储在计算机内的、有组织的、可共享的数据集合，表现为一个或多个文件（如 SQL Server 中的.mdf 文件，Access 中的 .mdb 文件）。数据库中的数据是按一定的数据模型进行组织、描述和存储的，具有最小的冗余度、较高的数据独立性和易扩展性，并且可被各种用户共享。表1-1所示为一个有组织的数据集合。

表 1-1 学生登录表

学号	姓名	年龄	性别	系名	年级
95004	王小明	19	女	社会学	95
95006	黄大鹏	20	男	商品学	95
95008	张文斌	18	女	法律学	95
…	…	…	…	…	…

1.2.3 数据库管理系统

1. 数据库管理系统的主要功能

数据库管理系统（DataBase Management System，DBMS）是指建立、运用、管理和维护数据库，并对数据进行统一管理和控制的系统软件。它主要用于定义（建立）、操作、管理、控制数据库和数据，并保证其安全性、完整性、多用户并发操作及出现意外时的恢复等。DBMS是整个数据库系统的核心，对数据库中的各种业务数据进行统一管理、控制和共享。其重要地位和作用如图1-2所示。

DBMS的主要功能包括六方面：

（1）数据定义（创建）功能

数据定义功能主要是通过DBMS的数据定义语言（Data Definition Language，DDL）提供的，主要定义数据库及其组成元素的结构。用户利用DDL可以方便地对数据库中相关内容进行定义，如对数据库、基本表、视图和索引进行定义。

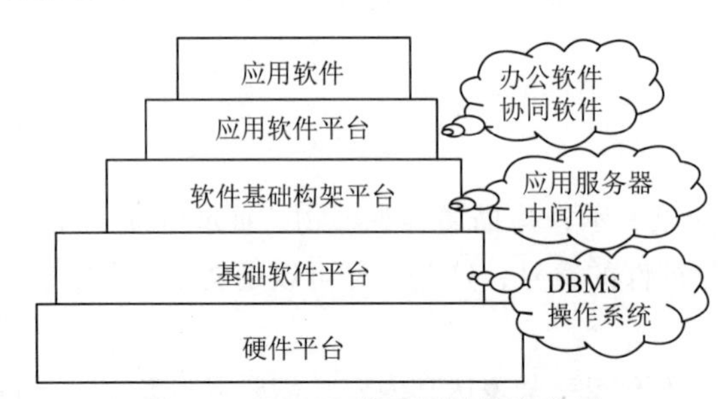

图 1-2　DBMS 的重要地位和作用

（2）数据操作操纵功能

数据操作操纵功能主要是通过DBMS的数据操纵语言（Data Manipulation Language，DML）进行提供。用户可用DML实现对数据库的基本操作，如对数据库中数据进行查询、插入、删除和修改等。

（3）事务与运行管理

事务与运行管理是DBMS的核心功能。数据控制语言（Data Control Language，DCL）、事务管理语言（Transact Management Language，TML）和系统运行控制程序等，在数据库建立、运行和维护时，可由DBMS统一管理和控制具体事务操作与运行，并保证数据的安全性、完整性、多用户对数据并发使用及意外时的系统恢复。

（4）组织、管理和存储数据

DBMS可对各种数据进行分类组织、管理和存储，包括用户数据、数据字典、数据存取路径等。确定文件结构种类、存取方式（索引查找、顺序查找等）和数据的组织，实现数据之间的联系等，提高了存储空间的利用率和存取效率。

（5）数据库的建立和维护功能

数据库的建立是指数据的载入、存储、重组与恢复等。数据库的维护是指数据库及其组成元素的结构修改、数据备份等。数据库的建立和维护主要包括数据库初始数据的输入、转换，数据库的转储与恢复，数据库的重新组织功能和性能监视、分析功能等，可利用相关的应用程序或管理工具实现。

（6）DBMS的其他功能

DBMS的其他功能主要包括DBMS同其他软件系统的数据通信功能、不同DBMS或文件系统的数据转换功能、不同数据库之间的互访和互操作功能等。

支持关系型数据模型的DBMS，称为关系型数据库管理系统（Relational DataBase Management System，RDBMS）。常用的大型DBMS如SQL Server、Oracle、MySQL、Sybase、DB2、Informix等，小型的DBMS如Office Access等。

2. 数据库管理系统工作模式

DBMS是对数据库及数据进行统一管理控制的系统软件，是数据库系统的核心和关键，用于统一管理控制数据库系统中的各种操作，包括数据定义、查询、更新及各种管理与控制，都是通过DBMS

进行的。DBMS的查询操作工作示意图如图1-3所示。

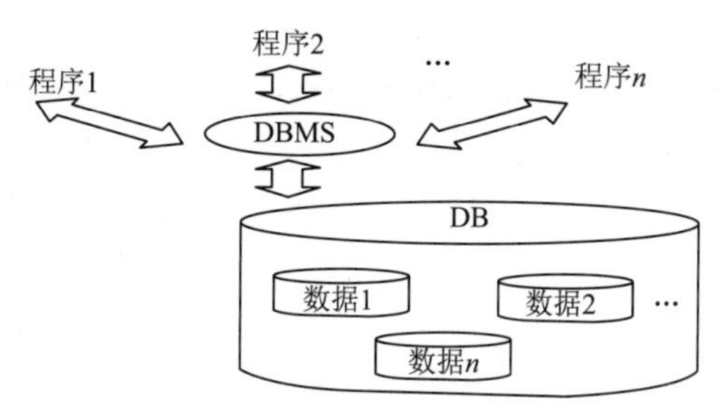

图 1-3　数据库管理系统的工作模式

DBMS的工作机制是将用户对数据的操作转化为对系统存储文件的操作，可有效地实现数据库三级模式结构之间的转化。通过DBMS可以进行数据库及数据的定义和建立、数据库和数据的操作（输入、查询、修改、删除、统计、输出等）与管理，以及数据库的控制与维护、故障恢复和交互通信等。具体工作原理如图1-4所示。

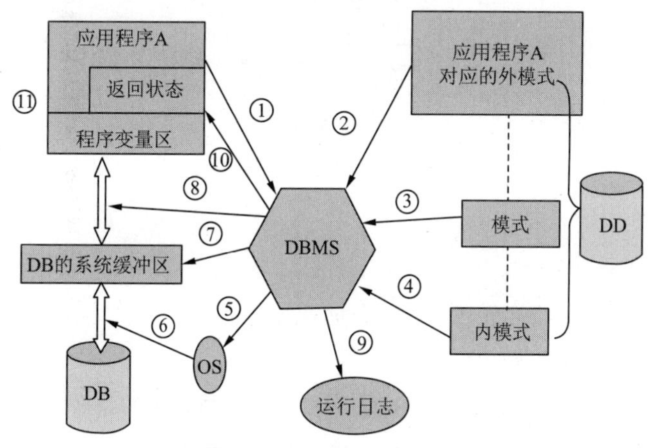

图 1-4　DBMS 工作原理

具体工作原理如下：

① 用户在应用程序中安排一条读记录的DML语句。执行到DML语句时，立即启动DBMS。

② DBMS接到命令后，分析并从DD中调出应用程序A对应的外模式，检查该操作是否在合法的授权范围内，决定是否执行命令。

③ 在决定执行A命令后，DBMS调出相应的概念模式描述，并从外模式映像到概念模式（决定概念模式应读入哪些记录）。

④ DBMS调出相应的内模式描述，并把概念记录格式映像成内模式的内部记录格式（决定应读入哪些物理记录以及相应的地址信息）。

⑤ DBMS向OS发出从指定地址读取物理记录的命令。

⑥ OS执行读命令，按指定地址从DB中把记录读入OS的系统缓冲区，随即读入DB的系统缓冲区，并在操作完成后向DBMS做出回答。

⑦ DBMS 收到OS读操作结束的回答后，将读入缓冲区中的数据转换成概念记录、外部记录。

⑧ DBMS把导出的外部记录从系统缓冲区送到应用程序A的变量区中。

⑨ DBMS向运行日志文件写入读一条记录的信息。

⑩ DBMS将读记录操作的成功与否信息返回给程序A，应用程序A根据返回的状态信息决定是否使用程序变量区的数据。

⑪ 应用程序A根据返回的状态信息决定是否使用程序变量区的数据。

1.2.4 数据库系统的组成

数据库系统（DataBase System，DBS）是指在计算机系统中引入数据库后的系统，一般由数据库、数据库管理系统、应用开发工具、应用系统、数据库管理员（DataBase Administrator, DBA）、应用程序员和终端用户等构成。数据库系统的构成如图1-5所示。

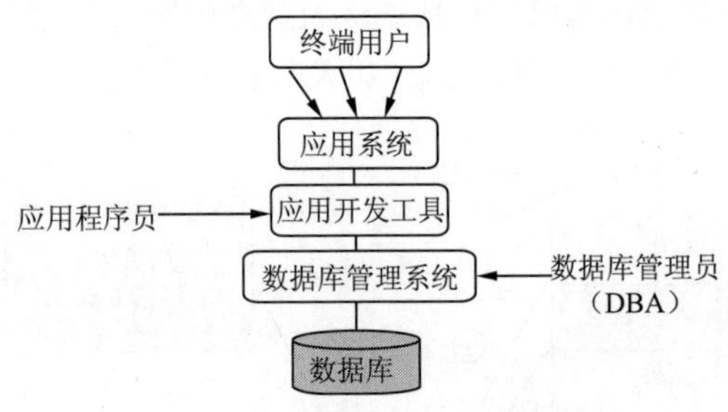

图 1-5 数据库系统构成

课后练习

1. 下列说法中，不属于数据库管理系统特征的是（　　）。

   A. 提供了应用程序和数据的独立性

   B. 所有的数据作为一个整体考虑，因此是相互关联的数据的集合

   C. 用户访问数据时，需要知道存储数据的文件的物理信息

   D. 能够保证数据库数据的可靠性，即使在存储数据的硬盘出现故障时，也能防止数据丢失

2. 数据库管理系统是数据库系统的核心，它负责有效地组织、存储和管理数据，它位于用户和操作系统之间，属于（　　）。

   A. 系统软件　　B. 工具软件　　C. 应用软件　　D. 数据软件

3. 下列不属于数据库系统组成部分的是（　　）。

   A. 数据库　　B. 操作系统　　C. 应用程序　　D. 数据库管理系统

4. 下列关于客户/服务器结构和文件服务器结构的描述，错误的是（　　）。

   A. 客户/服务器结构将数据库存储在服务器端，文件服务器结构将数据存储在客户端

   B. 客户/服务器结构返回给客户端的是处理后的结果数据，文件服务器结构返回给客户端的是包含客户所需数据的文件

   C. 客户/服务器结构比文件服务器结构的网络开销小

   D. 客户/服务器结构可以提供数据共享功能，而用文件服务器结构存储的数据不能共享

5. 在数据库系统中，数据库管理系统和操作系统之间的关系是（　　）。

A. 相互调用

B. 数据库管理系统调用操作系统

C. 操作系统调用数据库管理系统

D. 并发运行

1.3　数据库系统的模式结构

考察数据库系统的结构可以有多种不同的层次或不同的角度。从数据库管理角度看，数据库系统通常采用三级模式结构，这是数据库系统内部的结构。从数据库最终用户角度看，数据库系统的结构分为集中式应用结构、分布式数据库系统等，这是数据库系统外部的结构。虽然实际的数据库管理系统产品种类很多，支持不同的数据模型，使用不同的数据库语言，数据的存储结构和规模也各不相同，但数据库系统在内部体系结构上通常是大体相同的，也是十分严谨的。其外部的应用体系结构随着应用的不同而千差万别。

1.3.1　数据库系统的三级模式结构

1. 模式的基本概念

数据库中的数据是按一定的结构组织起来的，这种结构在数据库中就是数据模型，它是描述数据的一种形式。模式是用给定的数据模型对具体数据的描述，就像用某一种编程语言编写具体应用程序一样。

视频

数据库模式

模式是数据库中全体数据的逻辑结构和特征的描述，模式的一个具体值称为模式的一个实例。虽然实际的数据库管理系统产品种类很多，支持的数据模型和数据操作语言也不尽相同，而且是建立在不同的操作系统之上，数据的存储结构也各不相同，但它们在体系结构上通常都具有相同的特征，即采用三级模式并提供两级映像功能。

2. 三级模式结构

1975年，美国国家标准学会（ANSI）公布了一个关于数据库标准的报告，给出了数据库系统内部体系结构的三级模式——SPARC分级结构，即“外模式、模式、内模式”三级模式结构，提供了“外模式/模式”和“模式/内模式”两级映射，简称“三级模式两级映射”结构。

数据库系统内部的结构划分为外模式、模式和内模式三个抽象模式结构。同时在三个模式中间有二级映像功能，这些结构的划分反映了看待数据库的三个角度。图1-6所示为这三种模式以及模式之间的映像关系。

（1）外模式

外模式（External Schema）也称子模式（Subschema）或用户模式、外视图，主要用于描述（用户界面）所需数据库数据的局部逻辑结构和特征，通常是模式的子集。一个数据库可以有多个外模式，是完整数据的局部逻辑表示。一个外模式是描述一类数据库用户所能看见和使用的数据的逻辑表示，或描述与某类应用相关的数据的逻辑表示。例如，用户在购书网站界面看到的只是其图书的局部（部分）数据（信息）逻辑结构和特征。

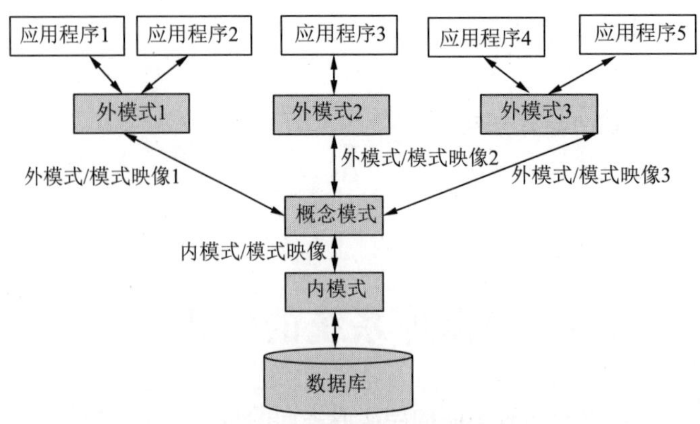

图 1-6　数据库系统的三级模式结构

（2）模式

模式（Schema）也称为逻辑模式（Logic Schema）、概念模式（Conceptual Schema）或概念视图，是数据库中所有数据的整体逻辑结构和特征的描述。一个数据库只有一个模式（对应汇集所有的外模式局部逻辑结构和特征），是数据的整体逻辑表示，即描述数据库中存储具体的数据及其之间存在的联系。视图可理解为查看的一组记录值，即用户或程序员看到和使用的数据库中的具体数据内容。

（3）内模式

内模式（Internal Schema）也称内视图或存储模式（Storage Schema），位于三级模式结构中的最内层，是数据在数据库内部（存储）的表示方式，是同实际存储的数据方式有关的一层（靠近物理存储），可具体描述数据复杂的物理结构和存储方式。各数据库只有一个内模式，由多条存储记录（数据）组成，不必考虑具体的存储位置。例如，记录的存储方式为顺序存储或其他方式存储，数据是否需要压缩存储与加密等。

（4）三级模式结构的优点

数据库系统三级模式结构的优点，主要包括四方面：

① 三级模式结构是数据库系统最本质的系统结构。从数据结构的角度看，可以将外模式和模式进行隔离，确保数据的逻辑独立性。也可以将模式和内模式分开，以保证数据的物理独立性。

② 数据共享。对不同的外模式可为多用户共享系统中的数据，极大降低数据冗余。

③ 简化用户接口。按照外模式编写应用程序或输入命令，不必知道数据库内部的存储结构，便于用户使用系统。

④ 数据安全。根据用户操作权限和属性等要求，在外模式下进行操作，可以限制用户对数据库原有数据的改写等操作，从而保证其数据的安全。

3. 数据库系统的两级映像功能与数据独立性

在系统内部为了实现抽象层次的联系和转换，DBMS在三级模式之间提供了二级映像（外模式／模式映像和模式／内模式映像）功能。数据的独立性由DBMS的二级映像功能实现，一般分为物理独立性和逻辑独立性两种。

物理独立性是指当数据的存储结构发生变化时（例如，从链表存储改为哈希表存储），不影响应用程序的特性；逻辑独立性是指当表达现实世界的信息内容发生变化时（例如，增加一些列、删除无用列等），也不影响应用程序的特性。

（1）外模式／模式映像

外模式／模式映像位于外部级和概念级之间，用于定义外模式和概念模式之间对应性。外模式描述数据的局部逻辑结构，模式描述数据的全局逻辑结构。数据库中的同一模式可以有多个外模式，对于每个外模式，都存在一个外模式／模式映像。

映像确定了数据的局部逻辑结构与全局逻辑结构之间的对应关系。例如，在原有的记录类型之间增加新的联系，或在某些记录类型中增加新的数据项时，使数据的总体逻辑结构改变，外模式／模式映像也发生相应的变化。

映像功能可保证数据的局部逻辑结构不变，由于应用程序是依据数据的局部逻辑结构编写的，因此应用程序不必修改，从而可保证数据与程序间的逻辑独立性。

（2）模式／内模式映像

模式／内模式映像位于概念级和内部级之间，用于定义概念模式和内模式之间的对应性。数据库中的模式和内模式都只有一个，因此模式／内模式映像也是唯一的，模式/内模式映像可确定数据的全局逻辑结构与存储结构之间对应关系。例如，当存储结构变化时，模式／内模式映像将发生相应变化，而概念模式保持不变，使数据的存储结构和存储方式较好地独立于应用程序，通过映像功能保证数据存储结构的改变不影响数据的全局逻辑结构的变化，从而不必修改应用程序，即确保了数据的物理独立性。数据与应用程序之间相互独立，可使数据的定义、描述和存取等问题与应用程序进行分离。此外，由于数据的存取由DBMS实现，用户不必考虑存取路径等问题，可以极大地简化应用程序的研发和维护。

1.3.2 数据库系统的应用体系结构

视频

数据库系统结构

数据库系统的结构可以从不同的角度进行划分，如数据库系统的内部体系结构、数据库系统的应用体系结构等。通常，从用户的角度，数据库系统的应用体系结构分为集中式、客户机／服务器式、分布式和并行式四种。

1. 集中式数据库系统

集中式数据库系统（Centralized Database Systems）的结构（见图1-7）是指一台主机带有多个用户终端的数据库系统。终端通常只是主机的扩展（如教师机使用教学管理软件广播功能时，学生的终端只能利用显示屏收看），并非独立的计算机。终端本身并不能完成任何操作，完全依赖主机完成所有的操作。

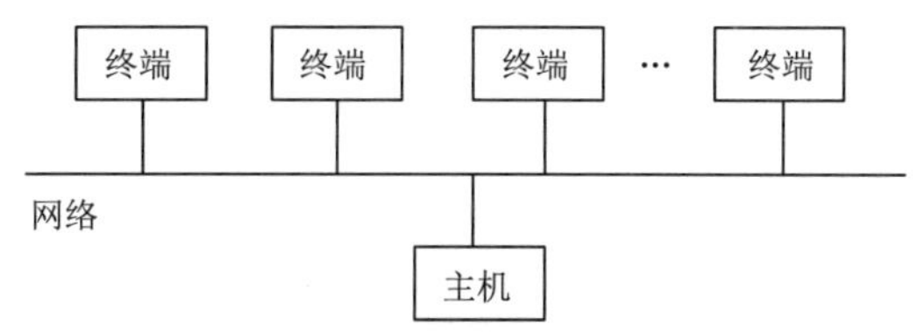

图 1-7 集中式数据库系统结构

在集中式结构中，DBMS、DB和应用程序都集中存放在主机上。用户通过终端并发地访问主机上的数据，共享其中的数据，所有处理数据的工作都由主机完成。用户若在一个终端上提出要求，主机可根据用户的要求访问数据库，并对数据进行处理，再将结果回送到该终端输出。集中式结构的优点是简单、可靠、安全；其缺点是主机的任务压力大且终端数较少，当主机出现故障时，整个系统将瘫痪。

2. C/S 及 B/S 数据库系统

在客户机/服务器（Client/Server，C/S）结构中，采用“功能分布”原则，将实际业务应用分解成多个子任务，由多台客户机分别完成。客户端完成数据处理、数据表示和用户接口功能，服务器端完成DBMS的核心功能。客户请求服务、服务器提供服务的处理方式是现有常用的新型网络数据库应用模式，如图1-8所示。

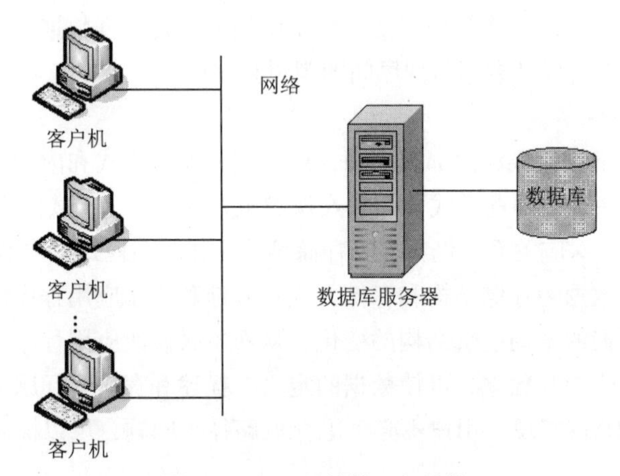

图 1-8　C/S 系统的一般结构

在C/S结构中，可以减少网络上的数据传输量，从而提高系统的性能。此外，客户机的硬件及软件平台也可多种多样，使应用更广泛简捷。

三层结构的C/S体系结构在二层结构中插入一个功能层，如图1-9所示。客户机上只安装具有操作界面和简单数据处理功能的应用程序，负责处理与用户的交互和应用服务器的交互。将业务应用逻辑的处理功能移至应用服务器，由其负责处理，并接受客户端应用程序的请求，然后将此请求转化为数据库请求后与数据库服务器交互，数据库服务器软件根据应用服务器发送的请求进行数据库操作，并将操作的结果传送给应用服务器，最后将结果传送给客户端。

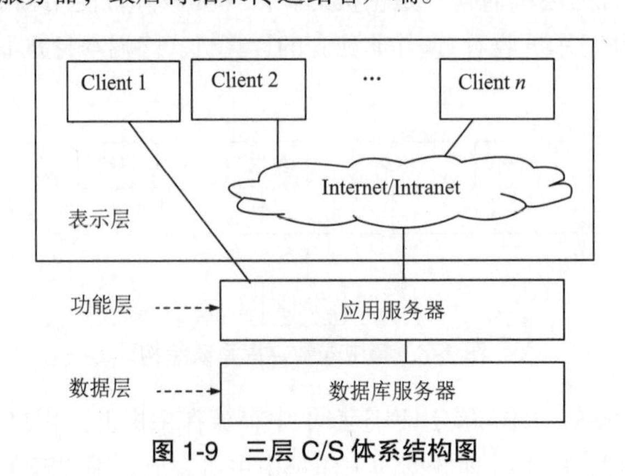

图 1-9　三层 C/S 体系结构图

浏览器/服务器（B/S）结构是一种三层C/S体系结构在Web上应用的特例。其中，中间功能层的应用服务器极为重要。

3. 分布式数据库系统

分布式数据库系统（Distributed Database Systems）其数据具有“逻辑整体性和物理存储分布性”。将分布在各地（结点）的业务数据逻辑上作为一个整体，由网络、数据库和多个结点构成，用户通过网络调用时如同一个集中式数据库，可区别于分散式数据库。例如，分布在不同地域的大型银行或企事业机构，采用的都是这种分布式数据库系统。

4. 并行式数据库系统

目前，各种业务数据量急剧增加，巨型数据库的容量已达到太字节（TB）甚至皮字节（PB），需要事务处理速度更快，每秒处理上千万个事务才能满足需求。集中式DBS和C/S式DBS都无法应付这种情况，只有并行式数据库系统（Parallel Database Systems）才可以解决这类问题。并行式数据库系统可以同时使用多个CPU和存储设备，多个处理操作进程同时进行，从而提高了数据处理、存取和传输的速度。在大规模并行数据库系统中，处理机（服务器）的CPU甚至可达数百或数千个。

课后练习

1. 数据库三级模式结构的划分，有利于（　　）。

   A. 数据的独立性　　B. 管理数据库文件　　C. 建立数据库　　D. 操作系统管理数据库

2. 在数据库的三级模式中，描述数据库中全体数据的逻辑结构和特征的是（　　）。

   A. 内模式　　B. 模式　　C. 外模式　　D. 其他

3. 数据库系统中将数据分为三个模式，从而提供了数据的独立性，下列关于数据逻辑独立性的说法，正确的是（　　）。

   A. 当内模式发生变化时，模式可以不变

   B. 当内模式发生变化时，应用程序可以不变

   C. 当模式发生变化时，应用程序可以不变

   D. 当模式发生变化时，内模式可以不变

小　　结

本章首先介绍了数据库管理的发展，重点介绍数据库技术的特点，包括数据结构化、数据独立性高、数据共享、数据冗余度低等特点，从而保证数据和应用程序之间的独立性，带来了数据的一致性、共享和安全等诸多好处。此外，还介绍了数据库系统的构成，数据库系统主要由数据库、硬件、软件和用户组成，其中DBMS是数据库系统的核心，所有数据都是由数据库管理系统进行统一管理和实现的。数据库管理系统位于用户和操作系统之间，提供数据库定义语言用于建立数据库，提供数据库操纵语言对数据库进行使用，还提供了多种机制，如事务处理、数据库维护工具对数据库进行统一的管理和控制，以保证数据的安全性和完整性。

当一个计算机系统引入数据库技术后，就成为数据库系统，由数据库、数据库管理系统、应用程序、数据库管理员和用户五部分构成。

接下来介绍了数据库系统的体系接结构，给出了数据库内部体系结构的“三级模式两级映像”的概念，以及应用体系结构的分类。

习　题

1. 试述数据、数据库、数据库系统、数据库管理系统的概念。
2. 使用数据库系统有什么好处？
3. 试述文件系统与数据库系统的区别和联系。
4. 试述数据库系统的特点。
5. 数据库管理系统的主要功能有哪些？

第 2 章

数据模型

数据库中的数据是以一定的数据模型进行组织、描述和存储的。通过数据模型构建的数据库可以供多用户共享、减少数据冗余度、保证数据的独立性，完善数据存储、操作、保护和恢复等功能。

目前常用的数据库管理系统都是以关系模型为基础开发的。关系模型是当前使用最多的逻辑数据模型之一，它是以关系代数为基础的数据模型，相比之下的网络数据模型等其他模型，其结构比较简单明了，符合正常的逻辑思维方式，容易实现，因此得到广泛应用。

学习目标

本章主要介绍数据模型的概念及应用、关系型数据库中的基本概念和关系代数基础。通过本章的学习，需要实现以下目标：

◎了解数据模型的基本概念和相关模型的含义。

◎知道E-R模型的基本要素。

◎掌握关系模型的基本概念。

◎理解数据完整性约束的含义。

◎区别不同类型的键并知道它们在关系模型中的作用。

◎知道关系代数的相关运算。

2.1 数据模型概述

企事业机构各种业务数据都需要经过分析、表示（特征描述）、整理、规范和组织的过程，才能存储到数据库中。在数据库中，数据以一定的数据模型（结构）进行组织、描述和存储，供用户共享。数据模型是一种表示数据特征的抽象模式，是数据处理的关键和基础，对于掌握数据库技术极为重要。

2.1.1 数据模型的概念和类型

1. 数据模型的概念

视频

数据模型

对于模型，特别是具体的模型，人们并不陌生。一张地图、一个汽车模型、一个精致的航模飞机以及一组建筑设计沙盘都是具体的模型。所以，对于模型，会使人联想到真实生活中的事物。模型是对现实世界的模拟和抽象，而数据模型是现实世界中数据特征的抽象。

数据库是相关数据的集合，不仅要反映数据本身的内容，而且要反映数据之间的联系。由于计算机不可能直接处理现实世界中的具体事物，因此，必须要把现实世界中的具体事物转换成计算机能够处理的对象。在数据库中用数据模型这个工具来抽象、表示和处理现实世界中的数据和信息。通俗地讲，数据模型就是对现实世界数据的模拟。

现有的数据库系统均是基于某种数据模型建立的，如建立在关系模型基础上的关系数据库系统，建立在面向对象模型基础上的面向对象数据库系统等。因此，数据模型是数据库的核心和基础，了解数据模型的基本概念是学习数据库的基础。

数据模型一般应该满足三个要求：能比较真实地模拟现实世界；数据模型要容易为人所理解；数据模型要能够便于在计算机上实现。

数据从现实世界进入数据库，实际需要经历三个阶段：现实世界、信息世界和机器世界，也称为数据的三个范畴。其具体的抽象描述转换过程如图2-1所示。现实世界是指提供客观存在的事物（实体）及其联系。信息世界是指对具体事物的认识与抽象描述，按用户观点对数据信息进行建模（概念模型，画出实体及其联系图）。机器世界是指存储设备中的数据逻辑模型，以系统观点进行数据建模（数据模型，如存储结构及路径、存取方式等）。

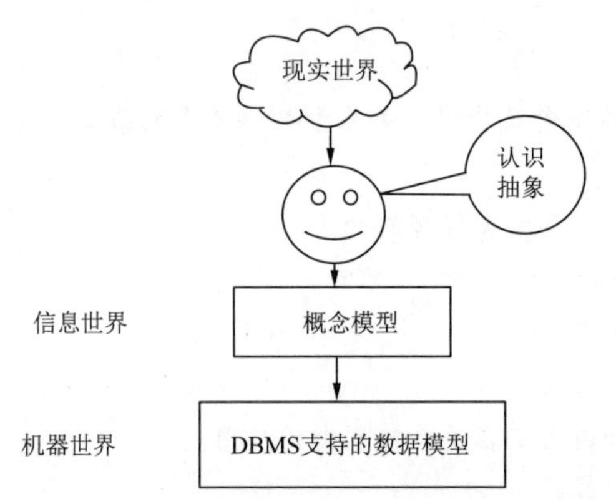

图 2-1　从现实世界到机器世界的抽象描述过程

2. 数据模型的类型

数据模型按应用层次分为三类：概念模型、逻辑模型、物理模型。

① 概念模型：概念数据模型（Conceptual Data Model）的简称，也称信息模型，是面向数据库用户的现实世界的模型。主要用于描述事物的概念化结构，使数据库的设计人员在设计初期，以图形化方式分析表示事物（实体）数据特征（属性）及其之间的联系，最常用的是实体-联系模型（E-R图）。

② 逻辑模型：逻辑数据模型（Logical Data Model）的简称，是以计算机系统的观点对数据建模，是直接面向数据库的逻辑结构，是对客观现实世界的第二层抽象。它是具体的DBMS所支持的数据模型，如网状模型、层次模型和关系模型等。逻辑模型既要面向用户又要面向系统，主要用于DBMS实现。

③ 物理模型：物理数据模型（Physical Data Model）的简称，是面向计算机等数据处理存储设备物理表示的模型，描述数据在存储介质的组织结构，如存储位置和方式、索引等，同具体的DBMS、操作系统和处理存储设备有关。各种逻辑模型在实现时都有对应的物理模型，DBMS为了保证其独立

性与可移植性，大部分物理模型的实现工作由系统自动完成，而设计者只需要负责索引、聚集等特殊结构。

3. 数据模型三要素

数据模型是数据库操作的重要基础，DBMS支持多种数据模型。数据模型是严格定义的一组结构、操作规则和约束的集合，描述了系统的静态特性、动态特性和完整性约束条件。数据模型由三要素组成：数据结构、数据操作和数据约束。

① 数据结构：指信息世界中的实体及其之间联系的表示方法，各种数据模型都规定一种数据结构。主要描述系统的静态特性，是所研究的对象类型的集合。其对象是数据库的组成部分，包括两类：一是与数据类型、内容、性质有关的对象，如关系模型（表状结构）中的域、属性、关系等：二是与数据之间联系有关的对象。

数据结构对于描述数据模型特性及构成极为重要。在数据库系统中，通常按照其数据结构的类型命名数据模型。例如，将层次结构、网状结构和关系结构的数据模型分别命名为层次模型、网状模型和关系模型。

② 数据操作：用于描述系统的动态特性，是对数据库中的各种对象（型）的实例（值）允许执行的操作的集合，包括操作及其有关规则要求。对数据库的操作（逻辑处理）实际是对具体数据模型规定的操作，包括操作符、含义和规则等。

③ 数据约束：也称完整性约束，是一组数据约束条件规则（条件和要求）的集合，是给定的数据模型中的数据及其联系所具有的制约和依存规则，用于限定符合数据模型的数据库状态及其变化，以保证数据处理的正确有效。

数据模型应该能够定义必须遵守的基本的完整性约束条件，如关系模型中，任何关系必须满足实体完整性和参照完整性。数据模型还应提供定义完整性约束条件的机制，以反映实际应用中数据或数据之间必须满足的约束条件。例如，网络订单的编号必须唯一，每个编号不超过10字节等。不满足约束条件的数据将不能在数据库中存储。

2.1.2　概念数据模型

视频

概念数据模型

概念数据模型实际上是现实世界到机器世界的一个中间层次。概念数据模型是指抽象现实系统中有应用价值的元素及其关联，反映现实系统中有应用价值的信息结构，不依赖于数据的组织结构。概念模型用于信息世界的建模，是现实世界到信息世界的第一层抽象，是数据库设计人员和用户之间进行交流的工具，是面向用户、面向现实世界的数据模型，与DBMS无关 。

目前常用的概念数据模型的有实体-联系模型、UML模型等。

1. 实体 - 联系模型

实体-联系模型又称为E-R（Entity-Relationship）模型，它是由Peter P.S.Chen于1976年提出的，其利用一些简单的图示来描述一个系统中实体与实体之间的关系。由于此模式简洁易懂，所以普遍被视为可用于数据库设计的工具。

（1）实体的相关概念

① 实体（Entity）：指现实世界中可以相互区别的事物或活动，如某班级的大学生、某个文件、数

据库课程、某件商品、一项科创活动、销售业务等。

② 实体集（Entity Set）：指同类实体的集合，如某个班级的全部课程、某个图书馆的全部藏书、一个月销售的商品等都是相应的实体集。

③ 实体型（Entity Type）：指对同类实体共有特征的抽象定义，如大学生共有特征（姓名、性别、年龄、企业住址、专业、班级）等，定义了其实体型，每个学生都具有这些特征，但具体的特征值可以相同或不同，如姓名和年龄等。对于同一类实体，根据人们的不同认识和需要，可能抽取出不同特征，从而定义出不同的实体型。

④ 实体值（Entity Value）：指符合实体型定义的、某个实体的具体描述（值）。

（2）联系的相关概念

① 联系（Relationship）：指实体之间的相互关系，通常表示一种活动。例如，一次订货、一次选课等都是联系。在一次订货中涉及商品、客户（顾客）和销售网站之间的关系，即某个客户从某个销售网站订购某件商品。

② 联系集（Relationship Set）：指同类联系的集合，如一次展销会上全部订单、一个班级同学的所有选课、一次会议安排的全部活动、一项比赛的所有场次等。

③ 联系型（Relationship Type）：指对同类联系共有特征的抽象定义。

④ 联系值（Relationship Value）：指同类联系型确定的某个联系的具体值。

（3）属性、键和域

属性（Attribute）是描述实体或联系中的一种特征（性），一个实体或联系通常具有多个（项）特征，需要多个相应属性来描述。实体选择的属性由实际应用需要决定，并非一成不变。例如，对于机构的人事和财务部门都使用职工实体，但每个部门所涉及的属性不同，人事部门关心的是职工号、姓名、性别、出生日期、职务、职称、工龄等属性，财务部门关心的是职工号、姓名、基本工资、岗位津贴、内部津贴、交通补助等属性。

键（Key）或称码、关键字、关键码等，是区别实体的唯一标识，如学号、身份证号、工号、电话号码等。一个实体可以存在多个键，如在职工实体中，若包含职工编号、身份证号、姓名、性别、年龄等属性，则职工编号和身份证号都是键。

主属性（Main Attribute）是指实体（关系表）中用于键的属性，否则称为非主属性。例如，在职工实体中，职工号为主属性，其余为非主属性。

域（Domain）是实体中对应属性的取值范围，如“性别”属性域为（男，女）。

（4）联系分类

联系分类是指两个实体型（含联系型在内）之间的联系的类别。按照一个实体型中的实体个数与另一个实体型中的实体个数的对应关系，可分类为一对一联系、一对多联系、多对多联系这三种情况。

① 一对一联系：若一个实体型中的一个实体只与另一个实体型中的一个实体具有联系，反之另一个实体型中的一个实体只与该实体型中的一个实体具有联系，则这两个实体型之间的联系定义为一对一联系，简记为1∶1。

例如，现有班级和班长两个实体，一个班级只能由一个班长，并且每个班长只能在一个班级里任职，则班长和班级之间的联系就是一对一的。

② 一对多联系：若一个实体型中的一个实体与另一个实体型中的多个实体具有联系，而另一个实

体型中的一个实体与该实体型中的一个实体具有联系，则这两个实体型之间的联系称为一对多联系，简记为1∶n。例如，企业和客户之间就是一对多联系。一对多联系的两个实体也可以为同一个实体。

例如，专业和学生两个实体就是一对多的联系，一个专业里可以由若干名学生，但同时一名学生只能在一个专业里进行学习，因此专业和学生之间就是1∶n联系，1端是指专业，n端指学生，两者不能搞错。再如，部门和职工两个实体，一个部门可以由多个职工，但同时一个职工只能隶属于一个部门，因此部门和职工之间就是一对多的联系。

③ 多对多联系：若一个实体型中的一个实体与另一个实体型中的多个实体具有联系，反之，另一个实体型中的一个实体与该实体型中的多个实体具有联系，则这两个实体型之间的联系称为多对多联系，简记为m∶n。

例如，学生和课程两个实体就是多对多的联系，一个学生可以选修多门课程，同时一门课程也可以有多个学生去选，因此学生和课程之间就是m∶n联系。

2. E-R 模型及其表示方法

（1）E-R模型的基本构件

E-R模型是一种用图形表示实体（事物）及其联系的方法，使用的基本图形构件（元件）包括四种：矩形、菱形、椭圆形和连接线。其中，矩形□表示实体（事物），矩形框内写上实体名；菱形◇表示联系，菱形框内写上联系名；椭圆形○表示属性，椭圆形框内写上属性名；连接线表示实体、联系与属性之间的所属关系或实体与联系之间的相连关系。

（2）实体-联系的E-R图表示

实体之间的3种联系包括：一对一、一对多和多对多，对应的E-R图如图2-2所示，其中每个实体或联系暂时没画出相应的属性和连线。

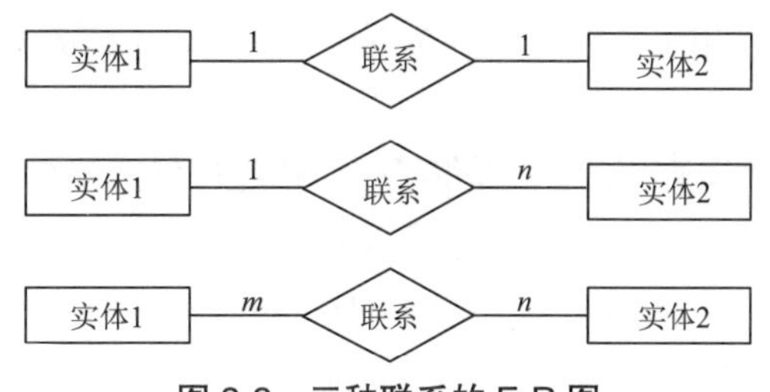

图 2-2　三种联系的 E-R 图

若每种联系的两个实体均来自同一个实体，则对应的E-R图如图2-3所示。

图 2-3　三种联系的单实体的 E-R 图

实际上，也会出现多个实体相互联系的情况。例如客户在网购中，涉及客户、购物网站和商品三者的关系，客户在商场通过售货员购买商品，一个客户可以购买多种商品，每种商品可以销售给不同的客户；每个客户可以到不同售货员那里购物，每个售货员可以为不同的客户服务；每个售货员可以出售多种商品，每种商品可由不同的售货员销售。因此客户、售货员和商品之间就存在三个实体之间的多对多联系，简记m∶n∶p。多个实体之间联系的E-R图如图2-4所示。

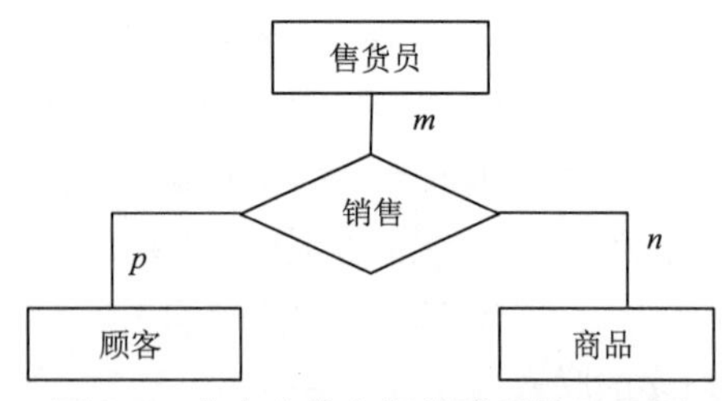

图 2-4　多个实体之间的联系的 E-R 图

注意：在两个实体以上的联系中，是指多个实体之间共有的联系情况，如上述顾客、商品和销售员之间的关联描述成如图2-5所示，则是不符合语义要求的。其描述的是售货员、顾客和商品两两之间的联系。

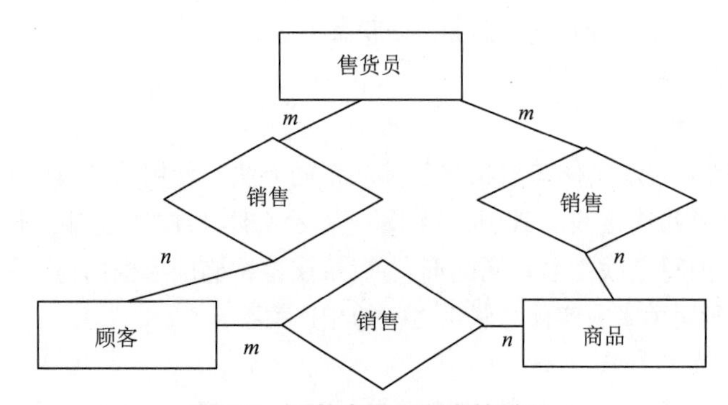

图 2-5　不符合语义要求的联系

3. UML 模型

目前，除了E-R模型广泛应用于数据库的概念设计外，统一建模语言（UML）也能很好地用于数据库设计。

UML作为编制软件蓝图的标准化语言，提供了一套描述软件系统模型的概念和图形表示法，以及语言的扩展机制和对象约束语言。软件开发人员可以使用UML对复杂的软件系统建立可视化的系统模型，编制说明和建立软件文档。UML支持面向对象的技术和方法，能够准确方便地表达面向对象的概念，体现面向对象的分析和设计风格。UML能够更好地用于对数据库建模。传统的E-R图仅着眼于数据，而UML不仅对数据，也对行为建模。

在UML中最重要的是用例图、类图、顺序图和协作图。目前支持UML的设计工具有近百种，使用比较广泛的有IBM Rational系列、Power Designer系列、Microsoft Visio系列等。

视频

逻辑数据模型

2.1.3　逻辑数据模型

针对不同的业务数据处理需求，需要选取对应的逻辑（数据）模型的数据库管理系统，对数据库进行建立、组织、管理和控制。数据库领域主要的逻辑数据模型有四种：层次模型、网状模型、关系模型和面向对象模型。

1. 层次模型的结构及特点

（1）层次模型的结构

层次模型（Hierarchical Model）是一个树状结构模型，有且只有一个根结点，其余结点为其子孙结点；每个结点（除根结点外）只能有一个父结点（也称双亲结点），但可以有一个或多个子结点，也允许无子结点（称为叶结点），同一级别的结点称为兄弟结点；每个结点对应一个记录型，即对应概念模型中的一个实体型，每对结点的父子联系隐含为一对多（包括一对一）联系。

描述企业组织层次结构的层次数据模型如图2-6所示。企业集团为根结点，有多个分公司，分公司1有两个子结点（部门），部门1又有两个子结点（车间），车间是叶结点。

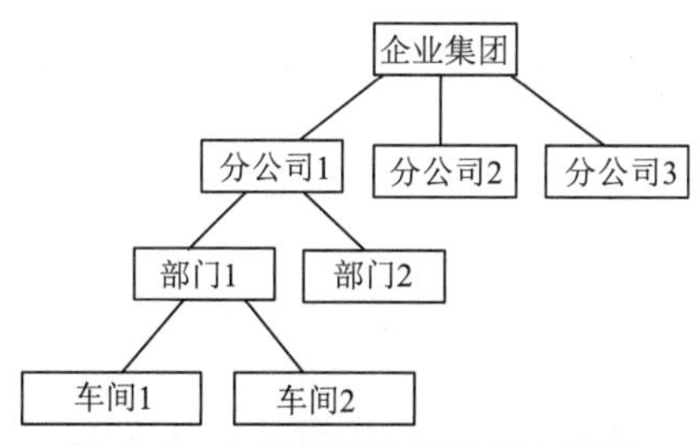

图 2-6　企业组织结构的层次模型

（2）层次模型的特点

在此模型的数据库系统中，要定义和保存每个结点的记录型及其所有值和每个父子联系。对数据进行操作，需要给出从根结点开始的完整路径。用层次模型表示概念模型时，对于一对一和一对多的联系可直接转换成层次模型中的父子联系，而对于多对多联系则不能直接转换过来，通常需要分解为一对多的联系来实现。用层次模型表示概念模型不方便，于是产生了网状模型。

2. 网状模型的结构及特点

（1）网状模型的结构

网状模型（Network Model）是一个网状结构模型，是对层次模型的扩展，允许有多个结点无双亲，同时也允许一个结点有多个双亲。图2-7所示为几个企业和生产零件的网状模型。其中，父子结点联系也隐含着一对多的联系，各结点代表一种记录型，分别对应概念模型中的一种实体型。

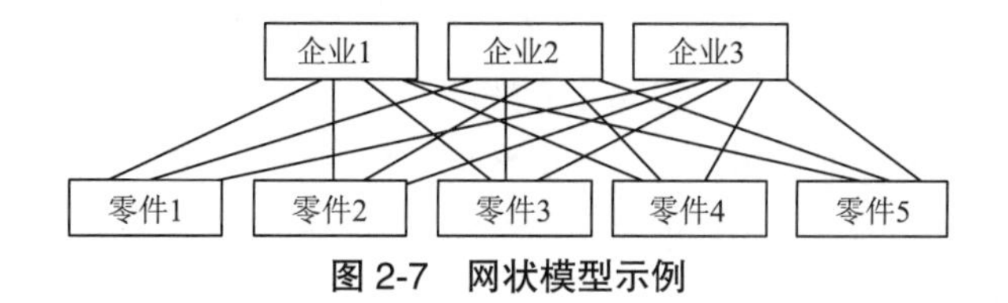

图 2-7　网状模型示例

（2）网状模型的特点

网状模型同样有型和值的区别。型是静态的、抽象的、相对稳定不变的；值是动态的、具体的且需要经常变化的。时常需要对数据库中的业务数据（值）进行插入、删除和修改等实际操作，改变具体实际的数据值；而逻辑数据结构模型一经建立通常不会被轻易修改。以网状数据模型实现的数据库系统中，同样需要建立和保存所有结点的记录型、父子联系型和全部数据值。

网状模型和层次模型统称为非关系模型，其本质相同。网状模型包含层次，适应范围更广。对数据的操作方式都是过程式的，即按照所给路径访问一个记录；若要同时访问多条记录，则必须通过用户程序中的循环过程来实现。

对于数据库中数据的查询和更新，网状模型比层次模型灵活，既允许按照给定的路径查询和更新数据，也允许直接按照结点的数据值进行查询和更新数据，并可从子结点向父结点进行查询。

3. 关系模型的结构及特点

1970年，IBM公司的研究员E.F.Codd首次提出关系数据模型，开创了数据库关系和关系数据理论研究的新时代，其贡献荣获1981年ACM图灵奖。

关系模型是最广泛使用的数据模型，关系型数据库管理系统（RDBMS）是最广泛且常用的DBMS。关系模型建立在严格的数学理论基础之上，结构简单且遵循人们的逻辑思维方式，易于被用户接受和应用且便于实现等。

关系模型相比层次模型和网状模型具有以下优点：

① 关系模型以严格的数学概念作为基石。

② 数据结构比较简单。在关系模型中，对实体的描述和实体之间联系的描述，都采用关系这一单一的结构来表示，因此数据结构比较简单、清晰。

③ 具有很高的数据独立性。关系模型对用户隐藏了存取路径，用户只需要知道“做什么”，而不用详细说明“怎么做”，从而极大地提高了数据的独立性。

当然，关系数据模型也有缺点，其中最主要的缺点是，查询效率不如非关系数据模型，因此为了提高性能，必须对用户的查询请求进行优化，从而增加了开发数据库管理系统的难度。

以上介绍的三种传统数据模型是在数据库技术发展的早期或者中期被普遍采用，但随着数据库技术的应用领域不断拓展，其处理对象从格式化发展到非格式化，从二维空间发展到多维空间，从静态数据发展到动态数据，从固定类型发展到自定义类型，传统的数据模型以记录为基础，数据类型少，已经不能适应新的应用需求，因此，新的对象模型应运而生。

4. 面向对象模型的结构及特点

面向对象概念最早出现在1968年的Smalltalk语言中，面向对象模型将面向对象技术应用于数据库技术中，其基本的概念是类和对象。

类描述一个实体型，将状态和行为封装在一起。其中，类的状态是该对象的属性数据集，类的行为是对属性数据集进行操作的方法（函数）集。类是具有相同属性和方法的对象所组成的集合。类和对象所具有的封装性、继承性和多态性，提高了系统的安全性、灵活性和可扩展性。

面向对象的数据模型可完整地描述现实世界的数据结构，能表达嵌套、递归的数据结构，比层次、网状、关系数据模型具有更加丰富的表达能力，但模型相对比较复杂，在此不再赘述。

5. 非结构化数据模型

随着网络和Web技术的快速发展，各种半结构化、非结构化数据源已经成为重要的信息来源。但网络上信息资源存在极大的复杂性和不规范性，而且越来越多的应用都将数据库表示为XML的形式，XML已经成为网上数据交换的标准。

由于XML数据模型不同于传统的关系模型和面向对象模型，其灵活性和复杂性导致了许多新问题的出现。人们研究和提出了多种XML数据模型，但还没有形成公认统一的XML数据模型，W3C提出的XML Query Data Model采用树状结构，是比较成熟的一种。

当前，所有的数据库管理系统产品都扩展了对XML的处理，能够实现对XML数据的存储，同时支持XML与关系数据库的相互转换。

课后练习

1. 在利用概念层数据模型描述数据时，一般要求模型要满足三个要求。下列描述中，不属于概念层数据模型应满足的要求的是（　　）。

A. 能够描述并发数据　　B. 能够真实地模拟现实世界

C. 容易被业务人员理解　　D. 能够方便地在计算机上实现

2. 数据模型的三要素是指（　　）。

A. 数据结构、数据对象和数据共享

B. 数据结构、数据操作和数据完整性约束

C. 数据结构、数据操作和数据的安全控制

D. 数据结构、数据操作和数据的可靠性

3. 下列关于实体 - 联系模型中联系的说法，错误的是（　　）。

A. 一个联系可以只与一个实体有关

B. 一个联系可以与两个实体有关

C. 一个联系可以与多个实体有关

D. 一个联系可以不与任何实体有关

4. 在实体 - 联系模型中，如果甲实体中的任一实例，可对应乙实体中的多个实例；而乙实体中的任一实例，也可对应甲实体中的多个实例，可称它们之间的关系为（　　）。

A. 一对多联系　　B. 多对多联系　　C. 一对一联系　　D. 以上皆是

2.2 关系数据模型

2.2.1 关系模型概述

关系模型（Relational Model）是20世纪70年代初由IBM公司San Jose研究所的E. F. Codd提出的，他的一篇名为*A Relational Model of Data for Large Shared Data Banks*的文章开创了数据库的关系方法和关系规范化理论的研究。

关系模型（也称关系数据模型）建立在关系代数基础上，采用简单的二维表结构，其模型中的每个实体和实体之间的联系都可直接转换为对应的二维表（结构）形式。每个二维表称为一个关系，一个二维表的表头称为关系的型（结构），其表体（内容）称为关系的值。关系中的各行数据（记录）称为元组，其列数据称为属性，列标题称为属性名。

关系模型是目前最重要的一种数据模型，关系数据库就是采用关系模型作为数据的组织方式，建立在关系模型基础上的数据库系统就称为关系数据库系统。20世纪80年代以来，计算机厂商推出的数据库管理系统几乎都支持关系模型。下面就从数据模型的三要素角度介绍关系模型的组织结构和特点。

视频

关系模型

2.2.2 关系模型的数据结构

关系模型的数据结构是关系，是用二维表的形式来表示实体和实体之间的联系的。从用户的角度来看，关系模型中数据的逻辑结构就是一张二维表，在磁盘上以文件的形式存储。即在关系型数据库中，所有的数据都要以二维表的形式来定义和存储。在二维表的结构中，通过行来建立关系，通过列来约束类型和定义数据的含义用途。表2-1所示为学生基本信息的关系模型。

表 2-1　学生基本信息的关系模型

学　号	姓　名	性　别	年　龄	所 在 院 系
0611101	李勇	男	21	信息学院计算机系
0611102	汪晨	女	20	信息学院计算机系

关系模型是建立在严格的数学概念基础上的，概念单一，数据结构简单、清晰，二维表的形式使用户易懂易用，具有较高的数据独立性。下面介绍一些关系模型中的基本术语。

1. 关系（Relation）

关系就是二维表，应该满足如下几个条件：

① 关系表中的每一列都是不可再分的基本属性。例如，表2-1中如果把所在院系再分成所在学院、所在系两个属性就不是关系表了。

② 关系表中各属性不能重名。

③ 表中的行、列次序并不重要，即如果交换列的前后顺序，不影响其表达的语义。

2. 属性（Attribute）

二维表中的每一列称为一个属性（也称字段）。每个属性有一个名字，称为属性名。二维表中对应某一列的值称为属性值；二维表中列的个数称为关系的元数。如果一个二维表有*n*个列，则称其为*n*元关系，表2-1所示的学生关系有五个属性，是一个五元关系。

3. 值域（Domain）

二维表中属性的取值范围称为值域。例如，在表2-1中，“年龄”的取值范围为大于0的整数，性别的取值范围为“男”或“女”，这些都是列的值域。

4. 元组（Tuple）

二维表中的一行数据称为一个元组（一条记录），例如，表2-1所示的学生关系中的元组有：

（0611101，李勇，男，21，信息学院计算机系）

（0611102，汪晨，女，20，信息学院计算机系）

5. 分量（Component）

元组中的每一个属性值称为元组的一个分量，*n*元关系的每个元组有*n*个分量。例如，对于元组（0611101，李勇，男，21，信息学院计算机系）有五个分量，对应“学号”属性的分量是0611101，对应“姓名”属性的分量是“李勇”。

6. 关系模式（Relation Schema）

二维表的结构称为关系模式，或者说，关系模式就是二维表的表框架或表头结构。设有关系名为

R，属性分别是A_1，A_2，…，A_n，则关系模式可以表示为R（A_1，A_2，…，A_n）。例如，表2-1所示关系的关系模式为：

学生（学号，姓名，性别，年龄，所在院系）

如果将关系模式理解为数据类型，则关系就是该数据类型的一个具体值。

7. **候选键**（Candidate Key）

如果一个属性或属性集的值能够唯一标识一个关系的元组而又不包含多余的属性，则称该属性或属性集为候选键（也称候选码）。在一个关系上可以有多个候选键。

8. **主键**（Primary Key）

当一个关系中有多个候选键时，可以从中选择一个作为主键。每个关系只能有一个主键（也称主码）。

主键用于唯一地确定一个元组，可以由一个属性组成，也可以由多个属性共同组成。表2-1所示的学生关系中，一个学生只能有唯一的学号，学号就是能唯一确定元组的属性，因此学号就可以成为主键。

9. **外键**（Foreign Key）

如果关系模式R中的某属性是其他关系模式的主键，那么该属性为关系模式R的外键。

2.2.3　关系模型的数据操作

关系模型的数据操作主要包括查询、插入、修改和删除。对关系数据库的操作必须满足完整性约束条件。

从数学的角度看，关系数据模型的数据操作是基于集合的操作，操作对象和操作结果都是集合。从数据处理的角度看，数据操作的对象和结果都是二维表。对二维表的操作主要有以下几种：

① 对表中的行（记录）进行操作：指对一张表中指定范围的记录进行有条件的操作，操作的结果组成一张新表。例如，从“学生信息表”中筛选出年龄大于20的学生组成新的“学生表”，操作的范围是整个“学生信息表”，条件是“年龄大于20”。对表中的行进行操作后表的结构与原表相同，记录数小于或等于原表。

② 对表中的列（属性）进行操作：指对一张表中指定的列进行有条件的操作，操作的结果组成一张新表。例如，从“学生信息表”中选出“学号”“姓名”两列，组成新的学生对应表，新表只有“学号”“姓名”两列。显然，列操作后的结果表的结构与原表不同，结果表小于或等于原表。

③ 连接：对两张表或多张表进行有条件的连接操作，生成一张新表。连接操作后的结果表大于等于操作前的表。

从应用的角度看，对二维表中的数据操作功能主要包括更新（增加、修改、删除）数据和检索（查询）数据，即对二维表填入和修改数据，并从表中检索出数据进行加工应用。

2.2.4　关系模型的数据完整性

在关系数据库中数据的完整性约束是指保证数据正确性的特征。数据完整性是一种语义概念，它包括两个方面：与现实世界中应用需求的数据的相容性和正确性；数据库内数据之间的相容性和正确性。

关系模型中的数据完整性规则是对关系的某种约束条件，它的数据完整性约束主要包括三大类：实体完整性、参照完整性和用户自定义完整性。

1. 实体完整性

实体完整性是指关系数据库中所有的表都必须要有主键，而且表中不允许存在如下记录：无主键值的记录和主键值相同的记录。

因为若记录没有主键值，则此记录在表中一定是无意义的。因为关系模型中的每一行记录都对应客观存在的一个实例或一个事实。例如，一个学号唯一地确定了一个学生。如果关系表中存在没有学号的学生记录，则此学生一定不属于正常管理的学生。另外，如果表中存在主键值相等的两个或多个记录，则这两个或多个记录会对应同一个实例。这会出现两种情况：第一，若表中其他属性的值也完全相同，则这些记录就是重复的记录，存储重复的记录是无意义的；第二，若其他属性的值不完全相同则会出现语义矛盾，如同一个学生（学号相同），其名字不同或性别不同，显然数据是错误的。

在关系数据库中主键的属性不能为空值。关系数据库中的空值是特殊的标量常数，它代表未定义的（不适用的）或者有意义目前还处于未知状态的值。例如学生表中，在学生还没有分配学院时，所在院系此列上的值即为空。空值用NULL表示。

2. 参照完整性

参照完整性也称为引用完整性。现实世界中的实体之间往往存在某种联系，在关系模型中，实体及实体之间的联系都是用关系来表示的，这样就自然存在着关系（表）和关系（表）之间的引用关系。参照完整性用于描述实体之间的联系。

参照完整性一般指多个实体或表之间的关联关系。例如学生选课信息，如果学生要选课，那么该学生必须是已经在校注册的学生；如果现在创建一张学生选课表，那么学生的信息必须受限于学生基本信息表中已存在的学生，不能在学生选课表中描述一个根本就不存在的学生，也就是学生选课表学号的取值必须在学生基本信息表中学号的取值范围内。这种限制一个表中某列的取值受另一个表的某列的取值范围约束的特点就称为参照完整性。在关系数据库中用外键来实现参照完整性。例如，在定义学生选课表中的“学号”属性时，把它定义为引用学生基本信息表的“学号”的外键，就可以保证选课表的“学号”的取值范围在已有的学生表范围内。

参照完整性的规则简单来说就是不引用不存在的实体。

外键一般出现在联系所对应的关系中，用于表示两个或多个实体之间的关联关系。外键一般是引用其他关系的主键，下面举例说明外键如何指定。

设有学生关系模式和专业关系模式，其中主键用下画线标识。

学生（<u>学号</u>，姓名，性别，出生日期，专业号）

专业（<u>专业号</u>，专业名）

这两个关系模式之间存在属性引用关系，学生关系模式中的“专业号”引用了专业关系模式中的“专业号”，显然，学生中的“专业号”的值必须是确实存在的专业号。即学生表中的“专业号”引用了专业表中的“专业号”作为外键存在。

主键要求必须是非空且不重复的，但外键无此要求。外键可以有重复值，如多个学生对应同一个专业。外键也可以取空值，如新来一个学生，暂时还没确定专业，那么专业号就可以为空值。

另外，外键不一定要与被引用的列同名，只要它们的语义相同即可。

3. 用户定义的完整性

用户定义的完整性也称为域完整性。任何关系数据库管理系统都应该支持实体完整性和参照完整性。除此之外，不同的数据库应用系统根据其应用环境的不同，往往还需要一些特殊的约束条件，用户定义的完整性就是针对某一应用领域定义的数据约束条件。它反映某一具体应用涉及的数据必须满足应用语义的要求。例如年龄属性，如果属于某一个学生主体，则可能要求年龄在17～25岁之间，而如果年轻属性属于某一个公司员工主体，则可能要求年龄在18～40岁之间。不同的应用有着不同的具体要求，这些约束条件就是用户根据需要自己定义的。对于这类完整性，关系模型只提供定义和检验这类完整性的机制，以使用户能够满足自己的需求，而关系模型自身并不去定义任何这类完整性规则。

用户定义的完整性实际上就是指明关系中属性的取值范围，也就是属性的域，这样可以限制关系中属性的取值类型及取值范围，防止属性的值与应用语义矛盾。例如，学生考试成绩的取值范围应在0～100之间。

对于以上三类完整性约束，数据库管理系统提供了完整性的定义和检验机制，用户可通过数据库管理系统允许的某种方式进行定义。数据发生更新时，数据库管理系统自动检验更新操作是否违背这些完整性约束条件（而不是由应用程序来负担），使得数据库中的数据都满足完整性约束条件，保证数据的正确性、有效性和相容性。

2.3　关系代数

关系数据库产品能够成为数据库应用市场的主流，与其坚实的数学基础——关系代数（Relational Algebra）是分不开的。学习关系代数，理解关系代数的各种运算操作和优化策略，有助于增强用户对关系数据库的理解，提高用户使用关系数据库的效率。

关系代数是一组施加于关系上的高级运算，每个运算都以一个或多个关系作为它的运算对象，并生成另一个关系作为该运算的结果。由于它的运算直接施加于关系之上而且其运算结果也是关系，所以也可以说它是对关系的操作；从数据操作的观点来看，也可以说关系代数是一种查询语言。

关系代数是一种抽象的查询语言，是关系数据操纵语言的一种传统表达方式，它是用对关系的运算来表达查询的。

任何一种运算都是将一定的运算符作用于一定的运算对象上，得到预期的运算结果。所以运算对象、运算符、运算结果是运算的三大要素。

关系代数的运算对象是关系，运算结果亦为关系。关系代数用到的运算符包括四类：集合运算符、专门的关系运算符、比较运算符和逻辑运算符，如表2-2所示。

表 2-2　关系运算符表

运算符		含义	运算符		含义
集合 运算符	∪ − ∩	并 差 交	比较运算符	> ≥ < ≤ =、≠	大于 大于等于 小于 小于等于 等于、不等于
专门的关系运算符	× σ π ⋈ ÷	笛卡儿积 选择 投影 连接 除	逻辑 运算符	¬ ∧ ∨	非 与 或

视频

基本关系运算

2.3.1 关系的基本运算

基本运算是指执行运算最基础的算法。在关系代数运算中，有五种基本运算，分别是并（∪）、差（-）、投影、选择、笛卡儿积（×），其他运算均可通过五种基本的运算来表达。

设关系*R*和关系*S*具有相同的目*n*（即两个关系都有*n*个属性），且相应的属性取自同一个域，则可以定义并、差运算。

1. 并（Union）

关系*R*与关系*S*的并记作：

$$R \cup S$$

其结果仍为*n*目关系，由属于*R*或属于*S*的元组组成，如图2-8所示。

R

A	*B*	*C*
a	b	c
d	a	f
c	b	d

S

A	*B*	*C*
b	g	a
d	a	f

R∪*S*

A	*B*	*C*
a	b	c
d	a	f
c	b	d
b	g	a

图 2-8　*R*∪*S*

并的特征：∪为二目运算，从“行”上取值。其作用是在一个关系中插入一个数据集合，自动去掉相同元组，即在并的结果关系中，相同的元组只保留一个。

并的元组表达式为$R \cup S = \{t|t \in R \vee t \in S\}$。其中，等式右边大括号中的*t*是一个元组变量，表示结果集合由元组*t*构成。竖线“|”右边是对*t*约束条件，或者说是对*t*的解释。其他运算的定义方式与此类似。

2. 差（Difference）

关系*R*与关系*S*的差记作：

$$R-S$$

其结果关系仍为*n*目关系，由属于*R*而不属于*S*的所有元组组成，如图2-9所示。

差的作用是从某关系中删去另一关系。

差的元组表达式为$R-S = \{t|t \in R \wedge t \notin S\}$。

R-*S*

A	*B*	*C*
a	b	c
c	b	d

图 2-9　*R* - *S*

3. 选择（Selection）

选择又称为限制（Restriction）。它是在关系*R*中选择满足给定条件的诸元组，记作：

$$\sigma_F(R)$$

其中，*F*表示选择条件，它是一个逻辑表达式，取逻辑值“真”或“假”。

逻辑表达式*F*由逻辑运算符¬、∧、∨连接各算术表达式组成。算术表达式的基本形式为

$$X_1 \theta Y_1$$

其中，θ表示比较运算符，可以是>、≥、<、≤、=或≠。X_1、Y_1等是属性名或常量，也可为简单函数；属性名也可以用它的序号来代替。

选择运算实际上是从关系*R*中选取使逻辑表达式*F*为真的元组，这是从行的角度进行的运算，如图2-10所示。

选择的元组表达式为$\sigma_F(R)=\{t \mid t \in R \wedge F(t)='真'\}$。

R

A	B	C
a	b	c
d	c	b
c	b	d

$\sigma_{B='b'}(R)$

A	B	C
a	b	c
c	b	d

图 2-10　选择运算

设有一个学生-课程数据库，包括学生关系Student、课程关系Course和选修关系SC，如图2-11所示。下面将对这三个关系进行运算。

学号 Sno	姓名 Sname	性别 Ssex	年龄 Sage	所在系 Sdept
95001	李勇	男	20	CS
95002	张松	女	19	IS
95003	王威	男	18	MA
95004	赵林	女	19	IS

（a）学生关系Student

课程号 Cno	课程名 Cname	先行课 Cpno	学分 Ccredit
1	数据库	5	4
2	数学		2
3	信息系统	1	4
4	操作系统	6	3
5	数据结构	7	4
6	计算机基础		2
7	C 语言	6	4

（b）课程关系Course

学号 Sno	课程号 Cno	成绩 Grade
95001	1	92
95001	2	85
95001	3	88
95002	2	90
95002	3	80

（c）选修关系SC

图 2-11　学生 - 课程数据库

例 2-1　查询信息系（IS）全体学生。

$$\sigma_{Sdept='IS'}(Student) \text{ 或 } \sigma_{5='IS'}(Student)$$

其中，下角标5为Sdept的属性序号，结果如图2-12所示。

Sno	Sname	Ssex	Sage	Sdept
95002	张松	女	19	IS
95004	赵林	女	19	IS

图 2-12　$\sigma_{Sdept='IS'}$(Student)查询结果

例2-2　查询年龄小于20岁的学生。

$$\sigma_{Sage<20}(\text{Student})\text{或}\sigma_{4<20}(\text{Student})$$

结果如图2-13所示。

Sno	Sname	Ssex	Sage	Sdept
95002	张松	女	19	IS
95003	王威	男	18	MA
95004	赵林	女	19	IS

图 2-13　$\sigma_{Sage<20}$(Student)查询结果

4. **投影**（Projection）

关系R上的投影是从R中选择出若干属性列组成新的关系，记作：

$$\pi_A(R)$$

其中，A为R中的属性列。

投影操作是从列的角度进行的运算。

注意：由于投影只是将指定的那些列投射下来构成一个新关系，因此，投影的结果关系中可能会有重复元组。投影的结果关系中若有重复元组，应将重复的元组去掉。也就是说，在结果关系中，相同的元组只保留一个，如图2-14所示。

R

A	B	C
1	2	3
4	5	6
7	8	9

$\pi_{A,C}(R)$

A	C
1	3
4	6
7	9

图 2-14　投影运算

投影的特征：运算对象为单个关系，在“列”上纵向分割关系。作用是在关系中选取某些列组成一个新关系。

投影的元组表达式为：$\pi_A(R)=\{t(A)\mid t\in R\}$。

例2-3　查询学生的姓名和所在系，即求Student关系在学生姓名和所在系两个属性上的投影。

$$\pi_{Sname,Sdept}(\text{Student})\ \text{或}\ \pi_{2,5}(\text{Student})$$

投影之后不仅取消了原关系中的某些列，而且还可能取消某些元组，因为取消了某些属性列后，就可能出现重复行，应取消这些完全相同的行。结果如图2-15所示。

例 2-4 查询学生关系Student中都有哪些系，即查询关系Student在所在系属性上的投影。

$$\pi_{\text{Sdept}}(\text{Student})$$

Student关系原来有四个元组，而投影结果取消了重复的IS元组，因此只有三个元组。结果如图2-16所示。

Sname	Sdept
李勇	CS
张松	IS
王威	MA
赵林	IS

图 2-15 例 1.3 投影运算结果

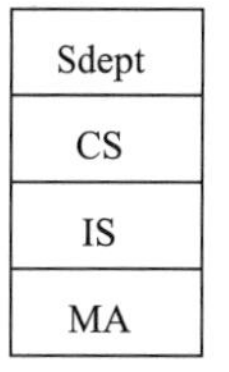

Sdept
CS
IS
MA

图 2-16 例 1.4 投影运算结果

5. 笛卡儿积

用关系R中元素为第一元素，关系S中元素为第二元素构成的有序对，所有这样的有序对组成的关系称为R与S的笛卡儿积，记作$R\times S$，如图2-17所示。

R

A	B	C
1	2	3
4	5	6

S

D	E
a	b
c	d

$R\times S$

A	B	C	D	E
1	2	3	a	b
1	2	3	c	d
4	5	6	a	b
4	5	6	c	d

图 2-17 求 $R\times S$

笛卡儿积的特征：“列”合并，“行”组合。其作用是将两个关系（同类或不同类）无条件地连成一个新关系。

笛卡儿积的元组表达式为$R\times S=\{<x,y>|x\in R\wedge y\in S\}$。

2.3.2 关系的组合运算

除了上述五个基本的关系运算外，还有四个专门的关系组合运算，具体如下：

1. 交（Intersection）

关系R与关系S的交记作：

$$R\cap S$$

其结果关系仍为n目关系，由既属于R又属于S的元组组成，如图2-18所示。

R

A	B	C
a	1	b
b	2	c
c	4	d

S

A	B	C
a	3	b
b	2	c

$R\cap S$

A	B	C
b	2	c

图 2-18 求 $R\cap S$

交的特征：关系模式不变，从两关系中取相同的元组。

交的元组表达式为：$R\cap S=\{t|t\in R\wedge t\in S\}$。由于关系的交可以用差来表示，即$R\cap S=R-(R-S)$，因此交操作不是一个独立的操作。

2. 连接

连接也称为θ连接。它是从两个关系的笛卡儿积中选取属性间满足一定条件的元组，记作：

$$R\underset{A\theta B}{\bowtie}S$$

其中，A和B分别为R和S上度数相等且可比的属性组。θ是比较运算符。连接运算从R和S的广义笛卡儿积$R\times S$中选取（R关系）在A属性组上的值与（S关系）在B属性组上值满足比较关系θ的元组，如图2-19所示。

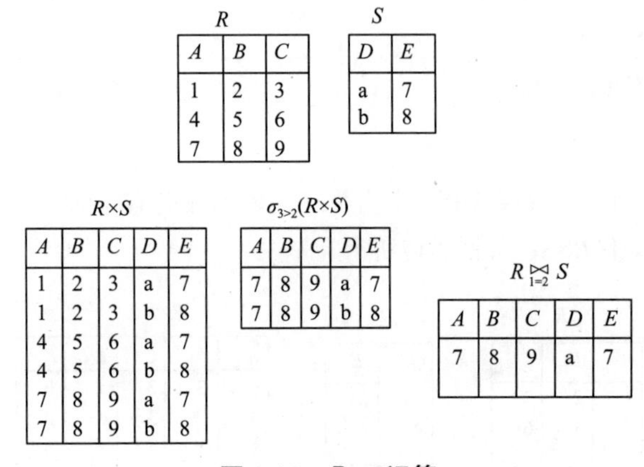

R

A	B	C
1	2	3
4	5	6
7	8	9

S

D	E
a	7
b	8

$R\times S$

A	B	C	D	E
1	2	3	a	7
1	2	3	b	8
4	5	6	a	7
4	5	6	b	8
7	8	9	a	7
7	8	9	b	8

$\sigma_{3>2}(R\times S)$

A	B	C	D	E
7	8	9	a	7
7	8	9	b	8

$R\underset{1=2}{\bowtie}S$

A	B	C	D	E
7	8	9	a	7

图 2-19　$R\underset{A\theta B}{\bowtie}S$运算

连接的特征：两个关系不一定有公共属性，不需要去掉重复属性。其作用是将两个关系按一定的条件连接在一起。连接的元组表达式为：

$$R\underset{A\theta B}{\bowtie}S=\{t_r t_s\mid t_r\in R\wedge t_s\in S\wedge t_r[A]\theta t_s[B]\}$$

连接运算中有两种最为重要也最为常用的连接，一种是等值连接(Equi Join)，另一种是自然连接(Natural Join)

θ为“=”的连接运算称为等值连接。它是从关系R与S的广义笛卡儿积中选取A、B属性值相等的那些元组，即等值连接为：

$$R\underset{A=B}{\bowtie}S$$

自然连接是一种特殊的等值连接，它要求两个关系中进行比较的分量必须是相同的属性组，并且在结果中把重复的属性列去掉。即若R和S具有相同的属性组B，则自然连接可记作：

$$R\bowtie S$$

一般的连接操作是从行的角度进行运算，但自然连接还需要取消重复列，所以是同时从行和列的角度进行运算。

设图2-20（a）和图2-20（b）分别为关系R和关系S，图2-20（c）为$R\underset{C<E}{\bowtie}S$的结果，图2-20（d）为等值连接$R\underset{R.B=S.B}{\bowtie}S$的结果，图2-20（e）为自然连接$R\bowtie S$的结果。

R

A	B	C
a_1	b_1	5
a_1	b_2	6
a_2	b_3	8
a_2	b_4	12

(a)

S

B	E
b_1	3
b_2	7
b_3	10
b_4	2
b_5	2

(b)

$R \underset{C<E}{\bowtie} S$

A	R.B	C	S.B	E
a_1	b_1	5	b_2	7
a_1	b_1	5	b_3	10
a_1	b_2	6	b_2	7
a_1	b_2	6	b_3	10
a_2	b_3	8	b_3	10

(c)

$R \underset{R.B=S.B}{\bowtie} S$

A	R.B	C	S.B	E
a_1	b_1	5	b_1	3
a_1	b_2	6	b_2	7
a_2	b_3	8	b_3	10
a_2	b_3	8	b_3	2

(d)

$R \bowtie S$

A	B	C	E
a_1	b_1	5	3
a_1	b_2	6	7
a_2	b_3	8	10
a_2	b_3	8	2

(e)

图 2-20 关系 R、S 的连接

等值连接的元组表达式为

$$R \underset{A=B}{\bowtie} S = \left\{ \widehat{t_r t_s} \middle| t_r \in R \wedge t_s \in t_r[A] \theta t_s[B] \right\}$$

自然连接的元组表达式为

$$R \bowtie S = \left\{ \widehat{t_r t_s} \middle| t_r \in R \wedge t_s \in t_r[B] \theta t_s[B] \right\}$$

注意：

① 在无公共属性时，自然连接变化为笛卡儿积。

② 等值连接与自然连接的区别：等值连接要求相等的属性不一定相同，自然连接要求相等的属性一定相同；等值连接不要求去掉重复属性，自然连接要求去掉重复属性。

自然连接是关系数据库中最重要的操作之一。

3. 除

给定关系$R(X,Y)$和 $S(Y,Z)$，其中X,Y,Z为属性组。R中的Y与S中的Y可以有不同的属性名，但必须出自相同的域集。R与S的除运算得到一个新的关系$P(X)$。记作：

$$R \div S$$

除操作是同时从行和列角度进行运算。

设关系R，S分别为图2-21中的（a）和（b），$R \div S$的结果如图2-21（c）所示。

在关系R中，A可以取四个值$\{a_1,a_2,a_3,a_4\}$。其中：

① a_1的象集为$\{(b_1,c_2),(b_2,c_3),(b_2,c_1)\}$。

② a_2的象集为$\{(b_3,c_7),(b_2,c_3)\}$。

③ a_3的象集为$\{(b_4, c_6)\}$。

R

A	B	C
a_1	b_1	c_2
a_2	b_3	c_2
a_2	b_4	c_6
a_1	b_2	c_3
a_4	b_6	c_6
a_2	b_2	c_3
a_1	b_2	c_1

(a)

S

B	C	D
b_1	c_2	d_1
b_2	c_1	d_1
b_2	c_3	d_2

(b)

R÷S

A
a_1

(c)

图 2-21　关系 R、S 的除法

④ a_4的象集为$\{(b_6,c_6)\}$。

⑤ S在(B,C)上的投影为$\{(b_1,c_2),(b_2,c_1),(b_2,c_3)\}$。

显然只有a_1的象集包含了S在(B,C)属性组上的投影，所以

$$R \div S=a_1$$

除的元组表达式为$R \div S=\{t_r[X] \mid t_r \in R \wedge \pi_y(S) \subseteq Y_x\}$，其中$Y_x$为$x$在$R$中的象集，$x=t_r[x]$。

2.3.3　关系代数的应用

例 2-5　设DB中有学生、课程、选课三个关系模式，学生关系包括学号（s#）、姓名（sname）、年龄（age）、性别（sex）等属性，其中s#是主属性。课程关系包括课程号（c#）、课程名（cname）、任课教师（teacher），其中c#是主属性。学生可以选多门课程进行学习，一门课程也可以由多名学生去选，选课关系表示学生具体选课的相关信息，其中（s#，c#）是主属性，分别引用学生关系和课程关系作为外码，具体关系模式如下：

```
学生关系：s(s#，sname，age，sex)
课程关系：c(c#，cname，teacher)
选课关系：sc(s#，c#，grade)
```

请根据具体描述，用关系代数表达式表示下列各种查询。

① 查找学习课程为C2的学生的学号与成绩：

$$\pi_{s\#,grade}(\sigma_{c\#='C2'}(sc))$$

② 查找选修课程为C2或为C4的学生的学号：

$$\pi_{s\#}(\sigma_{c\#='C2' \vee c\#='C4'}(sc))$$

或 $$\pi_{s\#}(\sigma_{c\#='C2' \vee c\#='C4'}(\pi_{s\#,c\#}sc))$$

注意：这一点说明关系代数表达式并不是唯一的。

③ 查找至少学习C2和C4课程的学生的学号：

$$\pi_1(\sigma_{1=4 \wedge 2='C2' \wedge 5='C4'}(sc \times sc))$$

④ 查找不学习C2课的学生的姓名与学号：

$$\pi_{sname,s\#}(s) - \pi_{sname,s\#}(\sigma_{c\#='c2'}(s \bowtie sc))$$

错误写法：$\pi_{sname,s\#}(\sigma_{c\#='c2'}(s \bowtie sc))$

⑤ 查找选修全部课程的学生姓名：

$$\pi_{sname}(s \bowtie (\pi_{s\#,c\#}(sc) \div \pi_{c\#}(c)))$$

⑥ 查找学习课程名为DB的学生姓名：

$$\pi_{sname}(s \bowtie \pi_{s\#}(sc \bowtie \pi_{c\#}(\sigma_{cname='DB'}(c))))$$

或

$$\pi_{sname}(\pi_{s\#,sname}(s) \bowtie \pi_{s\#}(\pi_{s\#,c\#}(sc) \bowtie \pi_{c\#}(\sigma_{cname}='DB'(c))))$$

课后练习

1. 为最大限度地保证数据库数据的正确性，关系数据库实现了三个完整性约束，下列用于保证实体完整性的是（　　）。

A. 外键　　B. 主键　　C. CHECK 约束　　D. UNIQUE 约束

2. 下列关于关系中主属性的描述，错误的是（　　）。

A. 主码所包含的属性一定是主属性

B. 外码所引用的属性一定是主属性

C. 候选码所包含的属性都是主属性

D. 任何一个主属性都可以唯一地标识表中的一行数据

3. 设有关系模式销售（顾客号，商品号，销售时间，销售数量），若允许一个顾客在不同时间对同一个产品购买多次，则此关系模式的主码是（　　）。

A. 顾客号　　B. 产品号

C.（顾客号，商品号）　　D.（顾客号、商品号、销售时间）

4. 关系数据库用二维表来存储数据。下列关于关系表中记录的说法，正确的是（　　）。

A. 顺序很重要，不能交换　　B. 顺序不重要

C. 按输入数据的顺序排列　　D. 一定是有序的

5. 下列不属于数据完整性约束的是（　　）。

A. 实体完整性　　B. 参照完整性

C. 域完整性　　D. 数据操作完整性

6. 下列关于关系的说法，错误的是（　　）。

A. 关系中的每个属性都是不可再分的基本属性

B. 关系中不允许出现值完全相同的元组

C. 关系中不需要考虑元组的先后顺序

D. 关系中属性顺序的不同，关系所表达的语义也不同

7. 下列关于外键的说法，正确的是（　　）。

A. 外键必须与其所引用的主键同名

B. 外键列不允许有空值

C. 外键和所引用的主键名字可以不同，但语义必须相同

D. 外键的取值必须要与所引用关系中主键的某个值相同

8. 设有下列关系模式：STUDENT(SNO,SNAME,AGE,SEX,DNO)，其中SNO表示学号，SNAME表示姓名，AGE表示年龄，SEX表示性别，DNO表示院系号；SC(SNO,CNO,GRADE)，其中SNO表示学号，CNO表示课程号，GRADE表示成绩。COURSE(CNO,CNAME)，其中CNO表示课程号，CNAME表示课程名。

请用关系代数表示下列查询：

（1）检索年龄小于16的女学生的学号和姓名。

（2）检索成绩大于85分的女学生的学号、姓名。

（3）检索选修课程为C1或C2的学生的学号。

（4）检索选修课程号为C1的学生的学号、姓名、课程名和成绩。

（5）检索选修了全部课程的学生的学号、姓名和年龄。

小　　结

本章首先介绍了数据模型的基本内容，然后在此基础上介绍了概念数据模型和逻辑数据模型。数据模型是数据库设计中的重点，包括概念数据模型和组织数据模型。概念数据模型是对现实信息的抽象和概括，逻辑数据模型是指数据库的具体实现，它和具体的DBMS有关，目前最常用的是关系型数据模型，采用关系模式来组织数据结构。

关系模型的主要概念和术语是数据库应用的重点，需要理解掌握。本章重点介绍了关系模型的相关概念以及关系数据模型的完整性约束，以及关系代数的相关内容。在学习过程中，需要理解记忆相关内容，才能掌握相关内容的含义，后续数据库的具体操作和应用都是以关系模型为基础开展的，因此该部分内容十分重要，是学习后续内容的基础。

习　　题

1. 试述数据模型的概念、数据模型的作用和数据模型的三个要素。

2. 试述关系模型的完整性规则。在参照完整性中，为什么外键属性的值有时也可以为空？什么情况下才可以为空？

3. 试述等值连接与自然连接的区别和联系。

4. 定义并理解下列术语，说明它们之间的联系与区别：

（1）域、笛卡儿积、元组、属性

（2）主键、外键。

（3）关系模式、关系、关系数据库。

第3章 数据库设计基础

数据库设计是指利用现有的数据库管理系统针对具体的应用对象构建合适的数据库模式，建立数据库及其应用系统，使之能有效地收集、存储、操作和管理数据，满足企业中各类用户的应用需求（信息需求和处理需求）。在数据库领域内，通常把使用数据库的各类系统称为数据库应用系统。

从本质上讲，数据库设计是将数据库系统与现实世界进行密切的、有机的、协调一致的结合的过程。因此，数据库设计者必须非常清晰地了解数据库系统本身及其实际应用对象这两方面的知识。

数据库设计是一项综合性的技术，涉及信息技术、数据库技术、软件工程技术等多个学科。随着数据库的广泛应用，数据库设计的方法和技术也越来越受到人们的重视。

在数据库领域，通常把使用数据库的各类系统称为数据库应用系统，如各种管理信息系统、办公自动化系统、电子政务系统、电子商务系统等。

本书第8章中的教学管理系统是贯穿本书的教学案例，在本章数据库设计中也涉及该案例，后续章节也会涉及，建议在学习本章前先熟悉一下该案例。

学习目标

本章主要介绍关系型数据库的设计过程及基础。通过本章的学习，需要实现以下目标：

◎知道数据库的设计流程步骤。

◎掌握概念数据模型的设计方法。

◎掌握概念模型向逻辑数据模型转换的方法和步骤。

◎能设计出符合需求的E-R图并转成相应的关系模式。

3.1 数据库设计概述

数据库设计虽然是一项应用课题，但它涉及的内容很广泛，所以设计一个性能良好的数据库并不容易。数据库设计的质量与设计者的知识、经验和水平有密切的关系。

数据库设计的合理与否，会直接影响数据库应用系统的使用和管理。成功的信息管理系统等于50%的业务（含业务数据信息支持）加50% 的软件开发，其中50% 的软件开发又是由25%的数据库加25%的程序所组成，因此数据库设计的好坏是软件开发成功的一个关键因素。如果将企业的数据比做生命所必需的血液，数据库的设计就是血液好坏和正常循环的保障。

数据库设计中面临的主要困难和问题如下：

① 懂得计算机与数据库的人一般都缺乏应用业务知识和实际经验，而熟悉应用业务的人往往又不懂计算机和数据库，同时具备这两方面知识的人很少。

② 在设计开始时往往不能明确应用业务的数据库系统的目标。

③ 缺乏很完善的设计工具和方法。

④ 用户的要求往往不明确，在设计过程中不断会提出新的要求，甚至在建立数据库之后还会修改表结构和增加新的应用。

在进行数据库设计时，必须确定系统的目标，这样可以确保开发工作进展顺利，并能提高工作效率，保证数据模型的准确和完整。

大型数据库的设计和开发是一项庞大的工程，是涉及多学科的综合性技术。其开发周期长、耗资多、失败的风险也大，必须把软件工程的原理和方法应用到数据库建设中。对于从事数据库设计的专业人员来讲，应该具备多方面的技术和知识。其中，应用领域的知识随应用系统所属的领域不同而不同。数据库设计人员必须深入实际与用户密切结合，对应用环境、专业业务有具体深入的了解才能设计出符合具体领域要求的数据库应用系统。

视频

数据库设计特点

3.1.1 数据库设计的任务和特点

1. 数据库设计的任务

数据库设计是指在一个给定的应用环境中，构造优化的数据库逻辑结构和物理结构，并据此建立数据库及其应用系统，使之能有效地存储和管理数据，满足用户的信息需求和处理要求。也就是将现实世界中的数据，根据各种应用处理的要求，加以合理组织，使之能满足硬件和操作系统的特性，利用已有的DBMS来建立能够实现系统目标的数据库及其应用软件。

2. 数据库设计的特点

数据库设计的工作量大且比较复杂，是一项数据库工程也是一项软件工程。数据库设计的很多阶段都可以对应于软件工程的各阶段，但由于数据库设计是与用户的业务需求紧密相关的，因此，它有很多自己的特点。

“三分技术、七分管理、十二分基础数据”是数据库设计的特点之一。“三分技术、七分管理”指的是建设一个优秀的数据库应用系统，不仅要涉及开发技术，更多的还要依赖于管理。开发技术固然重要，但相比之下管理更加重要。这里的管理不仅包括一个大型工程项目本身的管理，而且包括数据库应用部门的业务管理。“十二分基础数据”则强调了基础数据在数据库建设中的地位和作用，数据的收集、整理、组织和不断更新是数据库建设中的重要环节。

① 综合性：数据库设计的工作量大且比较复杂，涉及的范围也很广，包括计算机专业知识和业务系统的专业知识；同时还要解决技术及非技术两方面的问题。

在数据库设计过程中，由于数据库设计者对业务知识了解不多，因此在设计中需要花费相当多的时间去熟悉业务，可能会使设计人员产生情绪，从而影响系统的最后成功。同时，由于系统设计开发人员和系统应用人员是一种委托雇佣关系，在客观上存在一种对立的势态，如有意见不一致的情况下，会使双方关系比较紧张。因此，数据库设计人员不仅要在技术上过硬，在非技术方面也要有较好的处理能力。

② 数据库设计应该与应用系统设计相结合，也就是说要将行为设计和结构设计密切结合起来，是

一种“反复探寻，逐步求精的过程”。

数据库设计往往和应用系统设计相结合，这是数据库设计的特点之一。也就是说，数据库在整个设计过程中要把结构（数据）设计和行为（处理）设计密切结合起来，将这两方面的需求分析、抽象、设计、实现，在各阶段同时进行，相互参照，相互补充，不断完善。数据库的设计应包含以下两方面的内容：

- 结构设计：即设计数据库框架或数据库结构，数据库模式是各应用程序共享的结构，是稳定的、永久的结构，则结构设计是指系统整体逻辑模式和子模式的设计，是对数据的分析设计，因此数据库结构设计是否合理直接影响到系统中各处理过程的性能和质量。
- 行为设计：即设计应用程序、事务处理等。数据库的行为设计是指加在数据库上的动态操作（应用程序集）的设计，是对应用系统功能的设计。在数据库设计中需要将结构特性和行为特性相结合，很多学者和专家对此进行研究和实践，并且在不断探索中提出了各种数据库设计方法。

3.1.2　数据库设计方法

为了使数据库设计更合理有效，需要有效的指导原则，这种原则就称为数据库设计方法。

首先，一个好的数据库设计方法，应该能在合理的期限内，产生一个有实用价值的数据库结构。这个实用价值是指满足用户关于功能、性能、安全性、完整性及扩展性等方面的要求，同时又服从特定DBMS的约束，可以用简单的数据模型来表达。其次，数据库设计方法还应具有足够的灵活性和通用性，不但能够为不同经验的人使用，而且不受数据模型和DBMS的限制。

比较著名的设计方法是新奥尔良（New Orleans）法，它是公认的比较完整和权威的一种规范设计法，将数据库设计分为四个阶段：需求分析（分析用户系统的需求）、概念设计（信息分析和定义）、逻辑设计（设计的实现）和物理设计（物理数据库设计），其后，S.B.Yao等又将数据库设计分为需求分析、模式构成、模式汇总、模式重构、模式分析及物理数据库设计六个步骤。目前大多数设计方法都起源于新奥尔良法，并在设计的每个阶段采用一些辅助方法来具体实现，下面概述几种比较有影响的设计方法。

1. 基于 E-R 模型的数据库设计方法

基于E-R模型的数据库设计方法的基本步骤：①确定实体类型；②确定实体联系；③画出E-R图；④确定属性；⑤将E-R图转换成某个DBMS可接收的逻辑数据模型，即二维表结构；⑥设计记录格式。

2. 基于 3NF 的数据库设计方法

基于3NF的数据库设计方法的基本思想是在需求分析的基础上，确定数据库模式中的全部属性与属性之间的依赖关系，将它们组织在一个单一的关系模式中，然后再将其投影分解，消除其中不符合3NF的约束条件，将其规范成若干个3NF关系模式的集合。

3. 计算机辅助数据库设计方法

计算机辅助数据库设计主要分为：需求分析、逻辑结构设计、物理结构设计几个步骤进行。设计中，哪些可在计算机辅助下进行？能否实现全自动化设计？这是计算机辅助数据库设计需要研究的问题。

3.2 数据库设计过程

按照规范化的设计方法，同时考虑数据库及其应用系统开发的全过程，可以将数据库设计分为以下六个开发设计阶段：需求分析、概念结构设计、逻辑结构设计、物理结构设计、数据库的实施、数据库运行和维护。

数据库设计中，前两个阶段面向用户及新应用系统要求，面向具体的问题；中间两个阶段面向数据库管理系统；最后两个阶段面向具体的实现方法。前四个阶段可统称为“分析和设计阶段”，后两个阶段统称为“实现和运行阶段”。

数据库设计往往是六个阶段的不断反复。在任一设计阶段，一旦发现不能满足用户数据需求时，均需要返回到前面的适当阶段，进行必要的修正。经过多次的迭代求精过程，直到满足用户需求为止。

如果所设计的数据库应用系统比较复杂，还应该考虑是否需要使用数据库设计工具和CASE计算机辅助软件工程工具，以提高数据库设计质量并减少设计工作量，也要考虑选用何种工具。

3.2.1 数据库设计流程

根据数据库系统开发不同阶段的要求，数据库设计流程分为六个阶段，具体设计步骤如图3-1所示。

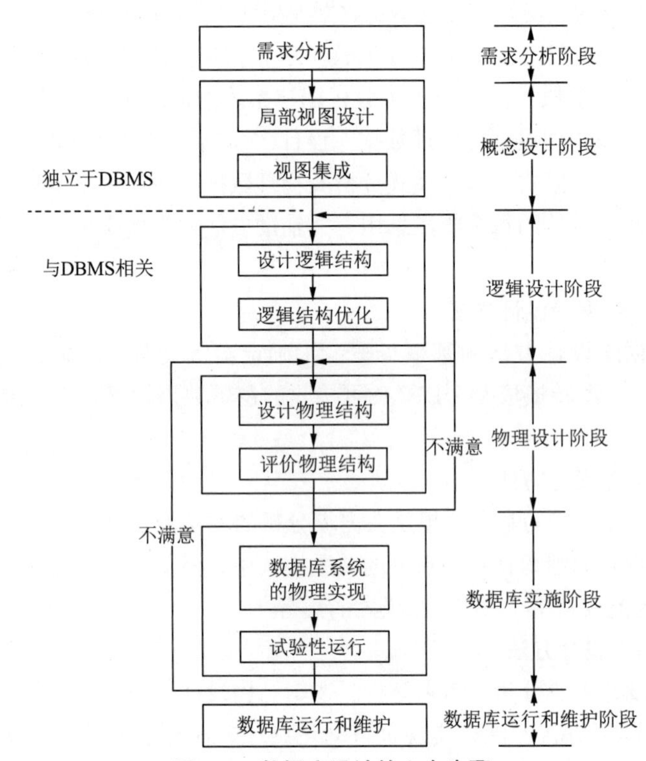

图 3-1　数据库设计的六个步骤

1. 需求分析阶段

需求分析是指收集和分析组织内由数据库应用程序支持的那部分信息，并用这些信息确定新系统中用户的需求。需求分析是数据库设计的第一个阶段，也是整个设计过程中最耗时、最困难的一步。

设计一个数据库，首先必须准确、全面和深入地了解和分析用户需求，包括数据需求和处理需求。需求分析是整个设计活动的基础，也是最困难、花费最多时间的一步。需求分析人员既要懂得数据库技术，又要熟悉应用环节的业务，一般由数据库专业人员和业务专家合作进行。

需求分析首先要收集资料，并对资料进行分析整理，画出数据流图，建立数据字典，并把设计的内容返回用户，让用户进行确认，最后形成文档资料。

2. 概念设计阶段

概念设计是指对用户的需求进行分析、综合、归纳与抽象，形成一个独立于具体DBMS的概念模型，是整个数据库设计的关键。概念模型要能够真实、充分反映客观现实世界，应易于理解，易于更改，易于向关系等各种数据模型转换。描述概念模型的常用工具是E-R图。

3. 逻辑设计阶段

概念结构设计的结果得到一个与DBMS无关的概念模式，逻辑设计阶段的目的是将概念设计阶段设计好的全局E-R模型转换成与选用的DBMS所支持的数据模型，并对其进行优化。

逻辑模型只与选用的DBMS所支持的数据模型有关，而与其他物理因素无关。

4. 物理设计阶段

数据库的物理设计是为逻辑数据模型选取一个最适合应用环境的物理结构（包括存储结构和存取方法）。数据库的物理设计一般分为两个步骤，首先确定数据库的物理结构，在关系数据库中主要是指存取方法和存储结构，然后对物理结构进行评价，评价的重点是时间和空间的效率。

物理设计与DBMS有关。在进行物理设计时，必须首先确定使用的数据库系统。

5. 数据库实施阶段

在数据库实施阶段，数据库设计人员根据前面各阶段的设计文档，利用DBMS提供的数据定义语言来描述数据库的结构，生成数据库，完成数据的加载、编制与调试应用程序，并将数据库投入试运行。

6. 数据库运行和维护阶段

在数据库经过一定阶段的试运行并对其进行一定的评审、修改后，数据库就可以进入正式的运行阶段。

由于应用环境在不断变化，数据库运行过程中物理存储也会不断变化，因此在数据库的正式运行阶段，还必须不断地对数据库进行评价、调整与修改等维护工作。

通常数据库设计不可能一次完成，需要上述各阶段的不断修改反复完善。以上六个阶段是从数据库应用系统设计开发的全过程考察数据库设计的问题。因此，既是数据库也是应用系统的开发过程。在设计过程中，努力使数据库设计和系统其他部分的设计紧密结合，将数据收集、分析、抽象、设计和实现在各个阶段同时进行、相互参照、相互补充，以完善数据库设计和系统设计。按此原则，数据库各个阶段的设计尽量用图表描述。

3.2.2 需求分析

在进行数据库的概念设计之前，需要对数据库系统做需求分析。需求分析简单地说是分析用户的具体实际要求，是设计数据库的基本和起点。需求分析的结果是否准确地反映了用户的实际需求，将直接影响后面各个阶段的设计，并影响设计结果是否合理与实用。也就是说，如果这一步做得不好，获取的信息或分析结果有误，那么后面的各步设计即使再优秀也只能前功尽弃。因此，必须高度重视系统的需求分析。

具体需求分析阶段的任务包括两个方面：

1. 调查、收集、分析用户需求，确定系统边界

① 调查组织机构情况，包括了解该组织机构的部门组成情况、各部门的业务职责等，为分析信息流程做准备。

② 调查各部门的业务活动情况，包括了解各部门输入和使用的具体数据、加工处理数据的方式及方法、输出信息及输出业务部门、输出结果的格式等，这是调查的重点。

③ 在熟悉业务的基础上，明确用户对新系统的各种具体要求，如信息要求、处理要求、功能要求、完全性和完整性要求。

④ 确定系统边界及接口。即确定哪些活动由计算机或将来由计算机来完成，哪些只能由人工来完成。由计算机完成的功能是新系统应该实现的功能。

2. 编写系统需求分析说明书

系统需求分析说明书也称系统需求规范说明书，是系统分析阶段的最后工作，是对需求分析阶段的一个总结，编写系统需求分析说明书是一个不断反复、逐步完善的过程。在编写说明书时，可能会对数据进行描述，一般会用到数据流图和数据字典。

（1）数据流图

数据流图（DFD）是结构化分析方法中用于表示系统逻辑模型的一种工具，描述数据的处理过程，以图形化方式刻画数据流从输入到输出的变换过程。由于它只反映系统必须完成的逻辑功能，所以它是一种功能模型。

数据流图有四种基本图形符号，其中方框表示数据的源点和终点。它是系统之外的实体，可以是人、物或其他系统。

圆框代表加工，是对数据进行处理的单元。它接受若干输入数据流，产生加工内部规定的输出数据流。

双杠（或单杠）表示数据文件，或者其他数据存储，逻辑上是静态存储。物理上，数据流图中的文件可以是计算机系统中的外部或者内部文件，也可以是一个人工系统中的表、账单等。

箭头表示数据的流向，是系统处理的数据对象。数据名称总是标在箭头的边上，在数据流图中，数据流可以从加工流向加工、加工流向文件等。如果一个数据流从加工流向文件，表示该加工对文件写；如果是从文件流向加工，表示该加工对文件读。

数据流图只描述了系统的“分解”，并没有描述系统由哪几部分组成以及各部分之间的联系。也没有对各数据流、加工和数据存储进行详细说明，数据字典是系统中各类数据描述的集合，对数据流图中出现的所有被命名的图形元素在数据字典中作为一个词条加以定义，是进行详细的数据收集和数据分析所获得的主要成果。

（2）数据字典

数据字典（DD）主要包括数据项、数据结构、数据流、数据存储和处理过程五部分。其中，数据项是数据的最小组成单位，若干个数据项可以组成一个数据结构。数据字典通过对数据项和数据结构的定义来描述数据流、数据存储的逻辑内容。

数据字典在需求分析阶段建立，在数据库设计过程中不断修改、充实、完善。明确把需求收集和分析作为数据库设计的第一阶段是十分重要的。这一阶段收集到的基础数据（用数据字典来表达）和一组数据流图是下一步进行概念设计的基础。

这里仅对数据流图和数据字典做了简单的介绍，如果想详细了解相关内容和具体做法，可以查阅软件工程设计的相关书籍，以便更深入地掌握相关内容。

3.2.3 概念设计

视频

概念设计

概念设计是将需求分析得到的用户具体业务数据处理的实际需求抽象为信息结构（即概念模型）的过程，是整个数据库设计的关键。

在进行数据库功能设计时，如果将现实世界中的客观事物对象直接转换为机器世界中的对象，就会感到比较复杂，注意力往往被牵扯到更多的细节限制方面，而不能集中在最重要的信息的组织结构和处理模式上。因此，通常是将现实世界中的客观事物对象首先抽象为不依赖任何DBMS支持的数据模型，如E-R图。因此，概念模型可以看成是现实世界到机器世界的一个过度的中间层次。

1. 概念设计的特点

概念模型是各种数据模型的共同基础，相比数据模型更独立于计算机、更抽象。将概念结构设计从设计过程中独立出来，主要体现的优点如下：

① 任务相对简单，设计复杂程度大幅降低，便于管理。

② 概念模式不受具体的DBMS的限制，也独立于存储安排和效率，更加稳定。

③ 概念模型不含具体DBMS所附加的技术细节，更容易被用户理解，因而更能准确地反映用户的信息需求。

概念结构设计的特点如下：

① 易于理解，从而可以和不熟悉计算机的用户交换意见，用户的积极参与是数据库设计成功的关键。

② 能真实、充分地反映现实世界的具体事物，包括事物和事物之间的联系，能满足用户对数据的处理要求。

③ 易于更改，当应用环境和应用要求改变时，容易对概念模型修改和扩充。

④ 易于向关系、网状、层次等各种数据模型转换。

2. 概念结构设计的方法

（1）自顶向下

首先定义全局概念结构的模式框架，然后逐步细化成若干子模式，从而完成整体概念设计。其设计方法如图3-2所示。

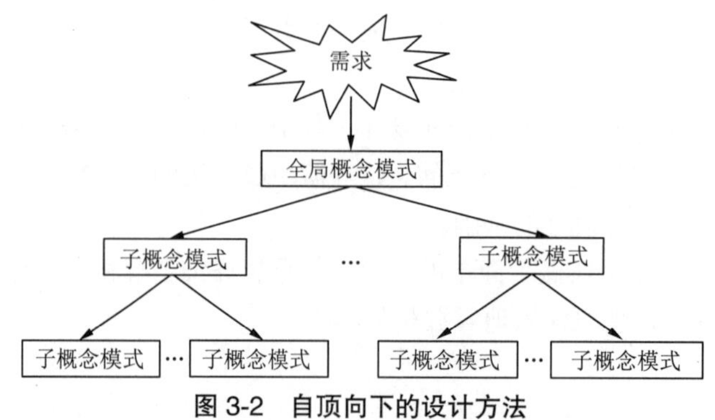

图 3-2　自顶向下的设计方法

（2）自底向上

首先定义各局部应用的子模式概念结构，然后将它们集成起来，得到全局概念结构模式。这种设计方法如图3-3所示。

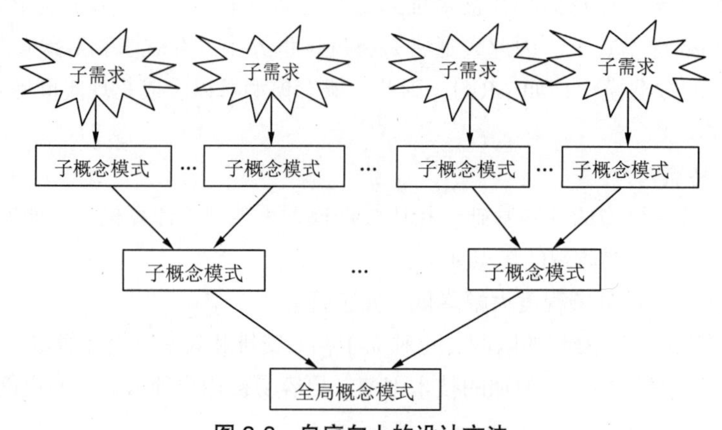

图 3-3　自底向上的设计方法

（3）逐步扩张

首先定义最重要的核心概念结构，然后向外扩充，以滚雪球的方式逐步生成其他概念结构，直至总体概念结构，如图3-4所示。

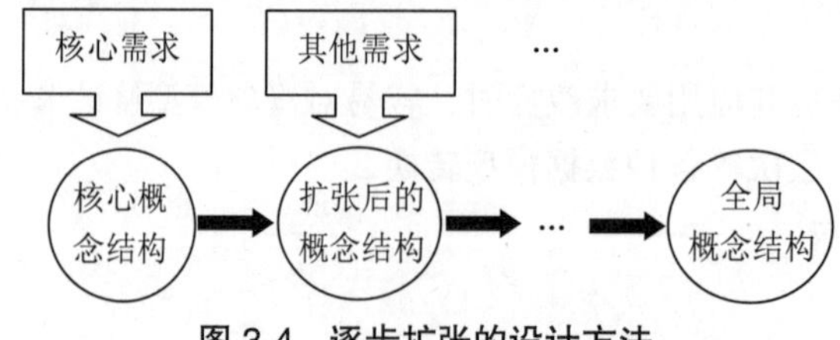

图 3-4　逐步扩张的设计方法

（4）混合策略

将自顶向下和自底向上相结合，用自顶向下策略设计一个全局概念结构的框架，以它为骨架集成由自底向上策略中设计的各局部概念结构。

其中，最常用的设计方法是自底向上，即自顶向下地进行需求分析，再自底向上地设计概念模式结构。

3.2.4　基于E-R模型的概念设计

设计数据库概念结构最著名、最常用的方法是E-R方法。采用E-R方法的概念结构设计可分为如下三步：

① 进行数据抽象，设计局部E-R模型。

② 集成各局部E-R模型，形成全局E-R模型。

③ 对全局E-R模型进行评审优化，形成最终E-R模型。

概念设计步骤图如图3-5所示。

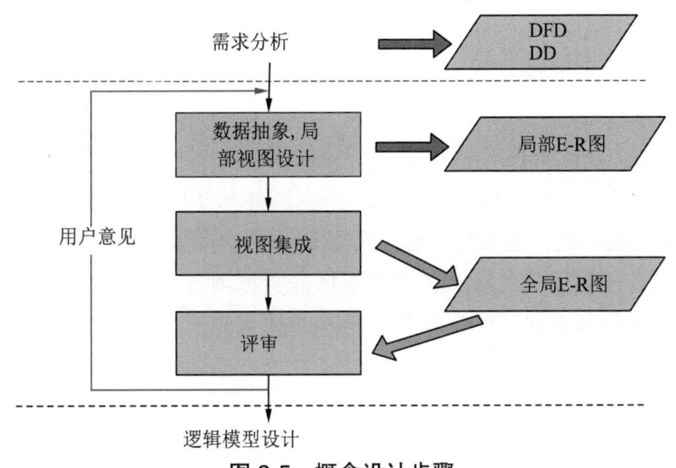

图 3-5　概念设计步骤

下面分别介绍这三个步骤的内容：

1. 数据抽象与局部 E-R 图设计

概念结构是对现实世界的一种抽象。所谓抽象是对实际的人、物、事和概念进行人为的处理，抽取所关心的对象及对象的特征，忽略非本质的细节，并把这些特性用各种概念精确描述，这些概念集合组成了概念模型。

（1）数据抽象

设计局部E-R图的关键就是正确地划分实体和属性。实体和属性在形式上并没有可以明显区分的界限，通常是按照现实世界中事物的自然划分来定义实体和属性。对现实世界中的事物进行数据抽象，得到实体和属性。这里用到的数据抽象技术有两种：分类和聚集。

① 分类（Classification）：定义某一类概念作为现实世界中一组对象的类型，将一组具有某些共同特征和行为的对象抽象为一个实体。对象和实体之间的关系是“对象是实体的具体成员”。

例如，在教学管理中，“张立”是一名学生，表示“张立”是学生中的一员，他具有学生共同的特性和行为，如图3-6所示。

② 聚集（Aggregation）：聚集定义实体型的组成成分，将实体型的组成成分抽象为实体型特征的属性。属性与实体型之间的关系是“属性是实体的一部分”。

例如，学号、姓名、性别、年龄、系别等可以抽象为学生实体型的属性，其中学号是标识学生实体的主键，如图3-7所示。

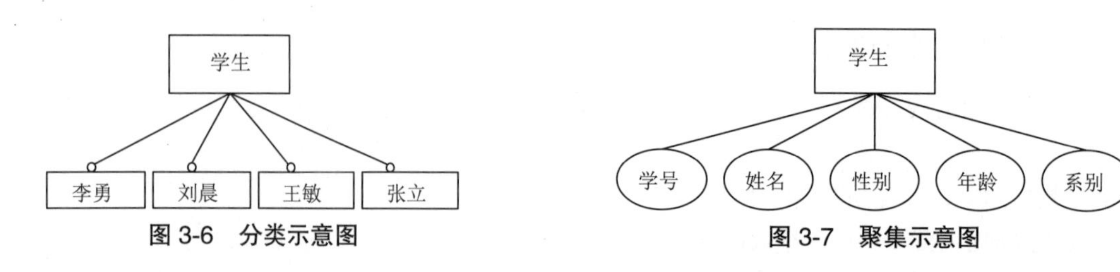

图 3-6　分类示意图　　　　图 3-7　聚集示意图

（2）局部E-R图设计

经过数据抽象后得到了实体和属性，同时要根据业务流程选择合适的层次作为局部E-R结构，选择好一个局部应用之后，就要对每个局部应用逐一设计局部E-R图。标定各局部应用中的实体、实体的属性、标识实体的键，确定实体之间的联系及其类型（1:1、1:n、m:n）。具体实体、属性、联系的关系可参阅第2章相关内容。

在作E-R图时，首先要分析出相应的实体和实体的属性有哪些，其次要分析找出实体和实体之间存在哪些联系，是一对多还是多对多的联系，然后根据实体和实体之间的联系做出完整的E-R图。

实际上实体和属性是相对的，通常要根据实际情况进行必要的调整，在调整时要遵守两条原则：

① 属性不能再具有需要描述的性质，必须是不可分数据项，不能再由另一些属性组成。

② 属性不能与其他实体具有联系，联系只发生在实体之间。

符合上述两条特性的事物一般作为最简化的属性。为了简化E-R图的处理，现实世界中的事物凡能够作为属性的，应尽量作为属性。

例如，“学生”由学号、姓名等属性进一步描述，根据原则①，“学生”只能作为实体，不能作为属性。如果系别只表示学生属于哪个系，不涉及系的具体情况，即是不可分的数据项，则根据原则①可以作为学生实体型的属性。但如果考虑一个系的系主任、学生人数、教师人数、办公地点等，则系别应看作一个实体型，如图3-8所示。

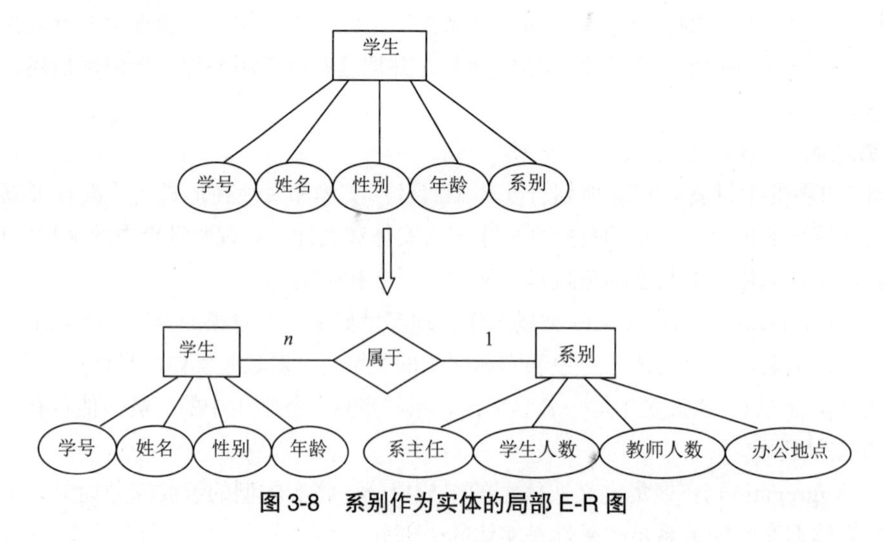

图 3-8　系别作为实体的局部 E-R 图

下面举例说明局部E-R图的设计。

例 3-1　某工厂需要对物资进行信息化管理，需要存储仓库、零件、供应商、项目和职工的相关信息，其中仓库主要包括仓库号、面积、电话号码，零件主要包括零件号、名称、规格、单价、描述，供应商主要包括供应商号、姓名、地址、电话号码、账号，项目主要包括项目号、预算、开工日期，职工主要包括职工号、姓名、年龄、职称等信息，其中一个仓库可以存放多种零件，一种零件可以存放在多个仓库中。仓库和零件具有多对多的联系。用库存量来表示某种零件在某个仓库中的数量。一个仓库有多个职工当仓库保管员，一个职工只能在一个仓库工作，仓库和职工之间是一对多的联系。职工实体型中具有一对多的联系。职工之间具有领导、被领导关系。即仓库主任领导若干保管员，供应商、项目和零件三者之间具有多对多的联系。

根据上述描述，画出这个数据库系统的E-R图，如图3-9所示。

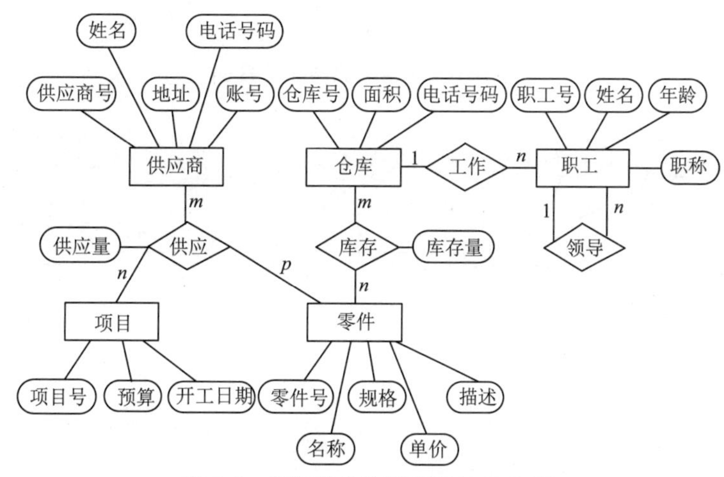

图 3-9　完整的物资管理系统 E-R 图

例 3-2　在简单的教学管理系统中，有如下语义约束。

① 一个学生可选修多门课程，一门课程可为多个学生选修。对学生选课需要记录考试成绩信息，每个学生每门课程只能有一次考试。对每名学生需要记录学号、姓名、性别等信息，对课程需要记录课程号、课程名、课程性质等信息。

② 一个教师可讲授多门课程，一门课程可为多个教师讲授，对每个教师讲授的每门课程需要记录授课时数信息。对每名教师需要记录教师号、教师名、性别、职称等信息。对每门课程需要记录课程号、课程名、开课学期等信息。

③ 一个部门可有多个教师，一个教师只能属于一个部门，对部门需要记录部门名、办公电话等信息。

④ 一名学生只属于一个系，一个系可以有多名学生。对系需要记录系名、办公地点等信息。

根据上述描述可知该系统共有五个实体，分别是学生、课程、教师、系和部门。其中，学生和课程、教师和课程之间都是多对多的联系，系和学生、部门和教师都是一对多的联系。

根据分析，该系统设计可分为两个局部E-R图进行设计，分别是学生、课程和系之间的E-R图，以及教师、课程和部门之间的E-R图，具体E-R图如图3-10、图3-11所示。

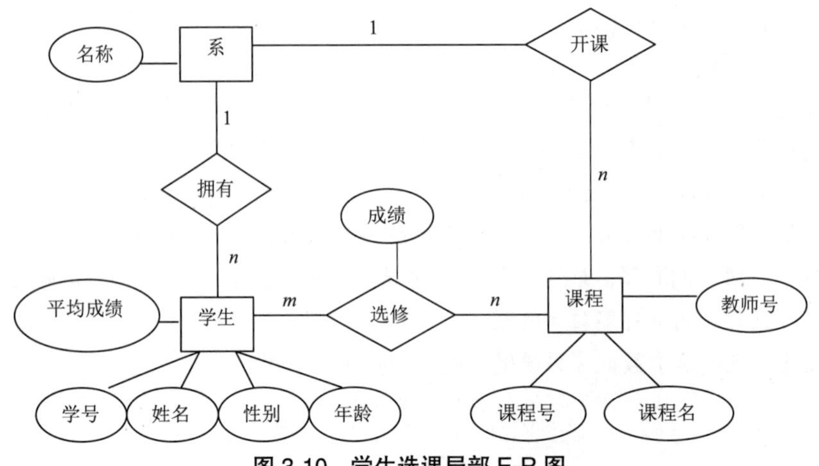

图 3-10 学生选课局部 E-R 图

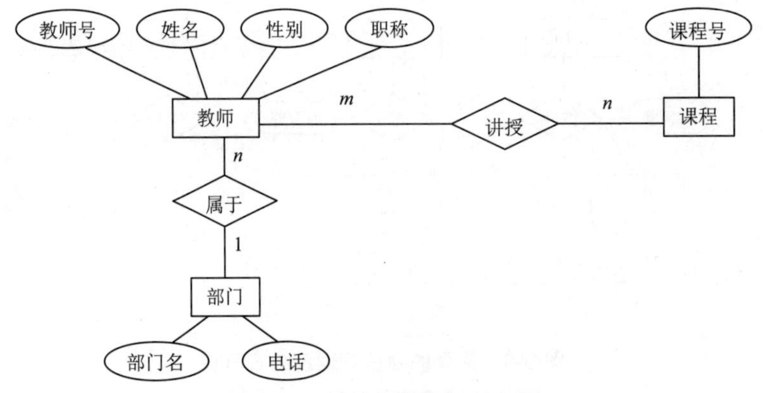

图 3-11 教师任课局部 E-R 图

2. 全局 E-R 图设计

在例3.2中，局部E-R图设计好后，还需要对局部E-R图进行合并转换成全局E-R图，才能作为最终能使用的E-R图。在转换过程中，可以采用一次将所有的E-R图集成在一起的方式，也可以用逐步集成、进行累加的方式，即一次只集成少量几个E-R图，这样实现起来比较容易。

当将局部E-R图集成为全局E-R图时，需要消除各分E-R图合并时产生的冲突。解决冲突是合并E-R图的主要工作和关键所在。

E-R图中的冲突有三种：属性冲突，命名冲突和结构冲突。

① 属性冲突：属性值的类型、取值范围或值域不同，也可能引起属性取值单位冲突。

② 命名冲突：命名不一致可能发生在实体名、属性名或联系名之间，其中属性的命名冲突更为常见。一般表现为同名异义或异名同义。

• 同名异义：不同意义的对象在不同的局部应用中具有相同的名字。

• 异名同义（一义多名）：同一意义的对象在不同的局部应用中具有不同的名字。

命名冲突可能发生在属性级、实体级、联系级上，其中属性的命名冲突更为常见。解决命名冲突的方法是通常用讨论、协商等手段加以解决。

③ 结构冲突（有三类结构冲突）：

• 同一对象在不同应用中具有不同的抽象。

解决方法：通常将属性变换为实体或将实体变换为属性，使同一对象具有相同的抽象。变换时要遵循两个准则（详见前面局部E-R图设计的内容）

• 同一实体在不同局部视图中所包含的属性不完全相同，或属性排列次序不完全相同。

解决方法：使该实体的属性取各分E-R图中属性的并集，再适当设计属性的次序。

• 实体之间的联系在不同局部视图中呈现不同的类型。

解决方法：根据应用语义对实体-联系的类型进行综合或调整。

下面就以前面叙述的简单教务管理系统为例，说明合并局部E-R图的过程。

首先，在消除两个分E-R图中存在命名冲突，学生选修课程的局部E-R图中的实体型“系”与教师任课局部E-R图中的实体型“部门”，都是指“系”，即所谓的异名同义，合并后统一改为“系”，这样属性“名称”和“部门名”即可统一为“系名”。

其次，还存在着结构冲突，实体型“系”和实体型“课程”在两个不同应用中的属性组成不同，合并后这两个实体的属性组成为原来局部E-R图中的同名实体属性的并集。解决上述冲突后，合并两个局部E-R图，生成如图3-12所示的初步的全局E-R图。

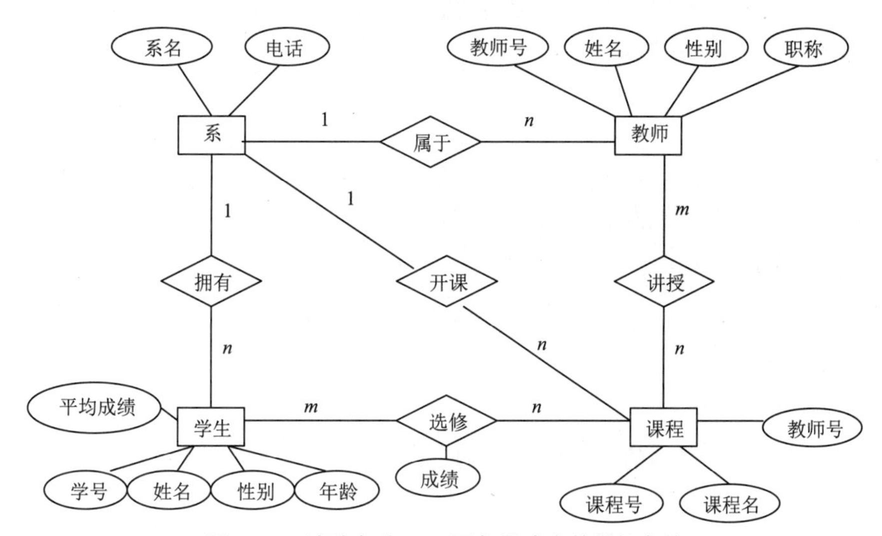

图 3-12 消除各分 E-R 图之间冲突并进行合并

注意：在生成初步总的E-R图后，该E-R图可能还会存在相应问题，即在进行合并之后，还需要对E-R图进行审核并优化。

3. 审核优化全局 E-R 图

一个好的全局E-R图除了能反映用户功能需求外，还应满足如下条件：实体个数尽可能少；实体所包含的属性尽可能少；实体间联系无冗余。

优化的目的就是使E-R图满足上述三个条件。要使实体个数尽可能少，可以进行相关实体的合并，同时消除冗余属性和冗余联系。

冗余数据是指可由基本数据导出的重复数据，冗余的联系是指可由其他联系导出的重名联系。冗余数据和冗余联系容易破坏数据库的完整性，给数据库维护增加困难，但有时适当的冗余会提高数据查询效率。

继续以上述案例中教务管理系统中的合并E-R图为例，说明消除不必要的冗余，从而生成基本E-R图的方法。

在初步E-R图中，“课程”实体型中的属性“教师号”可由“讲授”这个教师与课程之间的联系导出，而学生的平均成绩可由“选修”联系中的属性“成绩”中计算出来，所以“课程”实体型中的“教师号”与“学生”实体型中的“平均成绩”均属于冗余数据。

另外,“系”和“课程”之间的联系“开课”，可以由“系”和“教师”之间的“属于”联系与“教师”和“课程”之间的“讲授”联系推导出来，所以“开课”属于冗余联系。

初步E-R图在消除冗余数据和冗余联系后，便可得到基本的E-R图，例3.2的最终优化后的全局E-R图如图3-13所示。

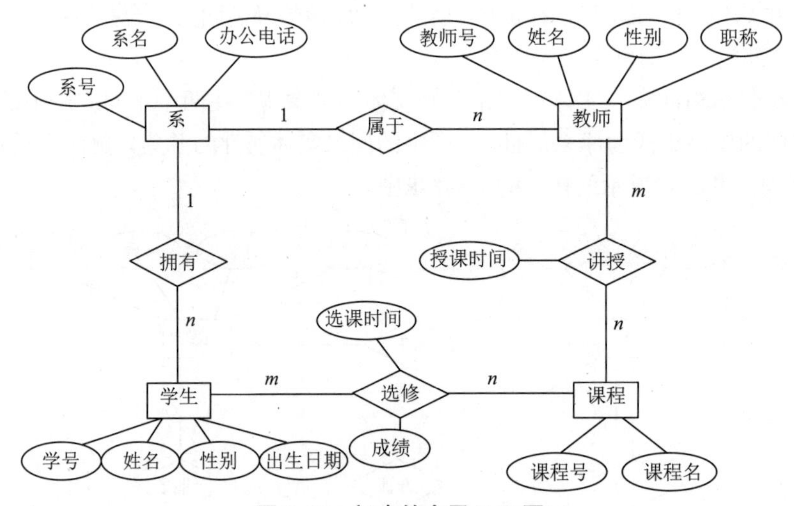

图 3-13　初步的全局 E-R 图

视频

逻辑设计1

3.2.5　逻辑设计

概念设计阶段得到的E-R模型主要是面向用户的，这些模型独立于具体的DBMS，为了实现用户所需要的业务，需要把概念模型转换为某个具体DBMS支持的组织层数据模型（简称为数据模型）。数据库的逻辑设计的任务就是把概念设计阶段产生的E-R图转换为具体的数据库管理系统支持的组织层数据模型，也就是导出特定的DBMS可以处理的数据库逻辑结构（数据库的模式和外模式），这些模式在功能、性能、完整性和一致性约束方面满足应用要求。

逻辑设计一般包括三项工作：将概念结构转化为关系数据模型；对关系数据模型进行优化；设计面向用户的外模式。

逻辑设计中最主要的工作就是把E-R图转换为具体的关系模式。

1. E-R 图转换为关系模式的方法

E-R图向关系模式的转换要解决的问题就是如何将实体以及实体间的联系转换为关系模式，如何确定这些关系模式的属性和主键。转换的一般规则如下：

（1）实体的转换

一个实体转换为一个关系模式。实体的属性就是关系模式的属性，实体的键就是关系模式的主键。

（2）联系的转换

① 1:1联系的转换：1:1联系可以转换为一个独立的关系模式。

该关系模式的属性是由与之相连的各实体的主键以及联系本身的属性共同构成。各实体的主键均可作为该关系模式的候选键。

说明：一个1:1联系也可以与任意一端对应的关系模式合并，这时需要将任一端关系模式的键及联系本身的属性都加入另一端对应的关系模式中。

② 1: n联系的转换：1:n联系可以转换为一个关系模式。

该关系模式的属性是由与之相连的各实体的主键以及联系本身的属性构成，该关系模式的主键是由n端实体的主键构成。

说明：一个1:n联系也可以与n端对应的关系模式合并，这时需要将1端关系模式的键和联系本身的属性都加入n端对应的关系模式中。

③ m:n联系的转换：m:n联系转换为一个关系模式。

该关系模式的属性是由与之相连的各实体的主键以及联系本身的属性共同构成。该关系模式的主键是由各实体的主键共同构成。

例如，“选修”联系是一个m:n联系，可以将它转换为如下关系模式，其中学号与课程号为关系的组合码：

选修（学号，课程号，成绩，选修时间）

（3）E-R图转换为关系模式的具体做法

① 将一个实体转换为一个关系。先分析该实体的属性，从中确定主键，然后再将其转换为关系模式。

② 将每个联系转换成关系模式。

③ 三个或三个以上的实体间的一个多元联系在转换为一个关系模式时，与该多元联系相连的各实体的主键及联系本身的属性均转换为关系的属性，转换后所有得到的关系的主键为各实体键的组合。

例3-3　现有如图3-14所示的E-R模型，请将该E-R图转换成对应的关系模式。

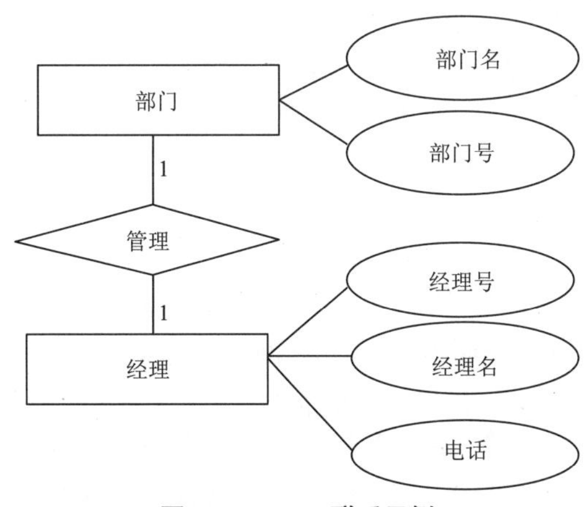

图 3-14　1：1 联系示例

根据E-R图描述，该两个实体之间是一对一的联系，则转换后的结果为如下两个关系模式：

- 部门（部门号，部门名，经理号），其中“部门号”为主键，“经理号”为引用“经理”关系模式的经理号，作为外键。
- 经理（经理号，经理名，电话），其中“经理号”为主键。

也可以转换为以下两个关系模式：

- 部门（部门号，部门名），其中“部门号”为主键。
- 经理（经理号，经理名，电话，部门号），其中“经理号”为主键，“部门号”为引用“部门”关系模式的主键，作为外键。

如果将联系转换为一个独立的关系模式，则该E-R图可以转换为三个关系模式：

- 部门（部门号，部门名），其中“部门号”为主键。
- 经理（经理号，经理名，电话），其中“经理号”为主键。
- 管理（部门号，经理号），其中“部门号”为主键，“部门号”和“经理号”分别为外键。

例3-4　现有如图3-15所示的E-R模型，请将该E-R图转换成对应的关系模式。

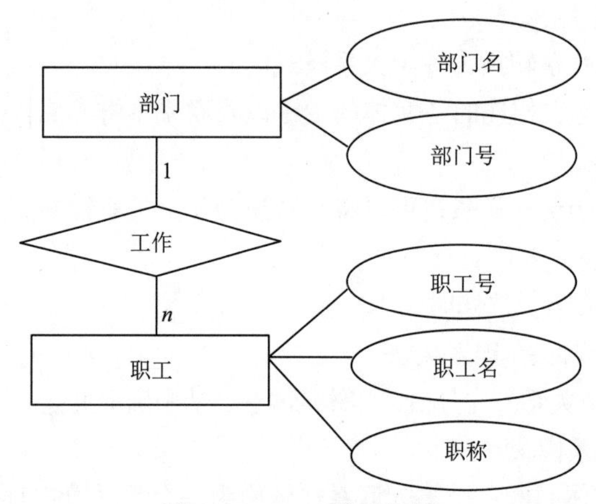

图3-15　1：n联系示例

根据E-R图描述，这两个实体之间是一对多的联系，则转换后的结果为如下两个关系模式：

- 部门（部门号，部门名），其中“部门号”为主键。
- 职工（职工号，职工名，职称，部门号），其中“职工号”为主键，“部门号”为引用“部门”关系模式的主键作为外键。

如果将联系转换为一个独立的关系模式，则该E-R图可以转换为三个关系模式：

- 部门（部门号，部门名），其中“部门号”为主键。
- 职工（职工号，职工名，职称），其中“职工号”为主键。
- 工作（职工号，部门号），其中“职工号”为主键，同时也引用“职工”关系模式中的“职工号”作为外键，“部门号”为引用“部门”关系模式的“部门号”作为外键。

例3-5　在第2章有介绍顾客、售货员和商品三个实体之间的联系，现假设营业员有职工号、姓名等属性，顾客有身份证号、姓名等属性，商品有商品编号、商品名称、单价等属性，销售有销售日期、销售数量等属性，请根据图2-4所示，将该E-R图转换成对应的关系模式。

根据E-R图描述，这三个实体之间是多对多的联系，则转换后的结果为如下几个关系模式：

- 销售员（职工号，姓名），其中“职工号”为主键。
- 顾客（身份证号，姓名），其中“身份证号”为主键。
- 商品（商品编号，商品名称，单价），其中“商品编号”为主键。
- 销售（职工号，身份证号，商品编号，销售日期、销售数量），其中（职工号，身份证号，商品编号）共同构成主键，“职工号”为引用“职工”关系模式的主键作为外键，“身份证号”为引用“顾客”关系模式的主键作为外键，“商品编号”为引用“商品”关系模式的主键作为外键。

例3-6　把例3-2中设计好的教学管理系统的全局E-R图（见图3-13）转换成具体的关系模式。

① 实体的转换。

在此教学管理系统全局E-R图中共有教师、系、学生和课程四个实体，转换为关系模式后分别为：

- 教师（教师号，姓名，职称，性别），教师号是主键。
- 系（系号，系名，电话），系号是主键。
- 学生（学号，姓名，性别，出生日期），学号是主键。
- 课程（课程号，课程名，学时，先修课程），课程号是主键。

② 联系的转换：

- $1:n$联系转换：系和教师之间的联系，单独成一个关系模式：属于（教师号，系号）。也可以合并到教师实体中，同时加上系实体的系号：教师（教师号，姓名，职称，性别，系号），系号为引用“系”关系模式的主键作为“教师”关系模式的外键。

系和学生之间的联系，同系和教师之间的转换，可以合并到学生实体中：学生（学号，姓名，性别，出生日期，系号），系号为引用“系”关系模式的主键作为“学生”关系模式的外键。

- $m:n$联系转换：学生和课程之间的联系，单独成一个关系模式：选修（学号，课程号，学分，选修时间），学号和课程号共同作为主键，同时学号为引用“学生”关系模式的学号作为外键，课程号为引用“课程”关系模式的课程号作为外键。

教师和课程之间的联系，单独成一个关系模式：授课（教师号，课程号，授课时间），教师号和课程号共同作为主键，同时教师号为引用“教师”关系模式的教师号作为外键，课程号为引用“课程”关系模式的课程号作为外键。

因此，经过转换最后得到的关系模式有：

- 教师（教师号，姓名，职称，性别，系号），其中教师号是主键，系号是外键。
- 系（系号，系名，电话），系号是主键。
- 学生（学号，姓名，性别，出生日期，系号），其中学号是主键，系号是外键。
- 课程（课程号，课程名，学时，选修课程），课程号是主键。
- 选修（学号，课程号，学分，选修时间），其中学号和课程号共同为主键，学号和课程号又分别是外键。
- 授课（教师号，课程号，授课时间），其中教师号和课程号共同为主键，教师号和课程号又分别是外键。

2. 关系模式的优化

模式设计的合理与否对数据库的性能有很大影响。数据库及其应用的性能和调整优化都是建立在良好的数据库设计基础上的。为了进一步提高数据库应用系统的性能，应根据应用需求，适当修改，调整数据模型的结构，这就是数据模型的优化。

关系模式的优化就是对照需求分析阶段得到的用户信息要求和信息处理需求，进一步分析通过上述设计过程得到的关系模式是否符合有关要求，是否需要将某些模式进行合并或分解，并从查询效率的角度出发，考虑是否将某些模式进行合并。关系数据模型的优化通常以规范化理论为指导进行优化，具体规范化的内容在第6章会有详细讲解。

规范化理论为数据库设计人员判断关系模式优劣提供了理论标准，可以用来预测模型可能出现的问题，使数据库设计人员有严格的理论基础来保证数据库设计的正确性。

3.2.6 物理结构设计

数据库物理结构设计的任务是为上一阶段得到的数据库逻辑模式，即数据库的逻辑结构选择合适的应用环境的物理结构，即确定有效地实现逻辑结构模式的数据库存储模式，确定在物理设备上所采用的存储结构和存取方法，然后对该存储模式进行性能评价、修改设计，经过多次反复，最后得到一个性能较好的存储模式。

1. 确定物理结构

数据库物理设计内容包括记录存储结构的设计、存储路径的设计、记录集簇的设计。

（1）记录存储结构的设计

记录存储结构的设计就是设计存储记录的结构形式，涉及不定长数据项的表示。

（2）关系模式存取方法的选择

DBMS常用的存取方法有：索引方法（目前主要是B+树索引方法）、聚簇（Cluster）方法、HASH方法。

索引从物理上分为聚簇索引和普通索引。确定索引的一般顺序如下：

① 确定关系的存储结构，即记录的存放顺序，或按某属性（或属性组）聚簇存放。

② 确定不宜建立索引的属性或表。对于太小的表或经常更新属性的表，需要对索引频繁地进行维护，代价太大。属性值很少的表，如“性别”，只有“男”“女”两个值，不易做成索引。过长的属性：索引所占存储空间较大。一些特殊数据类型的属性，如大文本、多媒体数据等，是不出现或很少出现在查询条件中的属性。

③ 确定宜建立索引的属性。关系的主键或外键一般应建立索引，因为数据进行更新时，系统对主键和外键分别做唯一性和参照完整性检查，建立索引可以加快。对于以查询为主或只读的表，可以多建索引。对于范围查询，即以＝、＜、＞、≤、≥等比较符确定查询范围的，可在有关属性上建立索引。使用聚集函数（Min、Max、Avg、Sum、Count）或需要排序输出的属性最好建立索引。在RDBMS中，索引是改善存取路径的重要手段。使用索引的最大优点是可以减少检索的CPU服务时间和I/O服务时间，提高检索效率。

若无索引，系统只能通过顺序扫描数据表来寻找相匹配的检索对象，时间耗费太多。但是，不能在频繁做存储操作的关系上建立过多的索引，因为当进行存储操作（增、删、改）时，不仅要对关系本身做存储操作，而且还要增加一定的CPU时间来对各个有关的索引做相应的修改。因此，关系上建立过多的索引会影响存储操作的性能。

（3）聚簇

为了提高某个属性（或属性组）的查询速度，将这个或这些属性（称为聚簇键）上具有相同值的元组集中存放在连续的物理块称为聚簇。聚簇的用途是大幅提高按聚簇属性进行查询的效率。

（4）HASH方法

当一个关系满足下列两个条件时，可以选择HASH存取方法：

① 该关系的属性主要出现在等值连接条件中或在相同比较选择条件中。

② 关系大小可预知且不变或动态改变，但所选用的DBMS可提供动态HASH存取方法。

2. 评价物理结构

同前面几个设计阶段一样，在确定了数据库的物理结构之后，要进行评价，重点是时间和空间的效率。如果评价结果满足设计要求，则可进行数据库实施。实际上，往往需要经过检验复查才能优化物理设计。

3.2.7　数据库实施与维护

数据库实施是指根据逻辑设计和物理设计的结果，在计算机上建立起实际的数据库结构、装入数据、进行测试和试运行的过程。数据库实施的工作内容包括系统结构用数据定义语言（DDL）定义数据库结构，组织数据入库，编制与调试应用程序，数据库试运行。

1. 建立实际数据库结构

确定了数据库的逻辑结构与物理结构后，就可以用所选用的DBMS提供的数据定义语言严格描述数据及表、视图的具体库结构。

2. 装入数据

装入数据的方法有人工方法与计算机辅助数据入库方法两种。

（1）人工方法。适用于小型系统，具体步骤如下：

① 采集筛选数据。需要装入数据库中的数据通常都分散在各个部门的数据文件或原始凭证中，所以首先必须将需要入库的数据筛选出来。

② 转换数据格式。采集筛选出来的需要入库的数据，其格式往往不符合数据库要求，还需要进行转换。这种转换有时可能很复杂。

③ 输入数据。将转换好的数据输入计算机中。

④ 校验数据。检查输入的数据是否有误。

（2）计算机辅助数据入库。适用于中大型系统，具体步骤如下：

① 筛选数据。按业务数据类型或某种需求进行筛选。

② 输入数据。将原始数据直接输入计算机中，数据输入子系统应提供输入界面。

③ 校验数据。数据输入子系统采用多种校验技术检查输入数据的正确性。

④ 转换数据。数据输入子系统根据数据库系统的要求，从录入的数据中抽取有用成分，对其进行分类，然后转换数据格式。抽取、分类和转换数据是数据输入子系统的主要工作，也是数据输入子系统的复杂性所在。

⑤ 综合数据。数据输入子系统对转换的数据根据系统要求进一步综合成最终数据。

3. 调试与运行应用程序

在一部分数据被加载到数据库之后，就可以开始对数据库系统进行联合调试，这个过程又称为数据库试运行。这一阶段要实际运行数据库应用程序，执行对数据库的各种操作，测试应用程序的功能是否满足设计要求。如果不满足，则要对应用程序进行修改、调整，直到达到设计要求为止。

在数据库试运行阶段，还要对系统的性能指标进行测试，分析其是否达到设计目标。如果测试的结果和设计目标不符，则要返回之前的物理结构甚至逻辑结构设计阶段进行修改。

特别要强调的是，首先，由于数据入库的工作量大，因此在试运行时应该先输入小批量数据，试运行基本合格后，再大批量输入数据，以减少不必要的工作浪费。其次，在试运行阶段，因操作人员都不熟悉系统，要做好数据库的备份和恢复工作，以减少对数据库的破坏。

4. 数据库维护

数据库试运行结果符合设计目标后，数据库就可以真正投入实际应用。数据库投入运行标志着开发任务的基本完成和维护工作的开始。对数据库设计进行评价、调整、修改等维护工作是一个长期的任务，也是设计工作的继续和提高。

对数据库经常性的维护工作主要由DBA完成，包括数据库的转储和恢复，数据库的安全性、完整性控制，数据库性能的监督、分析和改进。

课后练习

1. 在数据库设计中，将E-R图转换为关系数据模型是下述（　　）阶段完成的工作。

   A. 需求分析阶段　B. 概念设计阶段　C. 逻辑设计阶段　D. 物理设计阶段

2. 在将E-R图转换为关系模型时，一般都将 m:n 联系转换成一个独立的关系模式。下列关于这种联系产生的关系模式的主键的说法，正确的是（　　）。

   A. 只需包含 m 端关系模式的主键即可

   B. 只需包含 n 端关系模式的主键即可

   C. 至少包含 m 端和 n 端关系模式的主键

   D. 必须添加新的属性作为主键

3. 在将局部E-R图合并为全局E-R图时，可能会产生一些冲突。下列冲突中不属于合并E-R图冲突的是（　　）。

   A. 结构冲突　　B. 语法冲突　　C. 属性冲突　　D. 命名冲突

4. 一个银行营业所可以有多个客户，一个客户也可以在多个营业所进行存取款业务，则客户和银行营业所之间的联系是（　　）。

   A. 一对一　　B. 一对多　　C. 多对一　　D. 多对多

5. 设实体 A 与实体 B 之间是一对多联系，下列进行的逻辑结构设计方法中，最合理的是（　　）。

   A. 实体 A 和实体 B 分别对应一个关系模式，且外键放在实体 B 关系模式中

   B. 实体 A 和实体 B 分别对应一个关系模式，且外键放在实体 A 关系模式中

   C. 为实体 A 和实体 B 设计一个关系模式，该关系模式包含两个实体的全部属性

   D. 分别为实体 A、实体 B 和它们之间的联系设计一个关系模式，外键在联系对应的关系模式中

6. 设有描述图书出版情况的关系模式：出版（书号，出版日期，印刷数量），设一本书可以出版多次，每次出版都有一个出版数量。该关系模式的主键是（　　）。

A. 书号　　B.（书号，出版日期）

C.（书号，印刷数量）　　D.（书号，出版日期，印刷数量）

7. 设有如下两个关系模式

职工（职工号，姓名，所在部门编号）

部门（部门编号，部门名称，联系电话，办公地点）

为表达职工与部门之间的关联关系，需要定义外键。下列关于这两个关系模式中外键的说法，正确的是（　　）。

A. "职工"关系模式中的"所在部门编号"是引用"部门"的外键

B. 部门关系模式中的"部门编号"是引用"职工"的外键

C. 不能定义外键，因为两个关系模式中没有同名属性

D. 将"职工"关系模式中的"所在部门编号"定义为外键，或者将"部门"关系模式中的"部门编号"定义为外键均可

8. 设有描述学生借书情况的关系模式：借书（书号，读者号，借书日期，还书日期），设一个读者可在不同日期多次借阅同一本书，但不能在同一天对同一本书借阅多次。该关系模式的主键是（　　）。

A. 书号　　B.（书号，读者号）

C.（书号，读者号，借书日期）　　D.（书号，读者号，借书日期，还书日期）

9. 某研究所有若干个研究室，每一个研究室有一名负责人和多个研究人员，每个研究人员只属于一个研究室。研究所承接了多个科研项目，每个科研项目有多个科研人员参加，每个科研人员可以参加多个科研项目。

（1）试画出E-R图，并在图上注明属性、联系的类型。

（2）将E-R图转换成关系模型，并注明主键和外键。

10. 设某商业集团数据库中有三个实体集：一是"公司"实体集，属性有公司编号、公司名、地址等；二是"仓库"实体集，属性有仓库编号、仓库名、地址等；三是"职工"实体集，属性有职工编号、姓名、性别等。

公司和仓库间存在"隶属"联系，每个公司管辖若干仓库，每个仓库只能属于一个公司管辖；仓库与职工间存在"聘用"联系，每个仓库可聘用多个职工，每个职工只能在一个仓库工作，仓库聘用职工有聘期和工资。

（1）试画出E-R图，并在图上注明属性、联系的类型。

（2）将E-R图转换成关系模型，并注明主键和外键。

小　结

本章介绍了数据库设计的过程和具体步骤。数据库设计的特点是行为设计和结构设计相分离，而且在需求分析的基础上先进行结构设计，再进行行为设计，其中结构设计是重点和关键，包括概念结构设计、逻辑结构设计、物理结构设计。概念结构设计主要采用E-R模式进行设计，它和具体的DBMS无关；逻辑结构设计是将概念模型转换成关系型数据模型，即关系模式，它和DBMS是有关的。物理结构设计是设计数据的存储方式和存储结构。

数据库设计完成后，就要进行数据库的实施和维护工作。数据库应用系统在投入运行后必须要有专人进行管理和维护，以保证系统能正常运行和提高效率。

数据库设计的成功与否和许多因素有关，但只要掌握了数据库设计的基本方法，就可以设计出可行的数据库系统。

习　题

1. 什么是E-R图？构成E-R图的基本要素是什么？

2. E-R图向关系模型的转换规则是什么？

3. 设计一个图书馆数据库，数据库中对每个借阅者存有读者号、姓名、地址、性别、年龄、单位，对每本书存有书号、书名、作者、出版社，对每本被借出的书存有读者号、借出日期和应还日期。

根据上述语义要求，进行下列操作：

（1）画出该E-R图。

（2）将E-R图转换为关系模式，并指出每个关系模式的主键。

4. 某学校有若干系，每个系有若干学生、若干课程，每个学生选修若干课程，每门课有若干学生选修，某一门课可以为不同系开设，要求建立该校学生选修课程的数据库，完成以下操作：

（1）根据上述语义画出E-R图，要求在图中画出属性并注明联系的类型。

（2）将E-R模型转换成关系模型，并指出每个关系模式的主键和外键。

第4章 SQL基础

SQL（Structured Query Language，结构化查询语言）是数据库学习中非常重要的内容，通常所有的数据库都是通过DBMS支持的SQL完成数据的增删改查操作，因此SQL是数据库设计/使用者与数据库之间沟通的直接桥梁。本章所有示例均基于SQL Server 2019实现。

学习目标

本章主要介绍SQL的发展与语法的应用、视图的操作和索引的创建。通过对本章的学习，学生能够根据要求写出相应的SQL语句并能正确运行，主要包括利用SQL创建数据库和数据库表（又称数据表或表），完成对表中的数据进行增删改查等操作，根据应用程序的需求创建相应的视图和索引。通过本章学习，需要实现以下目标：

◎能说出SQL的特点。

◎能根据要求利用SQL语句创建数据库和数据库表。

◎知道表级约束和列级约束，能根据给定的约束条件创建表的相关约束。

◎掌握单表查询、多表连接查询、子查询的相关内容，能根据要求写出正确的查询语句。

◎能根据要求使用SQL语句完成对表中数据的增删改操作。

◎能根据要求创建数据库视图和索引。

4.1 SQL概述

SQL专门用于与关系数据库管理系统进行数据交互，并能完成数据查询、数据操纵、数据定义和数据控制四类功能，是一种通用的、功能性极强的关系数据库语言，同时也是数据库脚本文件的扩展名。

1986年10月，美国国家标准协会（ASNI）将SQL正式定义为关系数据库管理系统的标准语言，作为计算机上数据库的专用语言，无论是SQL Server还是MySQL，又或者是其他的数据库产品都是采用SQL来对其数据库进行查询和修改的。虽然每家公司都会在自己的数据库产品中添加一些自己专有的SQL语法，但从整体上都是依照ASNI制定的SQL标准而制定的。

4.1.1 SQL发展过程

SQL最早是IBM的圣约瑟研究实验室为其关系数据库管理系统SYSTEM R开发的一种查询语言，

它的前身是SQUARE语言。

SQL结构简洁，功能强大，简单易学，自从IBM公司1981年推出以来，支持与应用范围不断扩大，取得了众多数据库厂商和产品的支持。如今，无论是Oracle、SQL Server、MySQL、Sybase、DB2、Informix这些大型的数据库管理系统，还是MongoDB、PostgreSQL、PowerBuilder这些常用的数据库开发系统，又或者是SQLite这种轻量型数据库，都支持SQL作为查询语言。

ANSI与国际标准化组织（ISO）已经制定了SQL标准。ANSI是ISO和国际电工委员会（IEC）的成员之一，发布与国际标准组织相应的美国标准。1992年，ISO和IEC发布了SQL国际标准，称为SQL-92。ANSI随之发布的相应标准是ANSI SQL-92。ANSI SQL-92有时也称为ANSI SQL。尽管不同的关系数据库使用的SQL版本存在差异，但大多数都遵循ANSI SQL 标准。SQL Server使用ANSI SQL-92的扩展集，称为T-SQL，其遵循ANSI制定的SQL-92标准。

随着数据库技术及相关软硬件技术的发展，SQL标准也在不断发展，后来又推出了SQL99（又称SQL3，1999年发布）、SQL2003（2003年发布）、SQL2008（2008年发布）、SQL2011等。随着SQL标准内容的不断丰富和完善，从单文档发展到了多个模块，除了包含SQL中的核心和基本内容外，还涉及SQL调用接口、SQL永久存储、SQL宿主语言绑定、SQL外部数据管理、SQL对象语言绑定等内容。本书不介绍具体的SQL标准内容，主要介绍SQL的基本概念和基本功能。

4.1.2 SQL的特点

SQL是高级的非过程化编程语言，允许用户在高层数据结构上工作。它不要求用户指定对数据的存放方法，也不需要用户了解具体的数据存放方式，所以具有完全不同底层结构的不同数据库系统，可以使用相同的结构化查询语言作为数据输入与管理的接口。SQL语句可以嵌套，具有极大的灵活性和强大的功能。其主要特点如下：

① 非过程化：直白的人机对话类型，不需要理解其内部执行过程，只需要简单地对计算机发出指令便可执行得到其结果。

② 统一：两种不同方式的使用，只需要相同的语法来支撑。直接的交互使用或者直接嵌入到各种高级语言当中，给予开发者极大的便利。

③ 语义简易明了：只包含100个左右的英文单词、6个核心动词，整个语句描绘更像是一场英语的对话。

4.1.3 SQL的组成

SQL的组成部分主要有命令（函数）、子句、运算符、统计函数及通配符。

1. 命令（函数）

SQL命令就是用户对数据库进行的一系列操作，这些操作包含建立、查询、增删、更新等。其中，还可以细分为数据定义语言、数据操纵语言、数据查询语言和数据控制语言。数据定义语言可用来建立新的数据库、数据表、字段及索引等；数据操纵语言可完成数据插入、修改和删除操作；数据查询语言可完成数据查询（包括简单查询和复杂查询）操作；数据控制语言主要用于设置角色（数据库角色和服务器角色）和用户的权限。

SQL包括数据定义、数据操纵、数据查询和数据控制四项功能，具体每项功能的行为动词如表4-1所示。

表 4-1 SQL 功能及所使用的动词

SQL 功能	所使用的动词
数据定义	CREATE、ALTER、DROP
数据操纵	INSERT、UPDATE、DELETE
数据查询	SELECT
数据控制	GRANT、REVOKE

① 数据定义语言（Data Definition Language，DDL）是SQL集中负责数据结构定义与数据库对象定义的语言。它可以完成表、视图、索引、存储过程、用户和组的建立与撤销操作，由CREATE、ALTER和DROP动词组成。

• CREATE：创建命令动词，创建数据库、表、视图等。

• ALTER：修改已用CREATE命令创建好的数据库对象，如修改表结构、修改视图等。

• DROP：删除已用CREATE命令创建好的数据库对象，如删除表、删除视图等。

② 数据操纵语言（Data Manipulation Language，DML）主要完成数据的插入、更新、删除等功能，其动词有INSERT、UPADATE和DELETE。

• INSERT：插入命令，将数据插入数据库中相应的表。

• UPDATE：更新命令，更新符合条件的数据。

• DELETE：删除命令，将符合条件的相关数据删除。

③ 数据查询语言（Data Query Language，DQL）主要用于完成数据查询功能，动词是SELECT。

SELECT：查询命令，可以理解成从一堆数据中选择出所需的数据，这一动作通常应用在查询中，也是SQL中应用最广泛的命令。

思考：

DROP 和 DELETE 都是删除的意思，它们之间有什么区别？

____

____

____

④ 数据控制语言（Data Control Language，DCL）是用来设置或者更改数据库用户或角色权限的语句，这些语句包括GRANT、DENY、REVOKE等语句。在默认状态下，只有sysadmin、dbcreator、db_owner或db_securityadmin等角色的成员才有权利执行数据控制语言。具体使用参见本书第7章内容。

2. 子句

子句在SQL中主要搭配上述的命令动作使用，设置命令的操作对象。

① FROM子句：用于指定数据表和视图。

② WHERE子句：用于设置条件，可理解为“满足**条件的数据”。

③ GROUP BY子句：含义为分组，通常是将所需的数据以分组的形式显示出来，由此达到一个更全面的视觉效果。当对分组后的数据进行条件设置时，需要用HAVING子句来搭配使用。

④ HAVING子句：设置条件对分组后的数据进行筛选，与GROUP BY子句搭配使用。

⑤ ORDER BY子句：将查询结果进行排序，以方便查看。排序字段可以是多个，每个字段可单独设置升序（ASC）或降序（DESC）的排序方式。

3. 运算符

运算符分为逻辑运算符和比较运算符，附加在子句中，可使得条件的设置更加多样化，满足复杂多样的条件设置需求。

① 逻辑运算符：

• AND（逻辑与）：要同时符合左右两边的条件。

• OR（逻辑或）：表示左右两边的条件符合一个即可。

• NOT（逻辑非）：取反的意思。

② 比较运算符：包括<（小于）、>（大于）、=（等于）、<>（不等于）、<=（小于等于）、>=（大于等于）。

③ BETWEEN…AND…：理解为“在……之间”，设置取值范围。

④ LIKE：用于通配符之中，理解为“类似于、像”的意思，和“等于”不是一个意思。

⑤ IN：理解为“在……之内”，用于集合的设置。

4. 统计函数（聚集函数）

常见统计函数包括SUM()、COUNT()、MAX()、MIN()、AVG()等。其用法类似于Excel中的函数，用途是对目标数据执行求总和、数量、最大值、最小值和平均值操作。具体使用详见本章查询语句的相关内容。

5. 通配符

SQL中的通配符分为三类（%、_、[]），当对所要设置的对象感到模糊时，可以通过通配符来匹配符合模糊设置条件的数据。

自SQL成为国际标准语言以后，各个数据库厂家纷纷推出各自支持的SQL标准的软件，因此掌握基本的SQL语句是学习数据库技术的关键。结合直观的图形工具学习SQL是一个有效且高效的方法，为了更好地掌握SQL相关知识，勤于练习是必要的。

课后练习

1. SQL是（　　）的语言。

   A. 过程化　　B. 非过程化　　C. 格式化　　D. 导航式

2. （　　）是数据查询语言的动词。

   A. SELECT　　B. CREATE　　C. DROP　　D. UPDATE

3. SQL中的通配符分为（　　）三类。

   A. %、_、[]　　B. %、*、[]　　C. &、_、[]　　D. &、*、( )

4. SQL中运算符分为（　　）。

   A. 算术运算符和比较运算符　　B. 逻辑运算符和连接运算符

   C. 逻辑运算符和比较运算符　　D. 赋值运算符和比较运算符

4.2 数据定义语言

数据定义语言是SQL集中负责数据结构定义与数据库对象定义的语言，由CREATE、ALTER与DROP三个命令所组成，作为 SQL 指令中的一个子集。目前大多数DBMS都支持对数据库对象的DDL操作。它主要实现对数据库、数据表和视图的创建、修改和删除操作。具体命令所对应的关键词如表4-2所示。

表 4-2 数据定义语言一览表

序号	命令	关键词
1	CREATE	DATABASE、TABLE、VIEW
2	ALTER	DATABASE、TABLE、VIEW
3	DROP	DATABASE、TABLE、VIEW

4.2.1 创建语句

视频

数据库创建

1. 创建数据库

在使用数据库时，必须首先创建数据库和数据库表。如同在计算机中需要输入相关文字一样，首先在某个文件夹中创建一个文件，然后在该文件中输入相关文字。如果要在数据库中输入相关数据，也必须要先创建数据库和数据库表，然后才能把数据输入到相关关系表中。

创建数据库文件可以使用DDL语言，同时也可以使用图形化界面SSMS（SQL Server Management Studio）中的菜单操作来完成，如在SQL Server中就可以通过界面形式创建数据库。本章主要使用SQL的命令方式来创建数据库，具体图形化界面创建数据库可以参考9.3.2节内容。

在使用SQL语句创建数据库时，其核心是CREATE DATABASE 语句。该语句基本语法格式如下：

```
CREATE DATABASE database_name          /*指定数据库名*/
[ON  [PRIMARY]  [file子句] ]           /*指定数据库文件和文件组属性*/
[LOG ON  [file子句]                    /*指定日志文件属性*/
```

一个完整的数据库文件是由一个主数据库文件、若干个次要数据库文件和若干个日志文件构成。其中，主数据库文件的扩展名为.mdf，次要数据库文件的扩展名为.ndf，日志文件的扩展名为.ldf。

file子句中包括的内容如下：

```
NAME=logical_file_name,
FILENAME='os_file_name'
[,SIZE=size]
[,MAXSIZE={max_size|UNLIMITED}]
[,FILEGROWTH=grow_increment])
[,...n]
```

参数说明：

① database_name：这是新数据库的名称。数据库名称在 SQL Server 的实例中必须是唯一的，并且必须符合标识符规则。最多可以包含128个字符，除非没有为日志指定逻辑名。如果没有指定日志文件的逻辑名，则SQL Server会通过向database_name追加后缀来生成逻辑名。该操作要求database_name在123个字符之内，以便生成的日志文件逻辑名少于128个字符。

② ON：指定显式定义用来存储数据库数据部分的磁盘文件（数据文件）。该关键字后跟以逗号分隔的 <filespec> 项列表，<filespec> 项用于定义主文件组的数据文件。主文件组的文件列表后可跟以逗号分隔的 <filegroup> 项列表（可选），<filegroup> 项用于定义用户文件组及其文件。

③ LOG ON：指定显式定义用来存储数据库日志的磁盘文件（日志文件）。该关键字后跟以逗号分隔的 <filespec>项列表，<filespec>项用以定义日志文件。如果没有指定LOG ON，将自动创建一个日志文件，该文件使用系统生成的名称，大小为数据库中所有数据文件总大小的25%。

④ PRIMARY：指定关联的 <filespec> 列表定义主文件。主文件组包含所有数据库系统表，还包含所有未指派给用户文件组的对象。主文件组的第一个 <filespec> 条目成为主文件，该文件包含数据库的逻辑起点及其系统表。一个数据库只能有一个主文件，如果没有指定 PRIMARY，那么 CREATE DATABASE 语句中列出的第一个文件将成为主文件。

⑤ NAME：为由 <filespec> 定义的文件指定逻辑名称。如果指定了 FOR ATTACH，则不需要指定 NAME 参数。

⑥ logical_file_name：用来在创建数据库后执行的 T-SQL 语句中引用文件的名称。logical_file_name在数据库中必须唯一，并且符合标识符的规则。该名称可以是字符或 Unicode 常量，也可以是常规标识符或定界标识符。

⑦ FILENAME：为 <filespec> 定义的文件指定操作系统文件名。

⑧ 'os_file_name'：操作系统创建 <filespec> 定义的物理文件时使用的路径名和文件名。os_file_name中的路径必须指定 SQL Server 实例上的目录。os_file_name不能指定压缩文件系统中的目录。

如果文件在原始分区上创建，则 os_file_name必须只指定现有原始分区的驱动器字母。每个原始分区上只能创建一个文件。原始分区上的文件不会自动增长，因此，os_file_name指定原始分区时，不需要指定 MAXSIZE 和 FILEGROWTH 参数。

⑨ SIZE：指定 <filespec> 中定义的文件的大小。如果主文件的 <filespec> 中没有提供 SIZE 参数，SQL Server 将使用 model数据库中的主文件大小。如果次要文件或日志文件的 <filespec> 中没有指定 SIZE 参数，则 SQL Server 将使文件大小为 8 MB。

⑩ MAXSIZE：指定 <filespec> 中定义的文件可以增长到的最大大小。

⑪ max_size：<filespec> 中定义的文件可以增长到的最大大小。可以使用千字节（KB）、兆字节（MB）、吉字节（GB）或太字节（TB），默认为MB。指定一个整数，不要包含小数位。如果没有指定 max_size，则文件将增长到磁盘变满为止。

⑫ UNLIMITED：指定 <filespec> 中定义的文件将增长到磁盘变满为止。

⑬ FILEGROWTH：指定 <filespec> 中定义的文件的增长增量。文件的 FILEGROWTH 设置不能超过 MAXSIZE 设置。

⑭ growth_increment：每次需要新的空间时为文件添加的空间大小。指定一个整数，不要包含小数位，0值表示不增长。该值可以MB、KB、GB、TB或百分比（%）为单位指定。如果未在数量后面指定MB、KB或%，则默认值为MB。如果指定%，则增量大小为发生增长时文件大小的指定百分比。指定的大小舍入为最接近的64 KB的倍数。如果未指定FILEGROWTH，数据文件和日志文件默认增长增量均为64 MB。

⑮ n：占位符，表示可以为新数据库指定多个文件。

例4-1 在前面所讲授的教学管理系统中，已经设计出该系统的关系模式（参见第2章相关内容），现需要把设计好的关系模式创建成具体的数据库表，请根据要求创建该系统的数据库文件TeachingDB。

注意：本节的案例来自本书第8章中的教学管理系统，在学习之前，请先预习该案例的具体内容。

创建该数据库的SQL语句如下：

```
CREATE DATABASE TeachingDB
```

程序运行结果如图4-1所示。

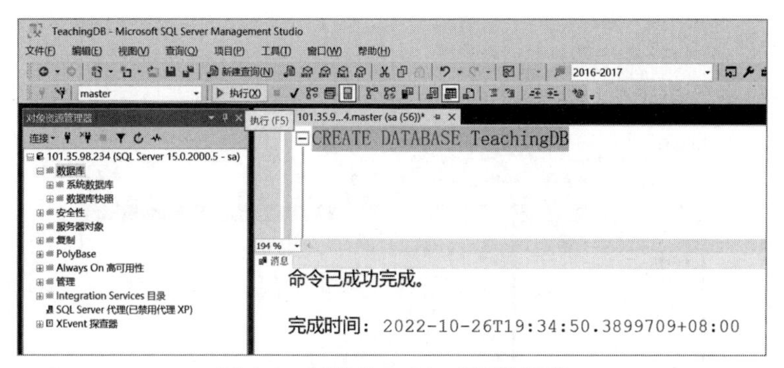

图 4-1 创建 TeachingDB 数据库

思考：

该数据库文件创建成功后，文件存放在哪里？文件大小为多少？

____

____

____

例4-2 在例4-1中，现要求创建的该数据库由一个主要数据文件、一个次要数据文件和一个事务日志文件组成。数据库名为student，同时主要数据文件逻辑文件名为student_data，物理文件名为student_data.mdf，并将数据文件保存在C:\student文件夹下，初始大小为15 MB，按默认方式增长，最大大小无限制。

次要数据文件逻辑文件名为student_data1，物理文件名为student_data1.ndf，并将数据文件保存在C:\student文件夹下，初始大小为10 MB，最大大小为20 MB。

事务日志文件逻辑文件名为student_log，物理文件名为student_log.ldf，保存在C:\student文件夹下，初始大小为10 MB，最大大小为20 MB，自动增长递增量为2 MB。

创建该数据库的SQL语句如下：

```
CREATE DATABASE student
ON PRIMARY
(   NAME=student_data,
    FILENAME='C:\student\student_data.mdf',
    SIZE=15MB,
    MAXSIZE=unlimited
),
```

```
(   name=student_data1,
    filename='C:\student\student_data1.ndf',
    size=10MB,
    maxsize=20MB
)
LOG ON
(   NAME=student_log,
    FILENAME='C:\student\student_log.ldf',
    SIZE=10MB,
    MAXSIZE=20MB,
    FILEGROWTH=2)
```

程序运行结果如图4-2所示。

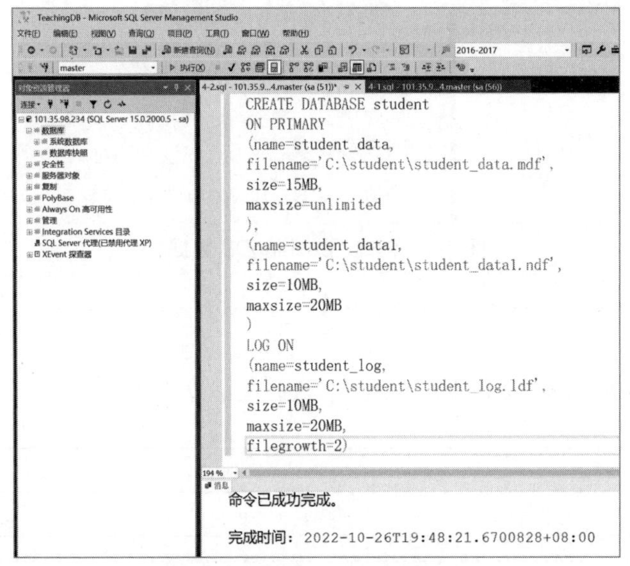

图 4-2　创建 student 数据库

说明：在执行上述创建数据库语句前，当指定数据库主数据文件、次要数据文件、日志文件路径时务必保证该路径是真实存在的。在此例中务必先保证C盘下已经创建好student文件夹，再执行该创建数据库语句。当执行完该语句时，左侧对象资源管理器并不能及时显示出student数据库，可单击对象资源管理器窗口中的按钮进行刷新，即可显示student数据库。在后续创建数据表、视图、索引等数据库对象时也可以通过该刷新按钮解决不能及时在界面上显示的问题。

视频

数据库表创建

2. 创建数据表

数据表（或称表）是数据库最重要的组成部分之一。数据库只是一个框架，数据表才是其实质内容。例如，“教学管理系统”中教学管理数据库包含分别围绕特定主题的六个数据表：“系别”表、“学生”表、“教师”表、“课程”表、“成绩”表和“授课”表，用来管理教学过程中学生、教师、课程等信息。这些各自独立的数据表通过建立关系被连接起来，成为可以交叉查阅、一目了然的数据库。创建数据表也分为命令方式和图形方式，此处主要讲解命令方式，语法格式如下：

```
CREATE TABLE <表名> (
```

```
<列名> <数据类型>[列级完整性约束条件]
  [,< 列名> <数据类型> [列级完整性约束条件]
   …]
  [,<表级完整性约束条件>] );
```

其中：

① 数据类型：内容参见第9章。

② 列级完整性约束条件：涉及相应属性列的完整性约束条件。

• [NULL | NOT NULL]：空和非空约束。

• [[CONSTRAINT 约束名] DEFAULT 约束表达式]]：默认值约束。

• [PRIMARY KEY | UNIQUE]：主键约束|唯一性约束。

• [CHECK <逻辑表达式>]：CHECK表达式约束。

思考：

PRIMARY KEY 约束与 UNIQUE 约束的区别是什么？

____

____

____

③ 表级完整性约束条件：涉及一个或多个属性列的完整性约束条件。

• PRIMARY KEY(列名序列)：定义主键。

• FOREIGN KEY(列名) REFERENCES 表名(列名)：定义外键。

• CHECK (条件表达式)：用户自定义约束。

说明： 列名序列可以是一个属性组。其中，PRIMARY KEY和CHECK既可以做列级约束，也可以做表级约束，但如果是一个属性组做主键时，则只能定义在表级约束中。

数据完整性在前面章节中已有介绍，是指数据是正确的或有意义的。例如，性别只能是“男”或“女”。数据的完整性约束是为了防止数据库中存在不符合语义的数据。为了维护数据的完整性，DBMS必须提供一种机制来检查数据库中的数据，看其是否满足语义规定的条件。这些加在数据库数据之上的语义约束就是数据完整性约束条件，这些约束条件作为表定义的一部分存储在数据库中。而DBMS检查数据是否满足完整性约束条件的机制就称为完整性检查。

完整性约束条件的对象可以是表、元组和列。

例 4-3　在创建好的教学管理系统数据库TeachingDB中，创建department表，该表的结构如表4-3所示。

表 4-3　department（院系）表的结构

数 据 项 名	数 据 类 型	完整性约束	备　注
dno	CHAR(7)	非空、主键	院系编号
dname	VARCHAR(20)	非空	院系名
building	VARCHAR(20)	—	办公楼
telephone	CHAR(8)	—	电话

创建该表的SQL语句如下：

```
CREATE TABLE department
(
    d no  CHAR(7)  NOT NULL  PRIMARY KEY,
    dname  VARCHAR(20)  NOT NULL,
    building  VARCHAR(20),
    telephone CHAR(8)
)
```

说明：在定义表的同时也可以定义与表有关的完整性约束条件，这些完整性约束条件都会存储在系统的数据字典中，如果一个完整性约束只涉及表中的一个列，则这些约束条件可以在“列级完整性约束定义”处定义，也可在“表级完整性约束定义”处定义。例4-3中的NOT NULL、PRIMARY KEY都是列级完整性约束。但如果完整性约束条件涉及表中的多个属性列，则必须在“表级完整性约束定义”处定义。

在执行创建表语句前需要注意如下内容：

确定图4-3中A处显示的数据库为目标数据库，如果不是目标数据库可单击▾按钮选择目标数据库。

如果所要执行的SQL语句是SQL编辑创建中的一部分SQL，请先把将要执行的SQL语句选中，再单击“执行”按钮（或按【F5】键）执行SQL语句。

执行完成后department表不会及时在左侧对象资源管理器中显示，可单击“数据库”左侧的⊞，再单击TeachingDB左侧的⊞，选择“表”，再单击↻按钮执行刷新操作，即可看到department表。

程序运行结果如图4-3所示。

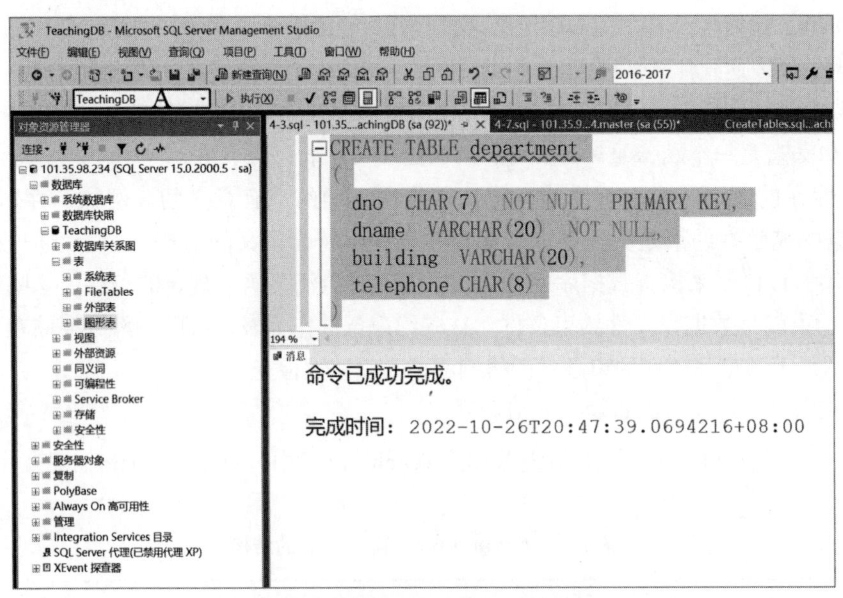

图 4-3　创建 department 数据表

例4-4　在创建好的教学管理系统数据库TeachingDB中，创建student表和course表。其表结构分别如表4-4和表4-5所示。

表 4-4　student（学生）表结构

数 据 项 名	数 据 类 型	完整性约束	备　注
sno	CHAR(7)	非空、主键	学号
sid	CHAR(18)	非空、唯一	学生身份证号
sname	VARCHAR(8)	非空	学生姓名
ssex	CHAR(2)	默认值为“男”	学生性别
smobile	CHAR(11)	每位数字的取值范围为 0 ～ 9 的数字，其中第一位数字的取值范围为 1 ～ 9	学生电话
sbirthday	DATE	—	出生日期
sdept	CHAR(7)	外键，引用院系表的院系号	所在院系

表 4-5　course（课程）表结构

数 据 项 名	数 据 类 型	完整性约束	备　注
cno	CHAR(6)	非空、主键	课程号
cname	VARCHAR(30)	非空	课程名
credit	INT	学分在 1 ～ 5 取值	学分
precno	CHAR(6)	—	先修课程

创建student表的SQL语句如下：

```
CREATE TABLE student
(
    sno CHAR(7)  NOT NULL  PRIMARY KEY,
    sid CHAR(18)  NOT NULL UNIQUE,
    sname VARCHAR(8) NOT NULL,
    ssex CHAR(2) DEFAULT '男',
    smobile CHAR(11) CHECK(smobile LIKE '[1-9][0-9][0-9][0-9][0-9][0-9][0-9][0-9][0-9]
[0-9] [0-9]'),
    sbirthday DATE,
    sdept CHAR(7),
    FOREIGN KEY  (sdept) REFERENCES department(dno)
)
```

创建course表的SQL语句如下：

```
CREATE TABLE course
(
    cno CHAR(6) NOT NULL PRIMARY KEY,
    cname VARCHAR(30) NOT NULL,
    credit INT CHECK(credit>=1 and credit<=5),
    precno CHAR(6)
)
```

说明：在定义这两张表时，首先定义了表的结构，其次根据语义为这两张表添加了必要的约束。其中，有主键约束、非空约束、CHECK约束、外键约束、默认值约束、唯一性约束等。

添加主键约束实现了实体完整性，每个表只能有一个PRIMARY KEY约束，并且PRIMARY KEY约束的列不能重复，且不允许有空值。

UNIQUE约束用于限制在一列或多列中不能有重复的值。唯一性约束允许有一个空值，在一个表中可以定义多个唯一性约束。

添加外键约束实现了参照完整性，添加外键时要注意：外键所引用的列必须是有PRIMARY KEY约束或UNIQUE约束的列，且外键列和引用列的数据类型要求完全一致，当是字符串类型时长度也不必须一致。例如，在定义student表时，就添加了外键约束sdept，它是引用department表中的dno作为外键的。

DEFAULT约束用于提供列的默认值，一个列只能有一个默认值约束，而且一个默认值约束只能用在一个列上。只有在向表中插入数据时系统才会检查默认值约束，如student表中就添加了一个性别的默认值约束，默认值为'男'。

CHECK约束用于将列的取值范围限制在指定的范围内，使数据库中存放的值都是有意义的。例如，course表中约束了credit学分只能在1～5取值，超过5学分或低于1学分都不行。例如，限制电话号码的第一位为1～9，第2～11位的每1位的取值均是0～9的数字。系统在执行插入数据和更新数据时会自动检查CHECK约束。CHECK约束也可以约束同一个表中多个列之间的取值关系，但这时CHECK约束必须放在表级约束条件中。

例 4-5　在创建好的教学管理系统数据库TeachingDB中，创建SC表，该表的结构如表4-6所示。

表 4-6　SC（成绩）表结构

数 据 项 名	数 据 类 型	完整性约束	备　注
sno	CHAR(7)	非空、外键，引用学生表的 sno	学号
cno	CHAR(6)	非空、外键，引用课程表的 cno	课程号
studytime	VARCHAR(20)	—	选课学期
grade	INT	取值范围为 0 ～ 100	成绩

创建该表的SQL语句如下：

```
CREATE TABLE SC
(
    cno CHAR(6) NOT NULL,
    sno CHAR(7) NOT NULL,
    studytime  VARCHAR(20),
    grade INT CHECK(grade>=0 AND grade<=100),
    PRIMARY KEY(cno,sno),
    FOREIGN KEY(cno) REFERENCES course(cno),
    FOREIGN KEY(sno) REFERENCES student(sno)
)
```

说明：在定义该表时，该表的主键是由两个属性sno和cno共同构成的，因此定义主键时必须放在表级约束条件中定义，同时该表有两个外键，要分别定义每一个外键的参照关系。

4.2.2　修改语句

1. 修改数据库

如果需要修改数据库文件，包括增减数据文件或日志文件，格式如下：

```
ALTER DATABASE <database_name>
    <ADD FILE|REMOVE FILE|ADD LOG FILE|REMOVE LOG FILE>
```

```
    (<filespec> [ ,...n ] )
```

其中：

```
<filespec> ::= ( [NAME=logical_file_name,]
FILENAME='os_file_name' [ ,SIZE=size ]
    [ ,MAXSIZE={ max_size| UNLIMITED } ]
    [ ,FILEGROWTH=growth_increment ] )
```

2. 修改数据表

在定义基本表之后，如果需求有变化，如添加列、删除列或修改列定义，可以使用ALTER TABLE语句实现。

不同数据库产品的ALTER TABLE语句的格式略有不同，这里以SQL Server支持的格式为例进行讲解。具体语法格式如下：

```
ALTER TABLE <表名>
[ALTER COLUMN <列名> <新数据类型>]                          --修改列定义
|[ADD  <列名> <数据类型>[约束]]                            --添加新列
|[DROP COLUMN <列名>]                                      --删除列
|[ADD [constraint 约束名] 约束定义]                         --添加约束
|[DROP [constraint 约束名] 约束定义]                        --删除约束
```

例 4-6　为SC表添加“修课类别”列和“备注”列，列名分别为Type和Note，数据类型为NCHAR(2)和VARCHAER(50)。

修改表的SQL语句如下：

```
ALTER TABLE SC ADD Type NCHAR(2)
ALTER TABLE SC ADD Note VARCHAR(50)
```

注意：如果要对表中的列进行修改操作，每列的修改都要使用ALTER TABLE，如过上例中写成如下格式就是错误的，不能执行。

```
ALTER TABLE SC ADD Type NCHAR(2)
               ADD Note VARCHAR(50)
```

另外，修改列、删除列、添加约束、删除约束示例及代码如下：

① 将department表的dname字段类型修改为varchar(30)，SQL代码如下：

```
ALTER TABLE department ALTER COLUMN dname varchar(30)
```

② 删除SC表的Note字段，SQL代码如下：

```
ALTER TABLE SC DROP COLUMN Note
```

③ 给student表的sid字段添加唯一约束，并将该约束命名为sid_unique，SQL代码如下：

```
ALTER TABLE student ADD CONSTRAINT sid_unique UNIQUE(sid)
```

④ 删除student中名为sid_unique的约束，SQL代码如下：

```
ALTER TABLE student DROP CONSTRAINT sid_unique
```

4.2.3 删除语句

1. 删除数据库

删除数据库的格式如下：

```
DROP DATABASE <数据库名> [,<数据库名>…]
```

例 4-7　删除student数据库。

SQL语句如下：

```
DROP DATABASE student
```

程序运行结果如图4-4所示。

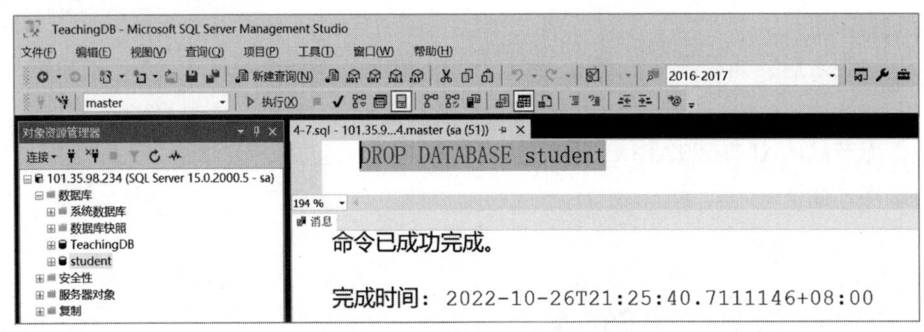

图 4-4　删除 student 数据库

2. 删除数据表

如果需要删除数据表，格式如下：

```
DROP TABLE <表名>  [,< 表名>…]
```

注意：如果被删除的表中存在其他表对它的主码或唯一约束列有引用约束，则需要先删除外键表（引用本表某个字段的表），然后再删除被引用的表（当前即将被执行删除操作的表）。

例 4-8　删除departmert表。

SQL语句如下：

```
DROP TABLE department
```

如果department表有外键引用约束，是删除不掉的。程序运行结果如图4-5所示。如果该表没有外键约束，可以直接删除。

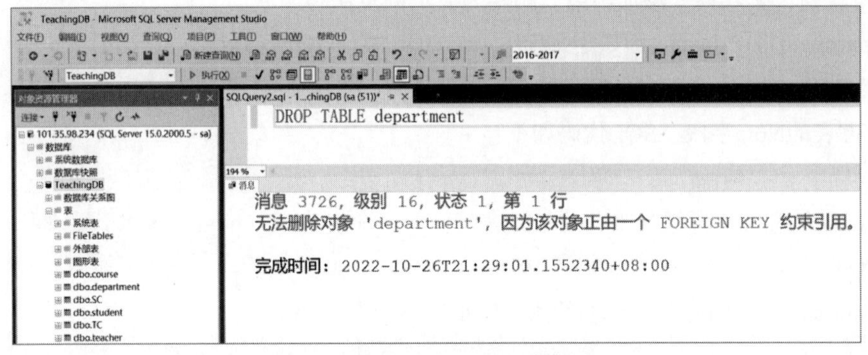

图 4-5　删除 department 数据表

课后练习

1. 下列 SQL 语句中，删除数据库命令的是（　　）。

A. DROP　　B. DELETE　　C. ALTER　　D. DCLEAR

2. SQL 集数据查询、数据操纵、数据定义和数据控制功能于一体，其中，CREATE、DROP、ALTER 语句用于实现（　　）功能。

A. 数据查询　　B. 数据操纵　　C. 数据定义　　D. 数据控制

3. 下列的 SQL 语句中，（　　）不是数据定义语句。

A. CREATE TABLE　　B. DROP VIEW

C. CREATE VIEW　　D. GRANT

4. 若要删除数据库中已经存在的表 S，可用（　　）。

A. DELETE TABLE S　　B. DELETE S

C. DROP TABLE S　　D. DROP S

5. 若要在基本表 S 中增加一列 CN（课程名），可用（　　）。

A. ADD TABLE S CN CHAR(8)

B. ADD TABLE S ALTER CN CHAR(8)

C. ALTER TABLE S ADD CN CHAR(8)

D. ALTER TABLE S DROP CN CHAR(8)

6. 学生关系模式 S(S#, Sname, Sex, Age)，S 的属性分别表示学生的学号、姓名、性别、年龄。要在表 S 中删除一个属性“年龄”，可选用的 SQL 语句是（　　）。

A. DELETE Age FROM S　　B. ALTER TABLE S DROP Age

C. UPDATE S Age　　D. ALTER TABLE S 'Age

7. 创建数据库 manger，其他选项均采用默认设置。

8. 创建一个班级表 CLASS，属性如下：CLASSNO，DEPARTNO，CLASSNAME；类型均为字符型；长度分别为 8、2、20 且均不允许为空，CLASSNO 为主键。

9. 删除数据库 SC。

10. 创建一个名为 Ep 的数据库，该数据库由一个主要数据文件和一个事务日志文件组成。主要数据文件逻辑文件名为 Ep，物理文件名为 Ep_data.mdf，并将数据文件保存在 E 盘下，初始大小为 5 MB，按默认方式增长，最大大小 20 MB；事务日志文件逻辑文件名为 Ep_log，物理文件名为 Ep_log.ldf，保存在 E 盘下，初始大小为 2 MB，最大大小为 10 MB，自动增长递增量为 1 MB。

4.3　数据操纵语言

对于数据库使用来说，查询只是其结果应用的一种方式，而只有包含了数据基本操作功能才能称为完整的数据库应用。本节将学习SELECT、INSERT、UPDATE、DELETE这四种T-SQL数据操纵语句，其构成了关系型数据库的操纵语言基础。

4.3.1 简单数据查询

数据查询是数据库中最基本也是最重要的操作之一，也是使用最多的操作，其功能是从数据库中检索满足条件的数据。数据可以来自一张表，也可以来自多张表。

查询语句的基本结构如下：

```
SELECT [ ALL|DISTINCT ] <目标列名序列（COLUMNS）> FROM <表或视图>
[ WHERE <行选择条件>]
[ GROUP BY <分组依据列> ]
[ HAVING <组选择条件> ]
[ ORDER BY <排序依据列> ]
```

其中：

① ALL|DISTINCT：ALL用于显示表中所有满足条件的数据，DISTINCT用于去掉结果中重复的行。

② WHERE：WHERE子句用于指定行选择条件。

③ GROUP BY：GROUP BY子句用于对检索到的记录进行分组。

④ HAVING：HAVING子句用于指定组的选择条件。

⑤ ORDER BY：ORDER BY子句用于对查询的结果进行排序。

视频

简单数据查询

1. 简单数据查询

简单的查询语句包括SELECT、FROM语句和WHERE子句，分别说明所查询的列、查询的表或视图及查询条件等。

查询指定的列记录，语法格式如下：

```
SELECT <COLUMN1>, <COLUMN2> … FROM <TABLE_NAME OR VIEW_NAME>
```

查询参数及说明如表4-7所示。

表 4-7　查询参数及描述

参　数	说　明
TABLE_NAME OR VIEW_NAME	将要查询的表或视图的名称
< COLUMN1 >, < COLUMN2 >	所要查询列的名称

条件查询通过WHERE子句实现，通常条件中使用运算符定义条件，语法格式如下：

```
SELECT <COLUMN1>, <COLUMN2> … FROM <TABLE_NAME OR VIEW_NAME>
WHERE <CONDITIONS>
```

条件查询参数及说明如表4-8所示。

表 4-8　条件查询参数及说明

参　数	说　明
TABLE_NAME OR VIEW_NAME	将要查询的表或视图的名称
< COLUMN1 >, < COLUMN2 >	所要查询列的名称
< CONDITIONS >	查询需要满足的条件

例4-9　查询全体学生的详细记录。

SQL语句如下：

```
SELECT sno,sid,sname,ssex,smobile,sbirthday,sdept FROM student
```

程序运行结果如图4-6所示。

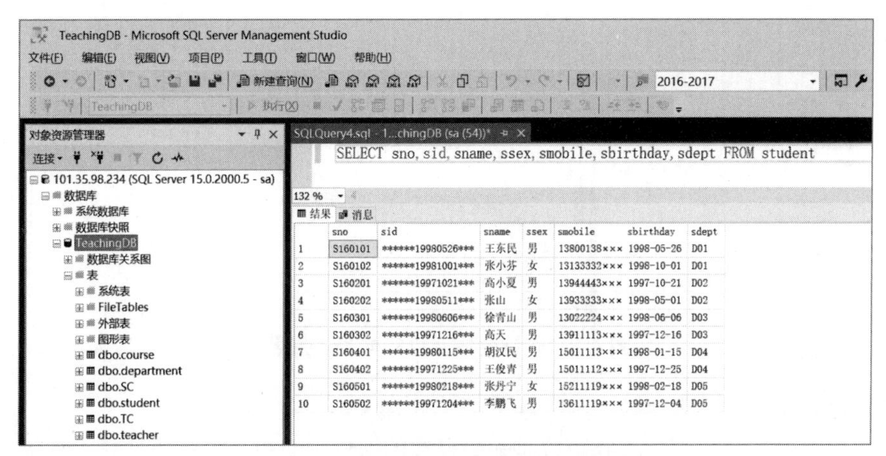

图 4-6　查询全体学生的详细记录

说明： 如果要查询表中所有的列，可以使用两种方法，一种如上面所写的把所有的目标列名列出；另一种是如果列的显示顺序与其在表中定义的顺序相同，则可以简单地在目标列名序列中写星号*。例4-9的SQL语句也可以写为：

```
SELECT * FROM student
```

例4-10　查询全体学生的学号、姓名、性别。

SQL语句如下：

```
SELECT sno,sname,ssex FROM student
```

程序运行结果如图4-7所示。

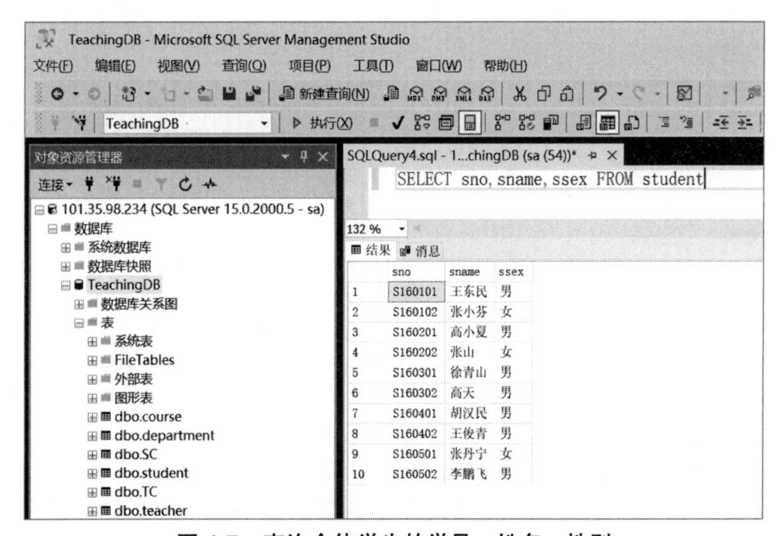

图 4-7　查询全体学生的学号、姓名、性别

例4-11　查询全体女生的学号、姓名。

SQL语句如下：

```
SELECT sno,sname,ssex FROM student WHERE ssex='女'
```

程序运行结果如图4-8所示。

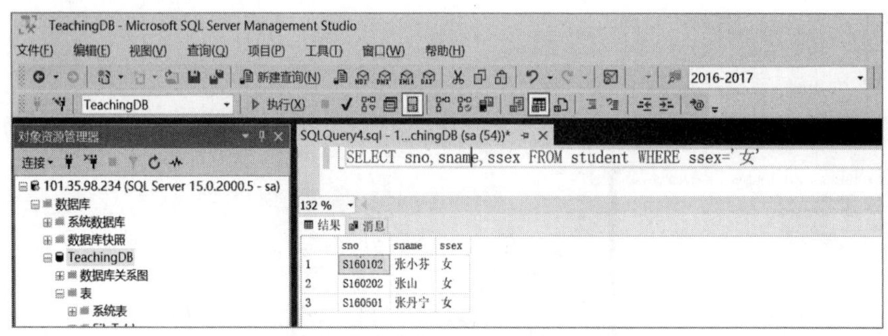

图4-8　查询全体女生的学号、姓名

2. 查询经过计算的列

SELECT子句中的<目标列名序列>可以是表中存在的属性列，也可以是表达式、常量或者函数。

例4-12　查询student表每个学生的学号、姓名及其年龄。

在student表中只记录了学生的出生日期，而没有记录学生的年龄，但可以经过计算得到学生的年龄，即用当前年份减去出生日期的年份就可以得到学生的年龄。实现该功能的查询语句如下：

```
SELECT sno, sname, year(getdate())-year(sbirthday) FROM student
```

程序运行结果如图4-9所示。

显示结果中年龄列是无列名，如果想在年龄列前加入一列，此列的每行数据均为“年龄”常量值。具体查询如下：

```
SELECT sno, sname, '年龄',year(getdate())-year(sbirthday) FROM student
```

程序运行结果如图4-10所示。

结果　消息

	sno	sname	(无列名)
1	S160101	王东民	24
2	S160102	张小芬	24
3	S160201	高小夏	25
4	S160202	张山	24
5	S160301	徐青山	24
6	S160302	高天	25
7	S160401	胡汉民	24
8	S160402	王俊青	25
9	S160501	张丹宁	24
10	S160502	李鹏飞	25

图4-9　例4-12程序运行结果

结果　消息

	sno	sname	(无列名)	(无列名)
1	S160101	王东民	年龄	24
2	S160102	张小芬	年龄	24
3	S160201	高小夏	年龄	25
4	S160202	张山	年龄	24
5	S160301	徐青山	年龄	24
6	S160302	高天	年龄	25
7	S160401	胡汉民	年龄	24
8	S160402	王俊青	年龄	25
9	S160501	张丹宁	年龄	24
10	S160502	李鹏飞	年龄	25

图4-10　添加列的效果

注意：查询语句中的year()和getdate()都是系统内置函数，year()函数是求具体日期中的年份，getdate()函数是获得系统当前日期。

从查询结果中可以看到，经过计算得到的表达式列、常量列的显示结果都没有列标题，通过指定列的别名的方法可以改变查询结果显示的列标题，这对于含算术表达式、常量、函数名的目标列尤为有用。

改变显示的列标题的语法格式如下：

```
列名| 表达式 [AS] 列标题
```

或者

```
列标题=列名| 表达式
```

例如，例4-12的代码可以写成：

```
SELECT sno AS 学号, sname 姓名, year(getdate())-year(sbirthday) AS 年龄 FROM student
```

查询结果如图4-11所示。

注意：当给列取别名时，如果别名中本身含有空格，如“姓 名”，这时需要对别名加上单引号，如'姓 名'，否则运行时会出错。

3. 消除取值相同的行

在对数据进行查询时，本来在数据库表中不存在取值完全相同的行，但在进行了对列的选择后，就有可能在查询结果中出现取值完全相同的行。取值相同的行在结果中是没有任何意义的，因此应该删除这些行。

例4-13　在SC表中查询有哪些学生选修了课程，要求列出学生的学号。

SQL语句如下：

```
SELECT sno FROM SC
```

查询结果如图4-12所示。在这个结果中有许多重复的行（因为一个学生可以选修多门课，因此一个学号就会出现多次，如果只查学号，就会出现重复的值）。

SQL中的DISTINCT关键字可以去掉结果中的重复行。DISTINCT关键字放在SELECT的后面、目标列名序列的前面。

去掉上述查询结果重复行的语句如下：

```
SELECT DISTINCT sno FROM SC
```

查询结果如图4-13所示。

结果　消息

	学号	姓名	年龄
1	S160101	王东民	19
2	S160102	张小芬	19
3	S160201	高小夏	20
4	S160202	张山	19
5	S160301	徐青山	19
6	S160302	高天	20
7	S160401	胡汉民	19
8	S160402	王俊青	20
9	S160501	张丹宁	19
10	S160502	李鹏飞	20

图 4-11　列改别名结果

结果　消息

	sno
1	S160202
2	S160301
3	S160302
4	S160401
5	S160402
6	S160501
7	S160101
8	S160102
9	S160201
10	S160202
11	S160401
12	S160101
13	S160102

图 4-12　有重复行的结果

	sno
1	S160101
2	S160102
3	S160201
4	S160202
5	S160301
6	S160302
7	S160401
8	S160402
9	S160501

图 4-13　去掉重复行的结果

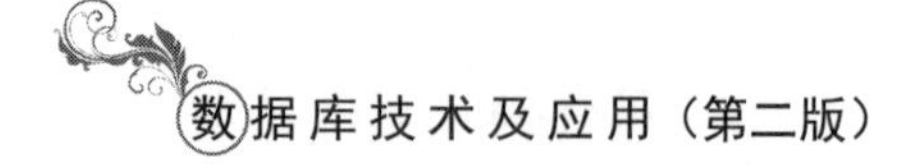

4. 查询满足一定条件的元组

查询满足条件的元组是通过WHERE子句实现的。在前面已经介绍了相关的查询条件，这里把常用的查询条件及谓词列出来，具体如表4-9所示。

表 4-9　常用的查询条件及谓词

查询条件	谓　词
比较（比较运算符）	<、≤、≥、>、=、<>、!=
确定范围	BETWEEN…AND、NOT BETWEEN…AND，可以用 BETWEEN...AND 来查找属性值在指定范围内的元组，BETWEEN 后面是指定范围的下限，AND 后面是指定范围的上限
确定集合	IN、NOT IN，可以用来查找属性值属于指定集合的元组
字符匹配	LIKE、NOT LIKE，用于查找指定列中与匹配串常量匹配的元组
空值	IS NULL、IS NOT NULL
多重条件	AND、OR

（1）比较大小查询

例4-14　查询SC表中考试成绩不及格的学生的学号。

SQL语句如下：

```
SELECT sno FROM SC WHERE grade<60
```

（2）确定范围查询（BETWEEN...AND）

例4-15　查询student表中出生年份在2002—2004年之间的学生的姓名、所在系和出生年份。

SQL语句如下：

```
SELECT sname,sdept,year(sbirthday) 出生年份 FROM student WHERE year(sbirthday) BETWEEN 2002 AND 20024
```

或者

```
SELECT sname,sdept,year(sbirthday) 出生年份 FROM student WHERE sbirthday BETWEEN '2002/1/1' AND '2004/12/31'
```

注意：查询中对于日期型数据常量要加一对单引号。

（3）确定范围查询（IN）

IN的语法格式如下：

```
列名 [NOT] IN ('常量1', '常量2',…,'常量n')
```

IN运算符的含义：当列中的值与IN中的某个常量值相等时，结果为True，表明此记录为符合查询条件的记录。

例4-16　查询student表中系号为D01、D02、D04系学生的姓名和性别。

SQL语句如下：

```
SELECT sname,ssex FROM student WHERE sdept IN('D01', 'D02', 'D04')
```

此语句等价于：

```
SELECT sname,ssex FROM student WHERE sdept='D01' OR sdept='D02' OR sdept='D04'
```

（4）字符匹配（LIKE）

LIKE用于查找指定列中与匹配串常量匹配的元组。匹配串是一种特殊的字符串，其特殊之处在于它不仅可以包含普通字符，还可以包含通配符。通配符用于表示任意的字符或字符串。在实际应用中，可以使用LIKE运算符和通配符来实现模糊查询。

LIKE运算符的一般形式如下：

```
列名 LIKE <匹配串>
```

匹配串中可以包含如下4个通配符：

① _（下画线）：匹配任意一个字符。

② %：匹配0个或多个字符。

③ [ ]：匹配[ ]中的任意一个字符（若要比较的字符是连续的，则可以用连字符“-”表达），如[abcd]表示匹配a、b、c、d中的任何一个，或者[a-d]也可以。

④ [^]：不匹配[ ]中的任意一个字符。

例4-17　查询student表中姓“张”的学生的信息。

SQL语句如下：

```
SELECT * FROM student WHERE sname LIKE '张%'
```

例4-18　查询student表中姓“张”、姓“李”和姓“王”的学生的信息。

SQL语句如下：

```
SELECT * FROM student WHERE sname LIKE '[张李王]%'
```

例4-19　查询student表中姓名的第2个字为“鹏”或“小”的学生的信息。

SQL语句如下：

```
SELECT * FROM student WHERE sname LIKE '_[鹏小]%'
```

如果要查找的字符串正好含有通配符，比如下画线或百分号，就需要使用一个特殊子句来告诉系统这里的下画线或百分号是一个普通的字符，而不是一个通配符，这个特殊的子句就是ESCAPE。ESCAPE的语法格式：

```
ESCAPE转义字符
```

其中，“转义字符”可以是任何有效的字符。

例如，为查找field1字段中包含字符串“30%”的记录，可在WHERE子句中指定：

```
WHERE  field1 LIKE  '%30!%%'  ESCAPE  '!'
```

又如，为查找field1字段中包含下画线（_）的记录，可在WHERE子句中指定：

```
WHERE  field1 LIKE  '%!_%'  ESCAPE  '!'
```

（5）涉及空值的查询

空值（NULL）在数据库中有特殊的含义，它表示不确定的值。例如，某些学生选修课程后还没有参加考试，所以这些学生虽然有选课记录，但没有考试成绩，因此考试成绩为空值。判断某个值是否为NULL，不能使用普通的比较运算符（=、!=等），而只能使用专门的判断空值的子句来完成。

判断取值为空值的语句格式如下：

```
列名 IS NULL
```

判断取值不为空的语句格式如下：

```
列名 IS NOT NULL
```

例4-20　查询还没有考试的学生的学号和相应的课程号。

SQL语句如下：

```
SELECT sno,cno FROM SC WHERE grade IS NULL
```

5. 对查询结果进行排序

在进行查询时有时会希望结果按照一定的顺序显示出来，例如，按学生的考试成绩从高到低排列。SQL语句具有按用户指定的列排序查询结果的功能，而且查询结果可以按一个列进行排序，也可以按多个列进行排序，排序可以是升序（从小到大），也可以是降序。排序子句的语法格式如下：

```
ORDER BY <列名> [ASC | DESC] [,…n]
```

其中，列名为排序的依据列，可以是列名或列的别名。ASC为升序排列方式，DESC为降序排列。默认的排序方式为ASC。

如果在ORDER BY子句中使用多个列进行排序，则这些列在该子句中出现的顺序决定了对结果集进行排序的方式。当指定多个排序依据列时，首先按排在最前面的列进行排序，如果排序后存在列值相同的记录，则将值相同的记录再依据排在第二位的列进行排序，依此类推。

例4-21　将学生按照出生日期的升序进行排序。

SQL语句如下：

```
SELECT * FROM student ORDER BY sbirthday
```

查询结果如图4-14所示。

结果　消息

	sno	sid	sname	ssex	smobile	sbirthday	sdept
1	S160201	******19971021***	高小夏	男	1394444××××	2002-10-21	D02
2	S160502	******19971204***	李鹏飞	男	1361111××××	2002-12-04	D05
3	S160302	******19971216***	高天	男	1391111××××	2002-12-16	D03
4	S160402	******19971225***	王俊青	男	1501111××××	2002-12-25	D04
5	S160401	******19980115***	胡汉民	男	1501111××××	2003-01-15	D04
6	S160501	******19980218***	张丹宁	女	1521111××××	2003-02-18	D05
7	S160202	******19980511***	张山	女	1393333××××	2003-05-01	D02
8	S160101	******19980526***	王东民	男	1380013××××	2003-05-26	D01
9	S160301	******19980606***	徐青山	男	1302222××××	2003-06-06	D03
10	S160102	******19981001***	张小芬	女	1313333××××	2003-10-01	D01

图 4-14　按年龄排序结果

例4-22　查询全体学生的信息，查询结果按所在系的系名升序排列，同一系的学生按出生日期降序排列。

SQL语句如下：

```
SELECT * FROM student ORDER BY sdept,sbirthday desc
```

查询结果如图4-15所示。

结果　消息

	sno	sid	sname	ssex	smobile	sbirthday	sdept
1	S160102	******19981001***	张小芬	女	1313333××××	2003-10-01	D01
2	S160101	******19980526***	王东民	男	1380013××××	2003-05-26	D01
3	S160202	******19980511***	张山	女	1393333××××	2003-05-01	D02
4	S160201	******19971021***	高小夏	男	1394444××××	2002-10-21	D02
5	S160301	******19980606***	徐青山	男	1302222××××	2003-06-06	D03
6	S160302	******19971216***	高天	男	1391111××××	2002-12-16	D03
7	S160401	******19980115***	胡汉民	男	1501111××××	2003-01-15	D04
8	S160402	******19971225***	王俊青	男	1501111××××	2002-12-25	D04
9	S160501	******19980218***	张丹宁	女	1521111××××	2003-02-18	D05
10	S160502	******19971204***	李鹏飞	男	1361111××××	2002-12-04	D05

图 4-15　按系、年龄排序结果

6. 使用统计函数汇总数据

视频

统计函数查询

统计函数也称集合函数或聚合函数，其作用是对一组值进行计算并返回一个单值。SQL提供的统计函数如下：

① COUNT(*)：统计表中元组个数。

② COUNT([DISTINCT] <列名>)：统计本列列值个数，DISTINCT表示去掉列的重复值后再进行统计。

③ SUM(<列名>)：计算列值总和（必须是数值型列）。

④ AVG(<列名>)：计算列值平均值（必须是数值型列）。

⑤ MAX(<列名>)：求列值最大值。

⑥ MIN(<列名>)：求列值最小值。

上述函数中除COUNT(*)外，其他函数在计算过程中均忽略NULL值。统计函数的计算范围可以是满足WEHRE子句条件的记录（如果对整个表进行计算），也可以对满足条件的组进行计算（如果进行分组，关于分组将在后面介绍）。

例 4-23　统计学生总人数。

SQL语句如下：

```
SELECT count(*) 学生数 FROM student
```

查询结果如图4-16所示。

例 4-24　统计选修了课程的学生的人数。

SQL语句如下：

```
SELECT count(distinct sno) 选修人数 FROM SC
```

查询结果如图4-17所示。

	学生数
1	10

图 4-16　学生数统计

	选修人数
1	9

图 4-17　选修学生数统计

例4-25　计算学号为S160101的学生的考试总成绩之和。

SQL语句如下：

```
SELECT sum(grade) FROM SC WHERE sno='S160101'
```

查询结果如图4-18所示。

例4-26　查询选修了课程号为'C00004'课程的学生的最高分和最低分。

SQL语句如下：

```
SELECT max(grade)最高分,min(grade)最低分 FROM SC WHERE cno='C00004'
```

查询结果如图4-19所示。

	总成绩
1	157

图4-18　学生总成绩

	最高分	最低分
1	90	58

图4-19　课程最高分、最低分

注意：统计函数不能出现在WHERE子句中。例如，查询年龄最大的学生的姓名，如下写法是错误的：

```
SELECT sname FROM student WHERE sage=max(sage)
```

7. 对查询结果进行分组计算

有时需要对数据进行分组，然后再对每个组进行统计计算，而不是对全表进行计算。例如，统计每个学生的平均成绩、每个系的学生人数时就需要将数据分组，这时就需要用到分组子句GROUP BY。GROUP BY可将计算控制在组这一级。分组的目的是细化统计函数的作用对象。在一个查询语句中，可以用多个列进行分组。需要注意的是，如果使用了分组子句，则查询列表中的每个列要么是分组依据列（在GROUP BY后边的列），要么是统计函数。

使用GROUP BY子句时，如果在SELECT的查询列表中包含统计函数，则针对每个组计算出一个汇总值，从而实现对查询结果的分组统计。

分组语句跟在WHERE子句的后面，它的一般形式如下：

```
GROUP BY <分组依据列> [,...n]  [HAVING <组提取条件>]
```

注意：分组依据列不能是text、ntext、image和bit类型的列；另外有分组时，查询列表中的列只能来自于分组依据列（统计函数中的列除外）。

例4-27　统计每门课程的选修人数，列出课程号和人数。

SQL语句如下：

```
SELECT cno 课程号,count(sno)AS 选课人数 FROM SC GROUP BY cno
```

该语句首先对查询结果按cno的值进行分组，所有具有相同cno值的记录归为一组，然后再对每一组使用count函数进行计算，求得每组的学生人数，查询结果如图4-20所示。

例 4-28　查询每个学生的选课门数和平均成绩。
SQL语句如下：

```
SELECT sno 学号,count(*)AS 选课门数,avg(grade) AS 平均成绩 FROM SC GROUP BY sno
```

查询结果如图4-21所示。

	课程号	选课人数
1	C00004	6
2	C01001	5
3	C01002	2

图 4-20　每门课选修人数

	学号	选课门数	平均成绩
1	S160101	2	78
2	S160102	2	82
3	S160201	1	78
4	S160202	2	69
5	S160301	1	58
6	S160302	1	68
7	S160401	2	90
8	S160402	1	88
9	S160501	1	80

图 4-21　每个学生的选课门数和平均成绩

例 4-29　统计每个系的女生人数。
SQL语句如下：

```
SELECT sdept, count(*) 女生人数 FROM student WHERE ssex='女' GROUP BY sdept
```

例 4-30　统计每个系的男生人数和女生人数以及男生的最大年龄和女生的最大年龄，结果按照系号升序排序。

SQL语句如下：

```
SELECT sdept, ssex, count(*) 人数,max(year(getdate())-year(sbirthday)) 最大年龄 FROM
student GROUP BY sdept, ssex ORDER BY sdept
```

查询结果如图4-22所示。

例 4-31　查询选修了2门及以上课程的学生的学号和选课门数。
SQL语句如下：

```
SELECT sno,count(*) 选课门数 FROM SC GROUP BY sno HAVING count(*)>=2
```

此语句的处理过程是先用GROUP BY 按学号进行分组，然后再用统计函数count分别对每一组进行统计，最后挑选出统计结果大于等于2的组。查询结果如图4-23所示。

	sdept	ssex	人数	最大年龄
1	D01	男	1	19
2	D01	女	1	19
3	D02	男	1	20
4	D02	女	1	19
5	D03	男	2	20
6	D04	男	2	20
7	D05	男	1	20
8	D05	女	1	19

图 4-22　各系人数和年龄统计

	sno	选课门数
1	S160101	2
2	S160102	2
3	S160202	2
4	S160401	2

图 4-23　选课门数的统计

注意：HAVING子句的功能是对分组后的结果再进行过滤，它有点像WHERE子句，但用于组而不是单个记录。在HAVING子句中可以使用统计函数，但在WHERE子句中则不能使用统计函数。HAVING子句通常和GROUP BY子句一起使用。

正确理解WHERE、GROUP BY和HAVING子句的作用和执行顺序，对编写正确、高效的查询语句很有帮助。

① WHERE子句用来筛选FROM子句中指定的数据源所产生的行数据。

② GROUP BY子句用来对经WHERE子句筛选后的结果数据进行分组。

③ HAVING子句用来对分组后的结果数据再进行筛选。

对于可以在分组操作之前应用的搜索条件，在WHERE子句中指定它们更有效，这样可以减少参与分组的数据行。需要在HAVING子句中指定的搜索条件应该是那些必须在执行分组操作之后应用的搜索条件。

4.3.2 复杂数据查询

视频

多表查询

前面介绍的都是针对一个表进行查询数据的，但在实际查询中，很多时候要从多个表中查询记录，这种同时涉及两个或两个以上的表的查询称为连接查询。连接查询是关系数据库中比较重要的查询，主要包括内连接、外连接等。

1. 内连接

内连接是一种常用的连接类型，使用内连接时，如果两个表的相关字段满足连接条件，则从这两个表中提取数据并组合成新的记录。内连接主要有两种连接方式：

（1）THERA连接

此种连接方式是连接操作在WHERE子句中执行（即在WHERE子句中指定表连接条件）。它的语法格式如下：

```
SELECT <列名1>, <列名2> … FROM <表1> , <表2> WHERE <连接条件>
```

在连接条件中指明两个表按什么条件进行连接，连接条件中的比较运算符称为连接谓词。连接条件的一般格式如下：

```
[<表名1>.]<列名1>  <比较运算符>  [<表名2>.]<列名2>
```

比较运算符包括=、>、<、>=、<=、!=，最常用的是=，称为等值连接。

（2）ANSI连接

在ANSI SQL-92中，连接是在JOIN子句中执行的。它的语法格式如下：

```
SELECT <列名1>, <列名2> … FROM <表1> [INNER] JOIN <表2>
ON <连接条件> [WHERE <子句>]
```

两种连接方式都可以使用。从概念上讲，DBMS执行连接操作的过程是：首先取表1中的第1个元组，然后从头开始扫描表2，逐一查找满足连接条件的元组，找到后将表1中的第1个元组与该元组拼接起来，形成结果表中的一个元组。表2全部查找完毕后，再取表1中的第2个元组，然后再从头开始扫描表2，逐一查找满足连接条件的元组，找到后就将表1中的第2个元组与该元组拼接起来，形成结果表中的另一个元组。重复这个过程，直到表1中的全部元组都处理完毕。

例 4-32　查询所有学生及其选课的详细信息。

SQL语句如下：

```
SELECT * FROM student JOIN SC ON student.sno=SC.sno
```

程序运行结果如图4-24所示。

结果　消息

	sno	sid	sname	ssex	smobile	sbirthday	sdept	cno	sno	studytime	grade
1	S160202	******19980511***	张山	女	1393333××××	2003-05-01	D02	C00004	S160202	2022-2023(1)	78
2	S160301	******19980606***	徐青山	男	1302222××××	2003-06-06	D03	C00004	S160301	2022-2023(1)	58
3	S160302	******19971216***	高天	男	1391111××××	2002-12-16	D03	C00004	S160302	2022-2023(1)	68
4	S160401	******19980115***	胡汉民	男	1501111××××	2003-01-15	D04	C00004	S160401	2022-2023(1)	90
5	S160402	******19971225***	王俊青	男	1501111××××	2002-12-25	D04	C00004	S160402	2022-2023(1)	88
6	S160501	******19980218***	张丹宁	女	1521111××××	2003-02-18	D05	C00004	S160501	2022-2023(1)	80
7	S160101	******19980526***	王东民	男	1380013××××	2003-05-26	D01	C01001	S160101	2022-2023(1)	80
8	S160102	******19981001***	张小芬	女	1313333××××	2003-10-01	D01	C01001	S160102	2022-2023(1)	83
9	S160201	******19971021***	高小夏	男	1394444××××	2002-10-21	D02	C01001	S160201	2022-2023(1)	78
10	S160202	******19980511***	张山	女	1393333××××	2003-05-01	D02	C01001	S160202	2022-2023(1)	60
11	S160401	******19980115***	胡汉民	男	1501111××××	2003-01-15	D04	C01001	S160401	2022-2023(1)	90
12	S160101	******19980526***	王东民	男	1380013××××	2003-05-26	D01	C01002	S160101	2022-2023(2)	77
13	S160102	******19981001***	张小芬	女	1313333××××	2003-10-01	D01	C01002	S160102	2022-2023(2)	81

图 4-24　查询所有学生及其选课信息（一）

从图4-24可以看到，两个表的连接结果中包含了两个表的全部列。sno列有两个：一个来自student表，另一个来自SC表（不同表中的列可以重名），这两个列的值是完全相同的（因为这里的连接条件就是student.sno=SC.sno）。因此，在写多表连接查询语句时应当将这些重复的列去掉，方法是在SELECT子句中直接写所需要的列名，而不是写*。另外，由于进行多表连接之后，连接生成的表中可能存在列名相同的列，因此，为了确定需要的是哪个列，可以在列名前添加表名前缀限制，其格式如下：

```
表名.列名
```

例如，在例4-32中，在ON子句中对sno列就加上了表名前缀限制。

从上述结果还可以看到，在SELECT子句中列出的选择列表来自两个表的连接结果中的列，而且在WHERE子句中所涉及的列也是在连接结果中的列。因此，根据要查询的列以及数据的选择条件所涉及的列就可以决定要对哪些表进行连接操作。

例4-32中，如果去掉重复列，SQL语句可以修改为：

```
SELECT student.sno, sid, sname,ssex,smobile,sbirthday,sdept,cno,studytime,
grade FROM student JOIN SC ON student.sno=SC.sno
```

具体查询显示结果如图4-25所示。

结果　消息

	sno	sid	sname	ssex	smobile	sbirthday	sdept	cno	studytime	grade
1	S160202	******19980511***	张山	女	1393333××××	2003-05-01	D02	C00004	2022-2023(1)	78
2	S160301	******19980606***	徐青山	男	1302222××××	2003-06-06	D03	C00004	2022-2023(1)	58
3	S160302	******19971216***	高天	男	1391111××××	2002-12-16	D03	C00004	2022-2023(1)	68
4	S160401	******19980115***	胡汉民	男	1501111××××	2003-01-15	D04	C00004	2022-2023(1)	90
5	S160402	******19971225***	王俊青	男	1501111××××	2002-12-25	D04	C00004	2022-2023(1)	88
6	S160501	******19980218***	张丹宁	女	1521111××××	2003-02-18	D05	C00004	2022-2023(1)	80
7	S160101	******19980526***	王东民	男	1380013××××	2003-05-26	D01	C01001	2022-2023(1)	80
8	S160102	******19981001***	张小芬	女	1313333××××	2003-10-01	D01	C01001	2022-2023(1)	83
9	S160201	******19971021***	高小夏	男	1394444××××	2002-10-21	D02	C01001	2022-2023(1)	78
10	S160202	******19980511***	张山	女	1393333××××	2003-05-01	D02	C01001	2022-2023(1)	60
11	S160401	******19980115***	胡汉民	男	1501111××××	2003-01-15	D04	C01001	2022-2023(1)	90
12	S160101	******19980526***	王东民	男	1380013××××	2003-05-26	D01	C01002	2022-2023(2)	77
13	S160102	******19981001***	张小芬	女	1313333××××	2003-10-01	D01	C01002	2022-2023(2)	81

图 4-25　查询所有学生及其选课信息（二）

在书写连接语句时，还可以为表提供别名，其格式如下：

```
<源表名>  [AS]  <表别名>
```

指定表别名可以简化表的书写，而且有的连接（如自连接）中要求必须指定别名。例4-32中可以使用别名，具体如下：

```
SELECT S.sno, sid, sname, ssex, smobile, sbirthday, sdept, cno, studytime,
grade FROM student AS S JOIN SC ON S.sno=SC.sno
```

注意：当为表指定别名时，在查询语句中的其他地方，所有用到表名的地方都要使用别名，而不能再使用原表名。

例4-33　查询所有选修了课程“计算机应用基础”的学生的选修情况，列出学生的学号、姓名和所在系。

SQL语句如下：

```
SELECT S.sno, sname, sdept FROM student AS S JOIN SC on S.sno=SC.sno
JOIN course on course.cno=SC.cno WHERE cname='计算机应用基础'
```

注意：在这个查询中，虽然所需要查询的列和元组的选择条件均与SC无关，但这里还是用了三张表进行连接，原因是student表和course表没有可以进行连接的列（语义相同的列），因此，这两张表的连接必须借助于第三张表：SC表。

程序运行结果如图4-26所示。

例4-34　有分组的多表连接：查询各系学生的考试平均成绩。

SQL语句如下：

```
SELECT sdept, avg(grade) 平均成绩 FROM student S JOIN SC ON S.sno=SC.sno
GROUP BY sdept
```

程序运行结果如图4-27所示。

结果　消息

	sno	sname	sdept
1	S160202	张山	D02
2	S160301	徐青山	D03
3	S160302	高天	D03
4	S160401	胡汉民	D04
5	S160402	王俊青	D04
6	S160501	张丹宁	D05

图4-26　学生选修情况

结果　消息

	sdept	平均成绩
1	D01	80
2	D02	72
3	D03	63
4	D04	89
5	D05	80

图4-27　各系学生平均成绩

2. 外连接

在内连接操作中，只有满足连接条件的元组才能作为结果输出，但有时也希望输出那些不满足连接条件的元组的信息，例如，查看全部课程的被选修情况，包括有学生选修和没有学生选修的课程，如果用内连接实现，则只能找到有学生选的课程，因为内连接的结果首先是要满足连接条件SC.cno=course.cno。对于在course表中有但在SC表中没有的课程（没人选修的课），由于不满足SC.cno=course.cno条件，因此是查找不到的。这种情况就需要使用外连接来实现。

外连接是只限制一张表的数据必须满足连接条件，而另一张表中数据可以不满足连接条件。ANSI

方式的外连接的语法格式如下：

```
FROM 表1  LEFT | RIGHT  [OUTER]  JOIN 表2  ON <连接条件>
```

LEFT [OUTER] JOIN称为左外连接，RIGHT [OUTER] JOIN称为右外连接。左外连接的含义是限制表2的数据必须满足连接条件，而不管表1中的数据是否满足连接条件，均输出表1中的所有内容；右外连接相反，是限制表1中的数据必须满足连接条件，而表2中的数据均输出。

例4-35　查询学生的选课情况，包括选修了课程的学生和没有选修课程的学生。

SQL语句如下：

```
SELECT s.sno, sname, sdept, cno, grade FROM student s LEFT JOIN SC ON s.sno=SC.sno
```

程序运行结果如图4-28所示。

例4-36　查询哪些课程没有人选修，列出课程名。

分析：如果某门课程没有人选修，则必定是在course表中有，但在SC表中没有的课程，即在进行外连接时，没有人选修的课程在SC表中相应的sno、cno、grade等列上的值必定是空值，因此在查询时只要在连接后的结果中选出SC表中sno为空或者cno为空的行即可。不选grade列上的空值作为筛选条件的原因是grade本身就允许有空值，因此，当以grade是否为空来判断时，就可能将有人选修但还没有考试的课程列出来，而这些记录是不符合查询要求的。

完成此功能的查询语句如下：

```
SELECT course.cno,cname FROM course LEFT JOIN SC ON course.cno=SC.cno WHERE SC.cno IS NULL
```

程序运行结果如图4-29所示。

结果　消息

	sno	sname	sdept	cno	grade
5	S160201	高小夏	D02	C01001	78
6	S160202	张山	D02	C00004	78
7	S160202	张山	D02	C01001	60
8	S160301	徐青山	D03	C00004	58
9	S160302	高天	D03	C00004	68
10	S160401	胡汉民	D04	C00004	90
11	S160401	胡汉民	D04	C01001	90
12	S160402	王俊青	D04	C00004	88
13	S160501	张丹宁	D05	C00004	80
14	S160502	李鹏飞	D05	NULL	NULL

图 4-28　学生选课情况

结果　消息

	cno	cname
1	C00003	高等数学
2	C00005	大学英语
3	C01003	数据库原理
4	C02001	信息管理系统

图 4-29　课程选修情况

3. 使用 TOP 限制结果集

在使用SELECT语句进行查询时，有时只希望列出结果集中的前几个结果，而不是全部结果。例如，在显示学生成绩时，只想显示前三名的学生姓名，这时就可以用TOP谓词来限制输出的结果。

使用TOP谓词的格式如下：

```
TOP  n  [percent] [WITH TIES]
```

其中，n为非负整数；TOP n 表示取查询结果的前n行；TOP n precent 表示取查询结果的前n%行；WITH TIES表示包括并列的结果。

TOP谓词写在SELECT单词的后面（如果有DISTINCT，则在DISTINCT之后），查询列表的前面。

例4-37　查询年龄最大的三个学生的姓名、年龄和所在系。

SQL语句如下：

```
SELECT TOP 3 sname, year(getdate())-year(sbirthday) AS 年龄, sdept FROM student
ORDER BY 年龄 DESC
```

查询结果如图4-30所示。

若要包括年龄并列第三名的学生，则此句可写为如下形式：

```
SELECT TOP 3 with ties sname, year(getdate())-year(sbirthday) AS 年龄, sdept
FROM student ORDER BY 年龄 DESC
```

查询结果如图4-31所示。

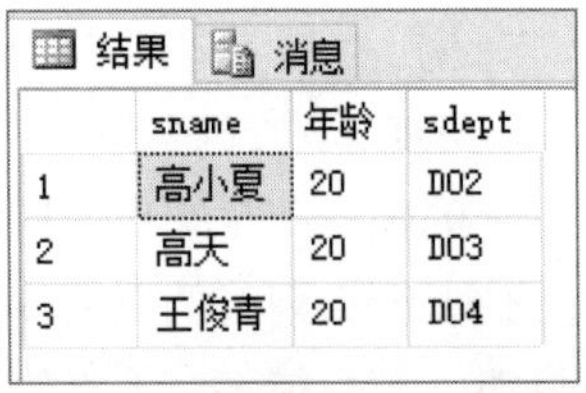

结果　消息

	sname	年龄	sdept
1	高小夏	20	D02
2	高天	20	D03
3	王俊青	20	D04

图 4-30　年龄最大查询结果

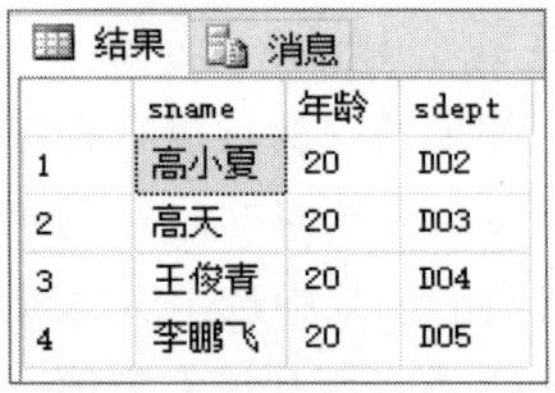

结果　消息

	sname	年龄	sdept
1	高小夏	20	D02
2	高天	20	D03
3	王俊青	20	D04
4	李鹏飞	20	D05

图 4-31　包括并列查询结果

TOP谓词一般与ORDER BY子句一起使用，因为这样的前几名才有意义。当使用WITH TIES时，要求必须使用ORDER BY子句。

注意：如果在TOP子句中使用了WITH TIES谓词，则必须要使用ORDER BY子句对查询结果进行排序，否则会出现语法错误。但如果没有使用WITH TIES，则可以不用写ORDER BY子句，但此时要注意这样取的前若干名结果可能与希望的不一样。

视频

子查询

4. 嵌套查询（子查询）

在SQL中，一个SELECT…FROM…WHERE语句称为一个查询块。

如果一个SELECT语句嵌套在一个SELECT语句中，则称为子查询；而包含子查询的语句称为主查询或外层查询。一个子查询也可以嵌套在另一个子查询中。为了和外层查询有所区别，总是把子查询写在括号中。与外层查询类似，一个子查询其本质也是一个完整的SELECT语句。

（1）使用子查询进行基于集合的测试

使用子查询进行基于集合的测试时，通过运算符IN或NOT IN，将一个表达式的值与子查询返回的结果集进行比较。IN子查询语法格式如下：

```
SELECT <目标列1>, <目标列2> … FROM <表> WHERE 表达式 [NOT] IN ( < 子查询 > )
```

这与前面在WHERE子句中使用的IN作用完全相同。带这种形式的子查询的语句是分步骤实现的，即先执行子查询，然后在子查询结果基础上再执行外层查询。子查询返回的结果实际上就是一个集合，外层查询就是在这个集合上使用IN运算符进行比较。

例4-38　查询成绩大于80的学生学号、姓名。

SQL语句如下：

```
SELECT sno,sname FROM student WHERE sno IN
(SELECT sno FROM SC WHERE grade>80)
```

程序运行结果如图4-32所示。

	sno	sname
1	S160102	张小芬
2	S160401	胡汉民
3	S160402	王俊青

图 4-32　成绩大于 80 的学生学号、姓名

此查询也可以用多表连接查询实现：

```
SELECT distinct s.sno,sname FROM student s JOIN SC ON s.sno=SC.sno WHERE grade>80
```

例 4-39　查询选修了“计算机应用基础”的学生的学号、姓名。

SQL语句如下：

```
SELECT sno,sname FROM student WHERE sno IN
(SELECT sno FROM SC WHERE cno IN
   (SELECT cno FROM course WHERE cname='计算机应用基础'))
```

（2）使用子查询进行比较测试

使用子查询进行比较测试时，通过比较运算符（大于、等于、不等于）将一个表达式的值与子查询返回的值进行比较。如果比较运算的结果为真，则返回True。

使用子查询进行比较测试的形式如下：

```
SELECT <目标列1>, <目标列2> … FROM <表>  WHERE 表达式 比较运算符 (<子查询>)
```

在之前曾讲过，统计函数不能出现在WHERE子句中，对于要与统计函数进行比较的查询，应该使用比较测试子查询。

例 4-40　查询计算机系年龄最大的学生的姓名和年龄。

① 计算出计算机系的学生最大年龄：

```
SELECT max(year(getdate())-year(sbirthday)) FROM student s JOIN department d
ON s.sdept=d.dno WHERE dname='计算机系'
```

执行结果为：19

② 查找年龄等于19的计算机系的学生的姓名和年龄：

```
SELECT sname 姓名, year(getdate())-year(sbirthday) AS 年龄 FROM student s JOIN department d
ON s.sdept=d.dno WHERE dname='计算机系' AND year(getdate())-year(sbirthday)=19
```

将两条查询语句合起来即为要求完成的查询语句：

```
SELECT sname 姓名, year(getdate())-year(sbirthday) as 年龄 FROM student s
JOIN department d ON s.sdept=d.dno WHERE dname='计算机系' AND year(getdate())
-year(sbirthday)=(SELECT max(year(getdate())-year(sbirthday)) FROM student s JOIN
department d ON s.sdept=d.dno WHERE dname='计算机系')
```

程序运行结果如图4-33所示。

```
SELECT sname 年龄, year(getdate())-year(sbirthday) AS 年龄 FROM student s
    JOIN department d ON s.sdept=d.dno WHERE dname='计算机系'
    AND year(getdate()) -year(sbirthday) =
    (SELECT max(year(getdate())-year(sbirthday)) FROM student s
    JOIN department d ON s.sdept=d.dno WHERE dname='计算机系')
```

	年龄	年龄
1	王东民	19
2	张小芬	19

图 4-33　计算机系年龄最大的学生运行结果

从例4-40可以看到，用子查询进行集合测试和比较测试时，都是先执行子查询，然后在子查询的基础上执行外查询。子查询都只执行一次，子查询的查询条件不依赖于外查询，这样的子查询称为不相关子查询或嵌套子查询。

（3）使用子查询进行存在性测试

使用子查询进行存在性测试时，通常使用EXISTS谓词，其形式如下：

```
WHERE  [NOT]  EXISTS (<子查询>)
```

带EXISTS谓词的子查询不返回查询的数据，只产生逻辑真值和逻辑假值。

EXISTS的含义是当子查询中有满足条件的数据时，EXISTS返回真值，否则返回假值。

NOT EXISTS的含义是当子查询中有满足条件的数据时，NOT EXISTS返回假值，当子查询中不存在满足条件的数据时，返回真值。

例 4-41　查询选修了C00004课程的学生姓名。

SQL语句如下：

```
SELECT sname FROM student WHERE exists
(SELECT * FROM SC WHERE sno=student.sno AND cno='C00004')
```

程序运行结果如图4-34所示。

	sname
1	张山
2	徐青山
3	高天
4	胡汉民
5	王俊青
6	张丹宁

图 4-34　学生姓名

使用子查询进行存在性测试时需要注意以下几个问题：

① 带EXISTS的查询是先执行外层查询，然后再执行内层查询。由外层查询的值决定内层查询的结果；内层查询的执行次数是由外层查询的结果决定的。

例4-41中查询语句的处理过程如下：

无条件执行外层查询语句，在外层查询的结果集中取第一行结果，得到sno的一个当前值，然后根据此sno值处理内层查询。

将外层的sno值作为已知值执行内层查询，如果在内层查询中有满足其WHERE子句条件的记录存在，则EXISTS返回一个真值（True），表示在外层查询结果集中的当前行数据为满足要求的一个结果。如果内层查询中不存在满足WHERE子句条件的记录，则EXISTS返回一个假值（False），表示在外层查询结果集中的当前行数据不是满足要求的结果。

顺序处理外层表student表中的第2、3……行数据，直到处理完毕。

② 由于EXISTS的子查询只能返回True或False，因此在这里给出列名无意义。所以，在有EXISTS的子查询中，其目标列表达式通常都用*。

带EXISTS的子查询由于在查询中需要涉及外查询数据的关联，因此这种形式的查询通常称为相关子查询。

例4-38也可以用多表连接和IN子查询进行查询，由此也可以看出，同一查询可以有多种方式来实现，一般多表连接查询要比子查询的效率高。

例 4-42 查询没有选修C00004课程的学生姓名。

这是一个带否定条件的查询，如果利用多表连接和子查询分别实现这个查询，一般有几种形式。

① 用多表连接实现：

```
SELECT distinct sname FROM student s JOIN SC ON s.sno=SC.sno AND cno!='C00004'
```

程序运行结果如图4-35（a）所示。

② 用嵌套子查询实现：

• 在子查询中否定：

```
SELECT sname FROM student WHERE sno IN
(SELECT sno FROM SC WHERE  cno!='C00004')
```

程序运行结果如图4-35（a）所示。

• 在外层查询中否定：

```
SELECT sname FROM student WHERE sno NOT IN
(SELECT sno FROM SC WHERE cno='C00004')
```

程序运行结果如图4-35（b）所示。

	sname
1	王东民
2	张小芬
3	高小夏
4	张山
5	胡汉民

（a）多表连接实现结果

	sname
1	王东民
2	张小芬
3	高小夏
4	李鹏飞

（b）嵌套子查询实现结果

图 4-35 查询结果

观察上述几种查询方式，查询结果是不同的，到底哪个是正确的？可以看到，多表查询和在子查询中否定的查询结果是一样的，在外层查询中否定的结果是不同的。通过对数据进行统计分析，发现图4-35（a）的结果是错误的，而第三个查询结果图4-35（b）是正确的，即将否定放在外层查询中时其结果是正确的。其原因就是不同的查询执行的机制是不同的。

对于多表连接查询，所有的条件都是在连接之后的结果集上进行的，而且是逐行进行判断，一旦发现满足要求的数据（cno!='C00004'），则此行即作为结果产生，因此，多表查询的结果包含了没有选修C00004课程的学生，同时也包含了既选修C00004课程又选修了其他课程的学生，因此结果是错误的。

对于子查询，是先执行子查询，然后在子查询的结果基础之上再执行外层查询，而在子查询中也是逐行进行判断，当发现有满足条件的数据时，即将此行数据作为外层查询的一个比较条件。分析这个查询，要查的数据是在某个同学所选的全部课程中不包含C00004课程，如果将否定放在子查询中，则查出的结果是既包含没有选修C00004课程的学生，也包含选修了C00004课程同时又选修了其他课程的学生。显然这个否定的范围不够。

因此，通常情况下，对于否定条件的查询都应该使用子查询来实现，而且应该将否定放在外层查询中。

SQL允许多层嵌套查询，即一个子查询中还可以嵌套其他子查询，在使用子查询时需要注意：

① 子查询必须是一个完整的查询，即它必须至少包括一个SELECT子句和FROM子句。

② 子查询SELECT语句不能包括在ORDER BY子句中。因为ORDER BY子句只能对最终查询结果排序，如果显示的输出需要按照特定顺序显示，那么ORDER BY子句应该作为外部查询的最后一个子句列出。

③ 子查询必须包括在一组括号中，以便将它与外部查询分开。

④ 如果将子查询放在外部查询的WHERE或HAVING子句中，那么该子查询只能位于比较运算符的“右边”。

课后练习

1. SQL 的数据查询与操纵语句包括 SELECT、INSERT、UPDATE、DELETE 等。其中最重要的也是使用最频繁的语句是（ ）。

A. SELECT　　B. INSERT　　C. UPDATE　　D. DELETE

2. 在 SQL 中，子查询是（ ）。

A. 返回单表中数据子集的查询语言

B. 选取多表中字段子集的查询语句

C. 选取单表中字段子集的查询语句

D. 嵌入另一个查询语句之中的查询语句

3. 有关系 S(S#, SNAME, SEX)，C(C#, CNAME)，SC(S#, C#, GRADE)。其中，S# 是学生号，SNAME 是学生姓名，SEX 是性别，C# 是课程号，CNAME 是课程名称。查询选修“数据库”课程全体男生的姓名的 SQL 语句是“SELECT SNAME FROM S, C，SC WHERE 子句”。这里 WHERE 子句的内容是（ ）。

A. S.S# = SC.S# AND C.C# = SC.C# AND SEX = ' 男 ' AND CNAME = ' 数据库 '

B. S.S# = SC.S# AND C.C# = SC.C# AND SEX IN ' 男 ' AND CNAME IN' 数据库 '

C. SEX ' 男 ' AND CNAME ' 数据库 '

D. S.SEX=' 男 ' AND CNAME=' 数据库 '

4. 有关系 S(S#, SNAME, SAGE)，C(C#, CNAME)，SC(S#, C#, GRADE)。其中，S# 是学生号，SNAME 是学生姓名，SAGE 是学生年龄，C# 是课程号，CNAME 是课程名称。要查询选修 Access 课的年龄不小于 20 的全体学生姓名的 SQL 语句是“SELECT SNAME FROM S，C，SC WHERE 子句”。这里 WHERE 子句的内容是（ ）。

A. S.S# = SC.S# AND C.C# = SC.C# AND SAGE >= 20 AND CNAME = 'Access'

B. S.S# = SC.S# AND C.C# = SC.C# AND SAGE IN>=20 AND CNAME IN 'Access'

C. SAGE IN >= 20 AND CNAME IN 'Access'

D. SAGE >= 20 AND CNAME = 'Access'

5. 假设学生关系 S(S#, SNAME, SEX)，课程关系 C(C#, CNAME)，学生选课关系 SC(S#, C#, GRADE)。要查询选修 Computer 课的男生姓名，将涉及关系表（　　）。

A. S　　B. S、SC　　C. C、SC　　D. S、C、SC

6. 设有学生选课关系 SC(学号 , 课程号 , 成绩)，试用 SQL 语句检索每门课程的最高分。

7. 设教学数据库中有三个基本表：学生表 S(SNO, SNAME, AGE, SEX)，其属性分别表示学号、学生姓名、年龄、性别；课程表 C(CNO, CNAME, TEACHER)，其属性分别表示课程号、课程名、上课教师名；选修表 SC(SNO, CNO, GRADE)，其属性分别表示学号、课程号、成绩。

（1）查询张三同学未选修课程的课程号。

（2）查询每门课程的学生考试平均成绩。

4.3.3 数据插入

INSERT语句主要用于实现向数据表中添加新记录的操作，其语法格式如下：

```
INSERT [INTO] TABLE_OR_VIEW_NAME VALUES (V1, V2,...)
```

也可以根据需要指定所要插入数据的列：

```
INSERT [INTO] TABLE_OR_VIEW_NAME (C1, C2,...) VALUES (V1, V2,...)
```

INSERT语句参数及说明如表4-10所示。

表 4-10 INSERT 语句参数及说明

参　数	说　明
[INTO]	可选关键字，可以将它用在 INSERT 和目标表之间
TABLE_OR_VIEW_NAME	要接收数据的表或视图的名称
C1, C2,...	所插入数据表的列名
VALUES	引入要插入的数据值的列表
V1, V2,....	所需插入数据表的列值

例 4-43 利用INSERT语句向数据表student添加一行数据记录。

SQL语句如下：

```
INSERT INTO student VALUES
('S160503', '340219980505××××', '周俊', '男', '15900512310', '1998-05-05', 'D05')
```

程序运行结果如图4-36所示。

例 4-44 插入值小于列个数的数据。

SQL语句如下：

```
INSERT INTO student (sno, sid, sname, ssex, sdept)
VALUES('S160504', '3402199508300146', '王杰', '男', 'D05')
```

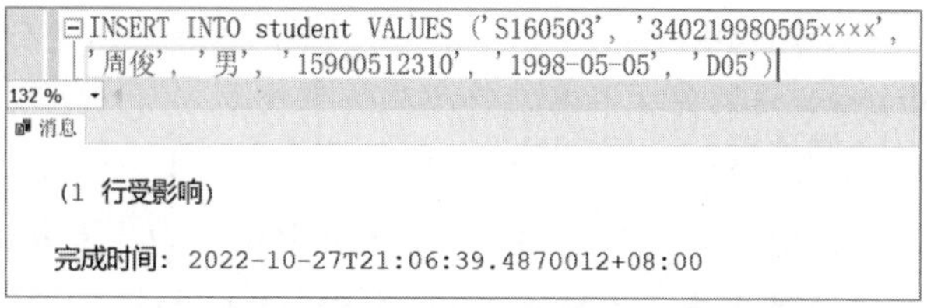

```
INSERT INTO student VALUES ('S160503', '340219980505××××',
'周俊', '男', '15900512310', '1998-05-05', 'D05')
132 %
消息

(1 行受影响)

完成时间: 2022-10-27T21:06:39.4870012+08:00
```

图 4-36　向数据表 student 添加一行数据记录

程序运行结果如图4-37所示。

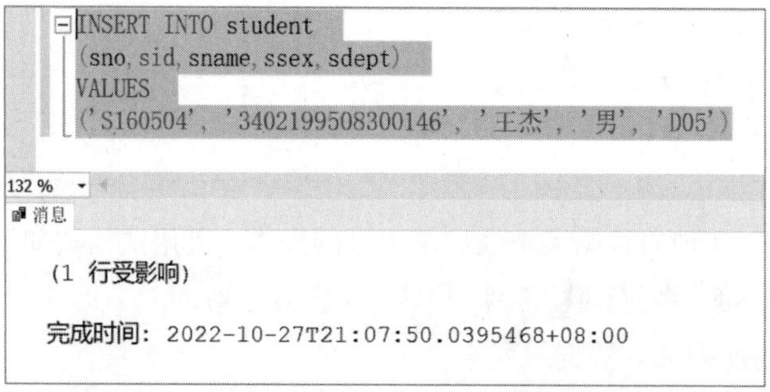

```
INSERT INTO student
(sno, sid, sname, ssex, sdept)
VALUES
('S160504', '3402199508300146', '王杰', '男', 'D05')
132 %
消息

(1 行受影响)

完成时间: 2022-10-27T21:07:50.0395468+08:00
```

图 4-37　INSERT 语句向表中部分列插入数据

例 4-45　插入与列顺序不同的数据。

SQL语句如下：

```
INSERT INTO student
(sid, sno, sdept, ssex, sname)
VALUES ('340219931120××××', 'S16051', 'D03', '女', '张洁' )
```

程序运行结果如图4-38所示。

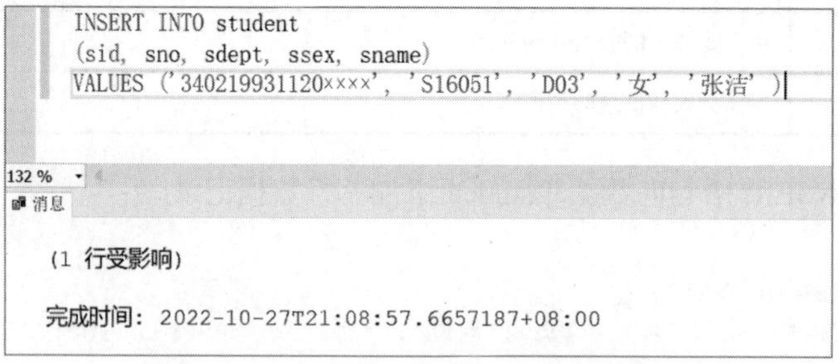

```
INSERT INTO student
(sid, sno, sdept, ssex, sname)
VALUES ('340219931120××××', 'S16051', 'D03', '女', '张洁' )
132 %
消息

(1 行受影响)

完成时间: 2022-10-27T21:08:57.6657187+08:00
```

图 4-38　INSERT 语句插入任意顺序数据

除了基本的数据插入操作，INSERT语句还可以与SELECT语句相结合以实现数据表之间的复制，即从一个表复制数据，然后把数据插入一个已存在的表中。其语法格式如下：

```
INSERT [INTO] Table_or_View_Name02
SELECT * FROM Table_or_View_Name01
```

也可以只复制希望的列插入到另一个已存在的表中：

```
INSERT [INTO] Table_or_View_Name02
```

```
    (C1, C2,...)
    SELECT (C1, C2,...)
    FROM Table_or_View_Name01
```

参数说明如表4-11所示。

表 4-11　INSERT 结合 SELECT 语句的参数及说明

参　　数	描　　述
[INTO]	可选关键字，可以将它用在 INSERT 和目标表之间
Table_or_View_Name01	要查询值的数据表或视图的名称
Table_or_View_Name02	要插入值的数据表或视图的名称
C1, C2,...	所需数据表的某些列名

注意：SELECT查询所得列的个数必须与INSERT所需插入列的个数相同。

例 4-46　复制表student中的数据到表teacher中。

SQL语句如下：

```
INSERT INTO teacher (tno, tname, tsex,tmobile)
SELECT sno, sname, ssex, smobile FROM student WHERE sid='340219931120××××'
```

程序运行结果如图4-39所示。

```
INSERT INTO teacher (tno, tname, tsex, tmobile)
SELECT sno, sname, ssex, smobile FROM student WHERE sid = '340219931120××××'
132 %
消息

(1 行受影响)

完成时间: 2022-10-27T21:13:29.4717482+08:00
```

图 4-39　利用 INSERT 语句复制数据

例 4-47　只复制表teacher中姓名为“曲宏伟”老师的tno、tname、tsex到表student中的sno、sname、ssex。

SQL语句如下：

```
INSERT INTO student (sno, sname, ssex, sid)
SELECT tno, tname, tsex, tno FROM teacher WHERE tname='曲宏伟'
```

在SELECT语句中使用了两次tno，这种情况在SQL语法中是允许的。由于student中的sid有非空约束，且在显示当中sid是唯一的，因此将tno选出来赋值给sid。

注意：如果是从student表中选择sno、sname插入到teacher表的tno和tname中，会报错，因为sno的数据类型是char(7)，而tno的类型是char(6)，将sno赋值给tno时会报“字符串或二进制数据将……被截断。”错误，SQL语句会终止执行，导致插入数据失败。

程序运行结果如图4-40所示。

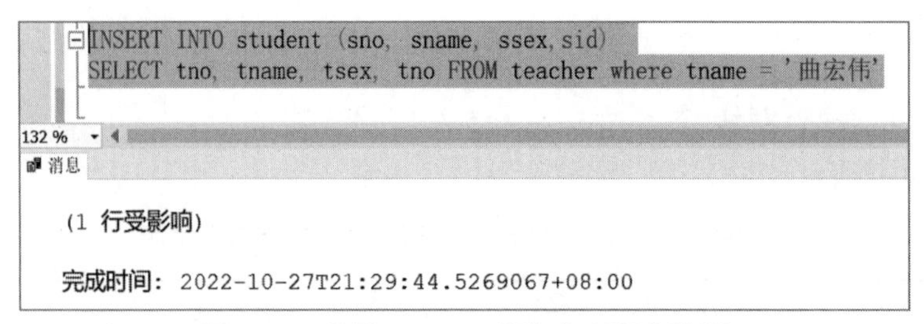

图 4-40　利用 INSERT 语句复制部分数据

课后练习

1. 若用“CREATE TABLE SC (S# CHAR(6) NOT NULL,C# CHAR(3) NOT NULL,SCORE INTEGER, NOTE CHAR(20));”创建了一个表 SC 后，向 SC 表插入如下行时，(　　)行可以被插入 。

A.（'201009'，'111'，60，必修）

B.（'200823'，'101'，NULL，NULL）

C.（NULL，'103'，80，'选修'）

D.（'201132'，NULL，86，''）

2. 设关系数据库中一个表 S 的结构为 S(SN, CN, grade)，其中 SN 为学生名，CN 为课程名，二者均为字符型；grade 为成绩，数值型，取值范围为 0 ~ 100。若要把“张二的化学成绩 80 分”插入 S 中，则可用（　　）。

A. ADD INTO S VALUES('张二','化学','80')

B. INSERT INTO S VALUES('张二','化学','80')

C. ADD INTO S VALUES('张二','化学', 80)

D. INSERT INTO S VALUES('张二','化学', 80)

3. 用“CREATE TABLE Student (Sno CHAR(4) NOT NULL, Sname CHAR(8) NOT NULL, Sex CHAR (2), Age SMALLINT) 语句建立一个基本表，可以插入到表中的元组是（　　）。

A. '5021','刘祥',男, 21

B. NULL,'刘祥', NULL, 21

C. '5021', NULL, 男, 21

D. '5021','刘祥', NULL, NULL

4.3.4　数据更新

UPDATE语句用于修改数据表中不符合要求的数据或者错误的字段，其语法格式如下：

```
UPDATE Table_or_View_Name SET column_name=VALUE WHRER Search_Condition
```

UPDATE语句的参数及说明如表4-12所示。

表 4-12 UPDATE 语句的参数及说明

参　数	说　明
Table_or_View_Name	将要更新的表或视图的名称
column_name	所需更新列的名称
VALUE	所需更新的值
WHRER	根据条件来指定所需更新的数据行
Search_Condition	为需要更新的数据行指定满足的条件，该条件可以通过相等性来判断，也可以通过不等性判断，且其包含的谓词数量没有限制

例 4-48　UPDATE语句更新单个列：在student表中，把张洁同学的电话号码改为1592431××××。（注意：在学习该示例时，请将“×”改为数字）

SQL语句如下：

```
UPDATE student SET smobile='1592431××××' WHERE sname='张洁'
```

程序运行结果如图4-41所示。

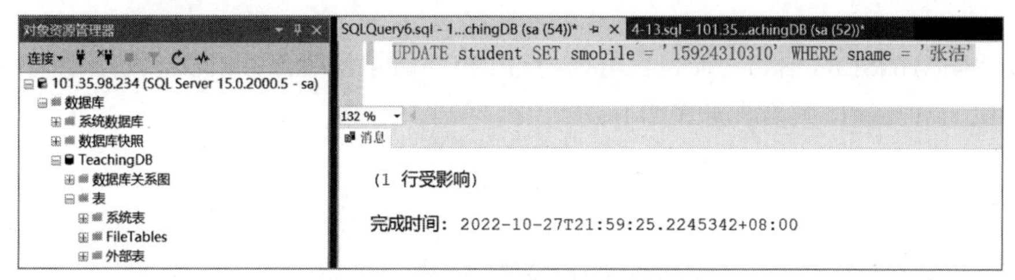

图 4-41　UPDATE 语句更新数据

注意：UPDATE语句中WHERE语句不是必需的，但是此种情况下该语句会将某列的值全部更新成同一个值，容易造成数据丢失，因此UPDATE语句一般与WHERE语句连用来更新指定数据行的值。

例 4-49　UPDATE语句不加WHERE语句：在student表中把电话号码改为'1592431××××'。

SQL语句如下：

```
UPDATE student SET smobile='1592431××××'
```

程序运行结果如图4-42所示。这时所有学生的电话号码都改为'1592431××××'。这显然不是我们希望的，因此，在更新数据时一定要小心，把条件书写清楚。

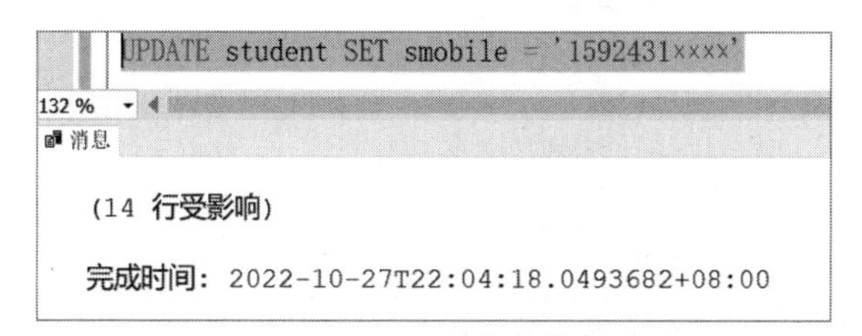

图 4-42　UPDATE 语句更新全部数据

例 4-50　UPDATE语句更新多个列：把王杰同学的学号、电话、出生日期和系别分别改为'T03001'、'1592431××××'、'1993-10-20'、'D03'。

SQL语句如下：

```
UPDATE student SET sno='T03001', smobile='1592431××××', sbirthday= '1993-10-20', sdept='D03'
WHERE sname='王杰'
```

程序运行结果如图4-43所示。

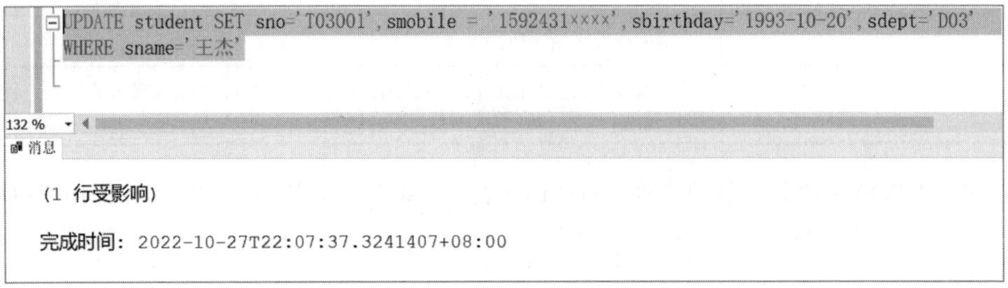

```
UPDATE student SET sno='T03001',smobile = '1592431××××',sbirthday='1993-10-20',sdept='D03'
WHERE sname='王杰'

132 %
消息

(1 行受影响)

完成时间：2022-10-27T22:07:37.3241407+08:00
```

图 4-43　UPDATE 语句更新多列数据

更新多个列时，只需要使用一条SET命令，每个“列=值”对之间用逗号分隔，最后一个列不用逗号。

UPDATE语句与INSERT语句一样，也可以与SELECT语句相结合，相较于两条语句分开编写减少了临时变量的赋值和更新。其语法格式如下：

```
UPDATE Table_or_View_Name02
SET (C1, C2,... )=(
SELECT (C1, C2,...)
FROM Table_or_View_Name01
WHERE Cn=Table_or_View_Name02.Cn)
WHERE Search_Condition
```

UPDATE结合SELECT语句的参数及说明如表4-13所示。

表 4-13　UPDATE 结合 SELECT 语句的参数及说明

参　数	说　明
Table_or_View_Name01	要查询值的数据表或视图的名称
Table_or_View_Name02	要更新值的数据表或视图的名称
C1, C2,...	所需更新的列名称
WHERE	根据条件来指定所需更新的数据行
Cn	用于结合两张表数据行的某一列
Search_Condition	为需要更新的数据行指定满足的条件，该条件可以通过相等性来判断，也可以通过不等性来判断，且其包含的谓词数量没有限制

注意：SELECT查询所得列的个数必须与UPDATE所需更新列的个数相同。

例 4-51　利用SELECT语句查询所得值结合UPDATE语句更新student表中之前加入教师的联系电话。

在执行该示例前，需先将“曲宏伟”老师的电话号码更新为“1355566××××”，因为曲宏伟的手机号码包含“*”（*违反了student中smobile的约束条件）。

SQL语句如下：

```
UPDATE student SET smobile=(SELECT tmobile FROM teacher WHERE sno=teacher.tno)
```

程序运行结果如图4-44所示。

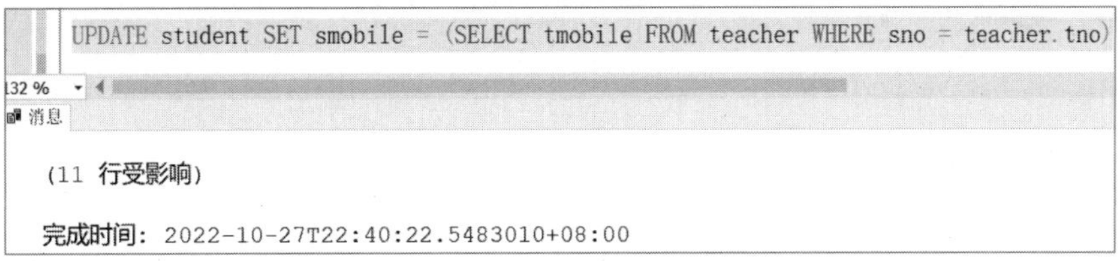

```
UPDATE student SET smobile = (SELECT tmobile FROM teacher WHERE sno = teacher.tno)
132 %
消息

(11 行受影响)

完成时间: 2022-10-27T22:40:22.5483010+08:00
```

图 4-44　错误 SQL 语句及其执行结果

但是，此时的执行结果不是预期的效果，在例4-47中，只有“曲宏伟”老师的信息被添加到了student表，是希望更新student表中姓名为“曲宏伟”这条记录的smobile，但实际执行结果是整个student表中smobile都被修改了，实际执行结果效果如图4-45所示，这显然不符合预期。正确的查询结果如图4-46所示，正确的SQL语句如下：

```
UPDATE student SET smobile=(SELECT tmobile FROM teacher WHERE sno=teacher.tno)
WHERE (SELECT tmobile FROM teacher WHERE sno=teacher.tno) IS NOT NULL
```

	sno	sid	sname	ssex	smobile	sbirthday	sdept
1	S160101	******19980526***	王东民	男	NULL	2003-05-26	D01
2	S160102	******19981001***	张小芬	女	NULL	2003-10-01	D01
3	S160201	******19971021***	高小夏	男	NULL	2002-10-21	D02
4	S160202	******19980511***	张山	女	NULL	2003-05-01	D02
5	S160301	******19980606***	徐青山	男	NULL	2003-06-06	D03
6	S160302	******19971216***	高天	男	NULL	2002-12-16	D03
7	S160401	******19980115***	胡汉民	男	NULL	2003-01-15	D04
8	S160402	******19971225***	王俊青	男	NULL	2002-12-25	D04
9	S160501	******19980218***	张丹宁	女	NULL	2003-02-18	D05
10	S160502	******19971204***	李鹏飞	男	NULL	2002-12-04	D05
11	T02001	T02001	曲宏伟	男	1355566××××	NULL	NULL

图 4-45　错误 SQL 语句执行后 student 表的数据

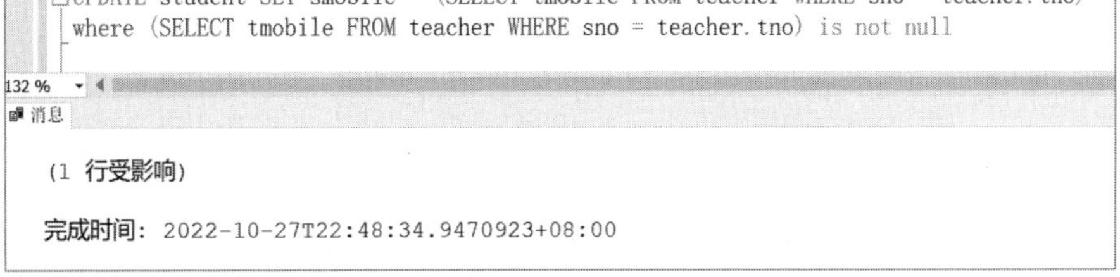

```
UPDATE student SET smobile = (SELECT tmobile FROM teacher WHERE sno = teacher.tno)
where (SELECT tmobile FROM teacher WHERE sno = teacher.tno) is not null
132 %
消息

(1 行受影响)

完成时间: 2022-10-27T22:48:34.9470923+08:00
```

图 4-46　正确 SQL 语句及其执行结果

例 4-52　利用SELECT语句查询所得值，结合UPDATE语句更新student表中之前加入的教师部门为空的部门号。

SQL语句如下：

```
UPDATE student SET sdept=(SELECT tdept FROM teacher WHERE tno=student.sno)
WHERE sdept IS NULL
```

程序运行结果如图4-47所示。

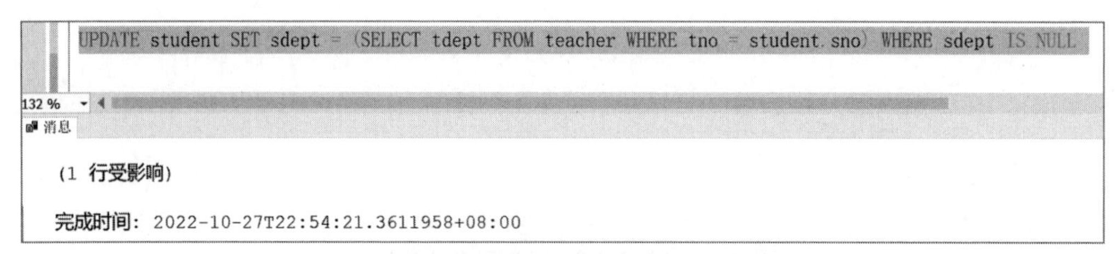

图 4-47 利用 SELECT 语句更新部分数据

在例4-52中，从图4-46的结果中看符合预期，但该SQL语句并不严谨，假如将WHERE条件修改为sdept='D01'，可能会出现执行结果不符合预期的情况，因此更严谨的SQL语句如下：

```
UPDATE student SET sdept=(SELECT tdept FROM teacher WHERE tno=student.sno)
WHERE sdept IS NULL AND (SELECT tdept FROM teacher WHERE tno=student.sno) IS NOT NULL
```

在SQL中，表连接（LEFT JOIN、RIGHT JOIN、INNER JOIN等）经常用于SELECT语句。其实在SQL语法中，这些连接也是可以用于 UPDATE语句的，在这些语句中使用JOIN可得到事半功倍的效果。

例4-53 利用UPDATE语句和JOIN连接同步两个表数据。
SQL语句如下：

```
UPDATE student SET sno=tno, sname=tname, ssex=tsex, smobile=tmobile
FROM student JOIN teacher ON student.sno=teacher.tno
```

程序运行结果如图4-48所示。

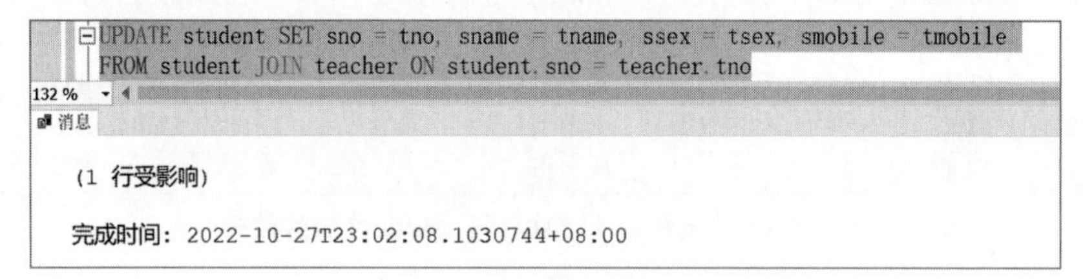

图 4-48 UPDATE 语句结合 JOIN 语句

课后练习

1. 设关系数据库中一个表 S 的结构为 S (SN, CN, grade)，其中 SN 为学生名，CN 为课程名，二者均为字符型；grade 为成绩，数值型，取值范围为 0 ~ 100。若要更正王二的化学成绩为 85 分，则可用（　　）。

A. UPDATE S SET grade＝85 WHERE SN＝'王二'AND CN＝'化学'

B. UPDATE S SET grade＝'85' WHERE SN＝'王二'AND CN＝'化学'

C. UPDATE grade＝85 WHERE SN＝'王二' AND CN＝'化学'

D. UPDATE grade＝'85' WHERE SN＝'王二' AND CN＝'化学'

2. 设有关系 *R* 和 *S*，如表 4-14 所示。

表 4-14　关系 *R* 和 *S*

R

A	*B*
a_1	b_1
b_1	b_2
c_1	b_3

S

A	*C*
a_1	40
a_2	50
a_3	35

试用 SQL 语句实现：

（1）查询属性 $C>50$ 时，*R* 中与相关联的属性 *B* 之值。

（2）当属性 $C=40$ 时，将 *R* 中与之相关联的属性 *B* 值修改为 b_4。

3. 设有职工基本表 EMP（ENO, ENAME, AGE, SEX, SALARY），其属性分别表示职工号、姓名、年龄、性别、工资。为每个工资低于 3 000 元的女职工加薪 500 元，试写出这个操作的 SQL 语句。

4. 在表 4-15 所示的 t_test 表中设置 bs 为 2 的 password 为 '123'。

表 4-15　t_test 表

bs	password
1	1
2	2

5. 将表 4-16 所示的 test 表中 no 为 1 的 name 修改为 '111'、remark 修改为 '4'。

表 4-16　test 表

no	name	remark
1	123	备注
2	222	备注

4.3.5　数据删除

DELETE语句用于从数据表或视图中删除行，其语法格式如下：

```
DELETE FROM Table_or_View_Name WHERE Search_Condition
```

DELETE语句的参数及说明如表4-17所示。

表 4-17　DELETE 语句的参数及说明

参　　数	说　　明
Table_or_View_Name	要删除值的数据表或视图的名称
WHERE	根据条件来指定所需删除的数据行
Search_Condition	为需要删除的数据行指定满足的条件，该条件可以通过相等性来判断，也可以通过不等性来判断，且其包含的谓词数量没有限制

例 4-54　DELETE语句删除表中所有数据，但其表结构、属性、索引将保持不变。

SQL语句如下：

```
DELETE FROM TC
```

程序运行结果如图4-49所示。

例 4-55　根据条件DELETE语句删除表中特定数据：删除李鹏飞同学的信息。

SQL语句如下：

```
DELETE FROM student WHERE sname='李鹏飞'
```

程序运行结果如图4-50所示。

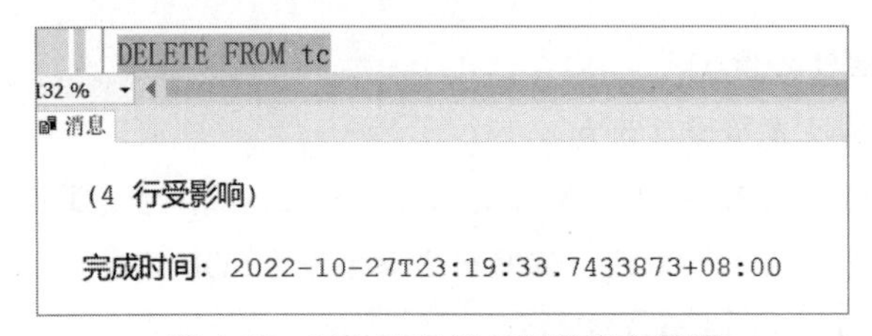

图 4-49　DELETE 语句删除所有数据

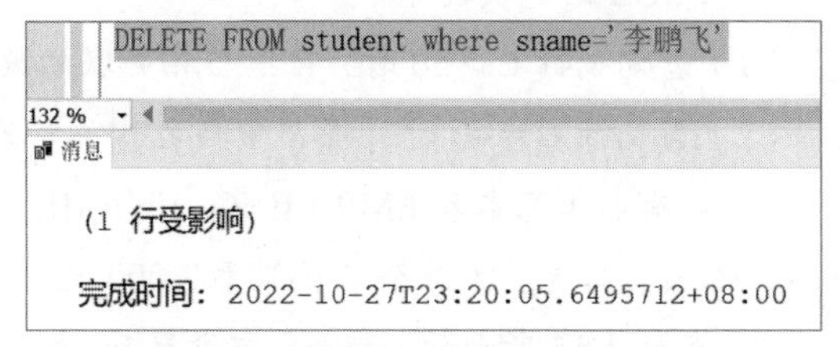

图 4-50　DELETE 语句删除特定数据

与UPDATE类似，DELETE语句同样可以与SELECT语句和JOIN语句配合使用，以减少整条语句的复杂度，提高执行效率。

例 4-56　DELETE语句与SELECT语句结合使用。

SQL语句如下：

```
DELETE FROM student WHERE sno=(SELECT tno FROM teacher WHERE tname='曲宏伟')
```

程序运行结果如图4-51所示。

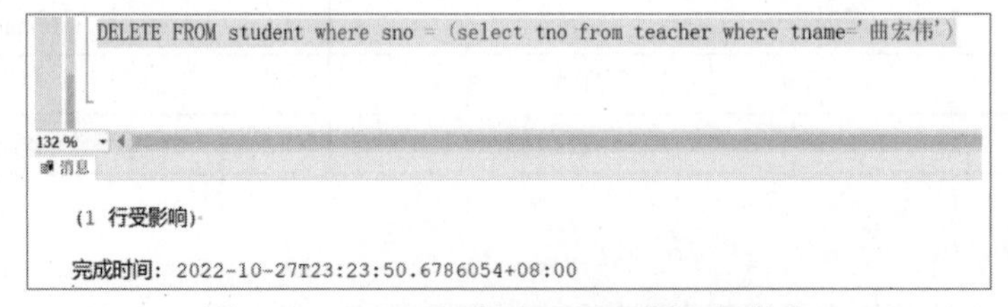

图 4-51　DELETE 与 SELECT 语句相结合

例 4-57　DELETE语句与JOIN结合使用：删除所有选修了“C程序设计”课程的选修信息。

SQL语句如下：

```
DELETE FROM SC FROM course C INNER JOIN SC ON C.cno=SC.cno WHERE C.cname='C程序设计'
```

ON是表连接的筛选条件，即表连接后，会产生一个类似于临时视图的结果，而WHERE便是从这个临时的视图中筛选数据。

程序运行结果如图4-52所示。

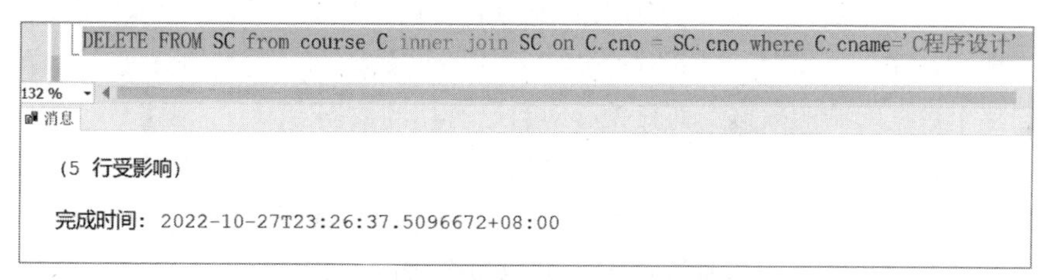

图 4-52 DELETE 与 JOIN 相结合

课后练习

1. 删除“化学系”学生的修课记录的正确语句是（ ）。

   A. DELETE FROM sc JOIN student s ON sc.sno = s.sno WHERE sdept = '化学系'

   B. DELETE FROM sc from sc JOIN student s ON sc.sno = s.sno WHERE sdep t= '化学系'

   C. DELETE FROM student WHERE sdept = '化学系'

   D. DELETE FROM sc WHERE sdept = '化学系'

2. 删除表 employee 中所有数据。
3. 删除表 department 中 pname 为 may 的值。
4. 删除表 department 中部门编号 dno 为 '234' 的部门信息。
5. 删除颜色为绿色的产品的记录。

表结构如下：

表 product (pno, pdate, paddress)

表 detail (pno, color, weight, height)

6. 删除 SC 表中女生的成绩记录。
7. 删除当 dept 为 '011' 时的学生 sc 中的记录。

表结构如下：sc(sno, cno, grades)，student(sno, sex, sname, dept)。

8. 删除 record 中未使用的 temp 表记录。

表结构如下：

temp(code,name,result,plus)

record(code,col,height)

4.4 视图与索引

视图和索引都是SQL Server中比较重要的概念，它们都与关系表有关，视图一般基于一张或多张表创建，索引往往在某张关系表中创建，它们都通过对数据的预排序和预定义显著地提高了表的工作性能。

视频

视图

4.4.1 视图的作用

视图是从一个或多个表中导出来的虚拟表，通常称为“虚表”，是一种不真正存在的数据表。视图就像一个窗口，通过这个窗口可以看到系统专门提供的数据。这样，用户可以不用看到整个数据库中的数据，而只关心对自己有用的数据。

由于视图是虚拟表，因此，数据库中只存放了视图的定义，而没有存放视图中的数据，这些数据存放在原来的表中。当使用视图查询数据时，数据库系统会从原来的表中取出对应的数据，而视图能够从多个数据表中提取数据，并以单个表的形式显示查询结果，这样便将针对多表的数据查询转变为对视图的单表查询，极大地降低了查询语句的复杂度。同时，因为视图中的数据依赖于原来表中的数据，一旦表中数据发生改变，显示在视图中的数据也会发生改变。

在设计程序时必须先了解视图的优缺点，这样可以扬长避短。视图具有如下优点：

① 简单性：视图不仅可以简化用户对数据的理解，也可以简化其操作。那些被经常使用的查询可以定义为视图，从而使用户不必为以后的操作每次都指定全部的条件。

② 安全性：通过视图用户只能查询和修改其所能见到的数据。数据库中的其他数据则既看不见，也取不到。数据库授权命令可以使每个用户对数据库的检索限制到特定的数据库对象上，但不能授权到数据库特定行和特定的列上。通过视图，用户可以被限制在数据的不同子集上。

③ 逻辑数据独立性：视图可以使应用程序和数据库表在一定程度上独立。如果没有视图，应用一定是建立在表上的。有了视图之后，程序可以建立在视图之上，从而程序与数据库表被视图分割开。

视图也存在一些缺点，主要如下：

① 性能：SQL Server必须把视图的查询转化成对基本表的查询，如果这个视图是由一个复杂的多表查询所定义，那么，即使是视图的一个简单查询，SQL Server也把它变成一个复杂的结合体，需要花费一定的时间。

② 修改限制：当用户试图修改视图的某些行时，SQL Server必须将其转化为对基本表的某些行的修改。对于简单视图来说，这是很方便的，但是，对于比较复杂的视图，可能是不可修改的。

所以，在定义数据库对象时应该权衡视图的优点和缺点，合理地定义视图。同时，由于视图是一张虚拟表，其数据都来自其他数据表，因此在视图中操作数据需要注意：

① 在SELECT语句中不能使用UNION操作。

② 在SELECT语句中不能使用ORDER BY子句，但是在视图中使用GROUP BY子句可以起到与ORDER BY子句相同的效果。

③ 对于多表视图不能使用DELETE语句。

④ 除非底层表的所有非空列都已经在视图中出现，否则不能使用INSERT语句，有这个规定的原因是SQL不知道应该将什么数据插入NOT NULL限制列中。

⑤ 如果对一个归并的表格插入或更新记录，那么所有被更新的记录必须属于同一个物理表。

⑥ 如果在创建视图时使用了DISTINCT子句，就不能插入或更新这个视图中的记录。

⑦ 不能更新视图中的虚拟列（它是用计算字段得到的）。

4.4.2 视图的创建

视图是一个包含行和列的虚拟表，其属性结构都来自一个或多个数据表中的字段。视图同真实数据表一样，可以添加SQL函数、WHERE及JOIN语句，同时也可以提交数据，以此将数据操作简化为类似某一单表的操作。创建视图的语法格式如下：

```
CREATE VIEW view_name [(column_name[,…n])] AS
SELECT C1, C2,...
FROM table_name
WHERE Search_Condition
```

其参数及说明如表4-18所示。

表 4-18 创建视图语句的参数及说明

参数	说明
view_name	视图名称，其必须符合有关标识符的规则
(column_name[,…n])	所创视图中列使用的名称。如果未指定该值，则视图列将使用与 SELECT 语句中查询列名相同的名称
AS	指定视图要执行的操作
C1, C2,...	SELECT 语句中所要查询的列名，同时当视图列名没有明确指定时，它也作为视图列名
table_name	用于创建视图的数据表
Search_Condition	为视图创建所需的数据行指定满足的条件，该条件可以通过相等性来判断，也可以通过不等性来判断，且其包含的谓词数量没有限制

例4-58 创建student表中所有数据的视图StuView01。

SQL语句如下：

```
CREATE VIEW StuView01 AS SELECT * FROM student
```

程序运行结果如图4-53所示。

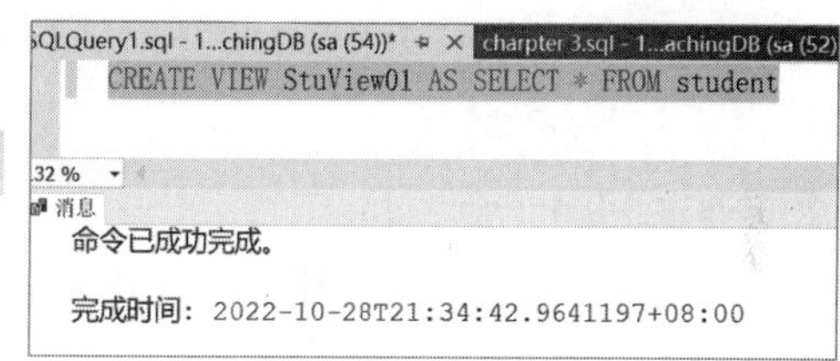

图 4-53 创建视图

例4-59 创建满足特定条件的某些列数据的视图：创建所有男同学的基本信息视图，包括姓名、学号、身份证号和出生日期。

SQL语句如下：

```
CREATE VIEW StuView02 AS SELECT sname,sno,sid, sbirthday FROM student WHERE ssex='男'
```

程序运行结果如图4-54所示。

SQLQuery1.sql - 1...chingDB (sa (54))*　charpter 3.sql - 1...achingDB (sa (52))*

```
CREATE VIEW StuView02 AS
SELECT sname, sno, sid, sbirthday FROM student WHERE ssex='男'
```

132 %

消息

命令已成功完成。

完成时间: 2022-10-28T21:35:49.9290549+08:00

图 4-54 创建特定条件视图

例4-60　创建满足特定条件的多表视图：创建视图SCView，该视图包含选修了非数据库原理课程的学生学号、姓名、身份证号、出生日期，以及已选的课程号和课程名、学期。

SQL语句如下：

```
CREATE VIEW SCView AS
SELECT s.sno, sname, sid, sbirthday, c.cno, cname, semester FROM student s, SC, course c
WHERE s.sno=SC.sno and SC.cno=c.cno AND cname != '数据库原理'
```

程序运行结果如图4-55所示。

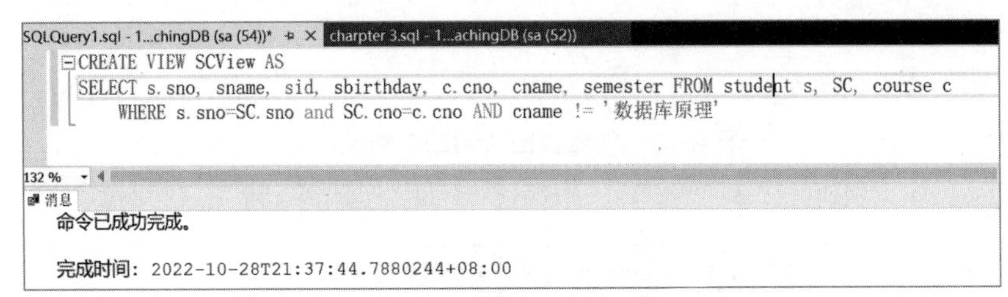

图 4-55　创建特定条件的多表视图

4.4.3　视图的修改与删除

1. 修改视图

ALTER VIEW语句用于修改已创建的视图，其中包括索引视图。同时，ALTER VIEW修改视图时不影响相关的存储过程或触发器，并且不会更改权限。其语法格式如下：

```
ALTER VIEW view_name [(column_name[,…n])] AS
SELECT C1, C2,...
FROM table_name
WHERE Search_Condition
```

视图修改的参数及说明如表4-19所示。

表 4-19　视图修改的参数及说明

参　数	说　明
view_name	视图名称，必须符合有关标识符的规则
(column_name[,…n])	所修改视图中列使用的名称。如果未指定该值，则视图列将使用与 SELECT 语句中查询列名相同的名称
AS	指定视图要执行的操作
C1, C2,...	SELECT 语句中所要查询的列名，同时当视图列名没有明确指定时，也作为视图列名
table_name	用于提供视图内容修改的数据表
Search_Condition	为视图内容修改所需的数据行指定满足的条件，该条件可以通过相等性来判断，也可以通过不等性判断，且其包含的谓词数量没有限制

例4-61　修改满足特定条件的多表视图。

SQL语句如下：

```
ALTER VIEW SCView AS
SELECT s.sno,sname,sid,sbirthday,c.cno,cname,semester FROM student s, SC, course c
WHERE student.sno=SC.sno and SC.cno=course.cno and cname !='计算机应用基础'
```

程序运行结果如图4-56所示。

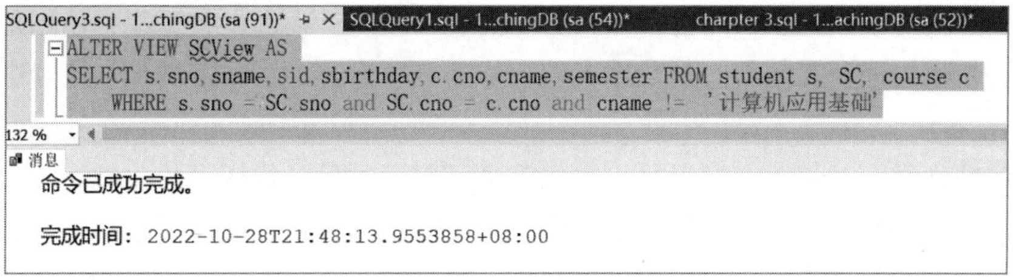

SQLQuery3.sql - 1...chingDB (sa (91))*
SQLQuery1.sql - 1...chingDB (sa (54))*
charpter 3.sql - 1...achingDB (sa (52))*
ALTER VIEW SCView AS
SELECT s.sno, sname, sid, sbirthday, c.cno, cname, semester FROM student s, SC, course c
WHERE s.sno = SC.sno and SC.cno = c.cno and cname != '计算机应用基础'
132 %
消息
命令已成功完成。
完成时间：2022-10-28T21:48:13.9553858+08:00

图 4-56　修改视图

2. 删除视图

DROP VIEW语句用于从当前数据库中删除一个或多个视图。其语法格式如下：

```
DROP VIEW view_name
```

其中，view_name是指需要删除的视图名。

例 4-62　删除SCView视图。

SQL语句如下：

```
DROP VIEW SCView
```

程序运行结果如图4-57所示。

SQLQuery1.sql - 1...chingDB (sa (54))*
charpter 3.sql - 1...achingDB (sa (52))
drop view SCView
132 %
消息
命令已成功完成。
完成时间：2022-10-28T21:49:24.6966744+08:00

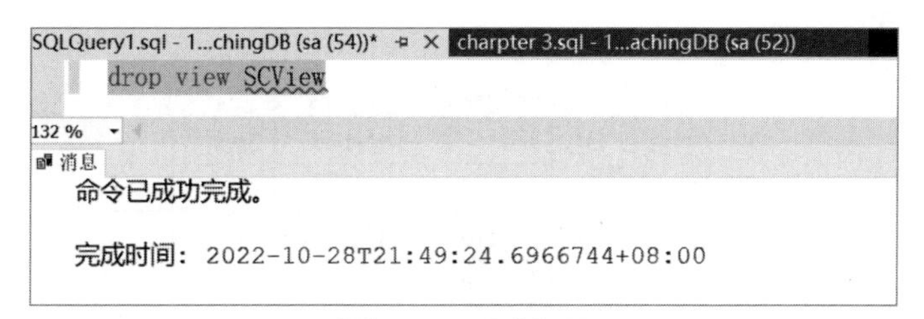

图 4-57　删除视图

例 4-63　删除多个视图：删除StuView01、StuView02视图。

SQL语句如下：

```
DROP VIEW StuView01, StuView02
```

程序运行结果如图4-58所示。

SQLQuery1.sql - 1...chingDB (sa (54))*
charpter 3.sql - 1...achingDB (sa (52))
DROP VIEW StuView01, StuView02
132 %
消息
命令已成功完成。
完成时间：2022-10-28T21:50:41.3208993+08:00

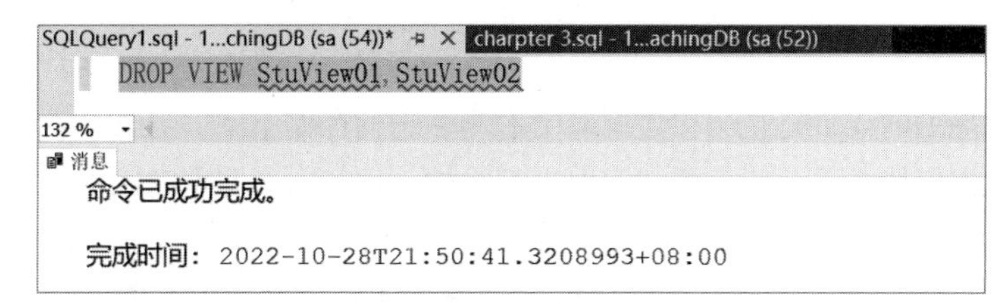

图 4-58　删除多个视图

注意：视图删除后，如果该视图是其他视图的数据源，其导出视图将无法再使用，同样，如果视图的基本表被删除了，视图也将无法使用。因此，在删除基本表和视图时一定注意是否存在引用被删除对象的视图，若有也应同时删除。

4.4.4 索引

视频

索引

在数据库中建立索引是为了加快数据的查询速度。查询是数据库中使用最多的操作，如何能更快地查询所需数据，是数据库管理中的一项重要内容，特别是在海量数据检索时尤为重要。

数据库索引类似于书籍目录，在书籍中可以通过目录所标示的关键字和页码快速找到所需信息，同理数据库索引也可以快速定位表中的数据，从而避免了扫描整个数据表。索引是一个单独的、存储在磁盘上的数据库结构，其包含了对数据库表中所有记录的引用指针。图书的目录注明了内容所对应的页码，而数据库中索引是一个表中所包含数据存储地址的列表，其中注明了表中的各行数据所在的存储位置。可以为表中的单个列建立索引，也可以为一组列建立索引。索引由索引项组成，并按索引项排序。索引项由来自表中每一行的单个列或多个列（称为索引关键字）组成。

例如，在student表的sno列上建立一个索引，则在索引部分就有指向每个学号所对应的这位学生信息存储位置的信息，如图4-59所示。

当数据库管理系统在student表上执行根据指定sno列的值查找该学生信息的操作时，它能够识别sno列的索引，并首先在索引部分查找该学生的学号，然后根据找到的学号所指向数据的存储位置，再根据该存储位置到student表中直接读取需要的数据。如果没有索引，DBMS要从student表的第一行开始，逐行检索指定sno的值。

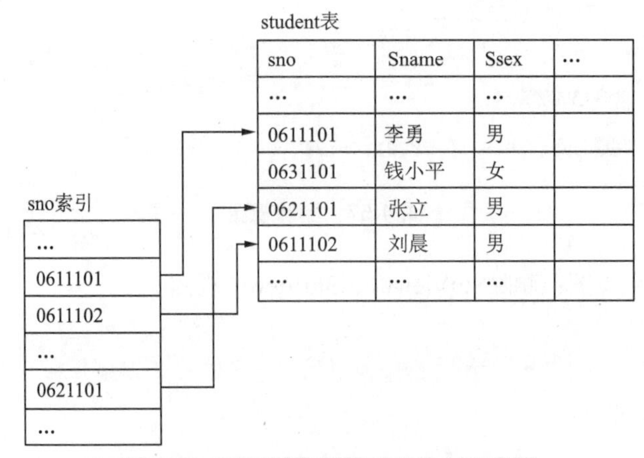

图 4-59　索引及数据间对应关系示意图

索引为性能带来好处的代价是它会在数据库中占用一定的存储空间。另外，在进行数据插入和更改时，为了使索引与数据保持一致，还需要对索引进行维护，这是需要花费时间的。因此，在设计和创建索引时，应确保对性能的提高程度大于在存储空间和处理资源方面的代价，否则创建该索引就不合适。

SQL索引有多种分类方式，按照存储结构可以划分为聚集索引和非聚集索引；按照数据唯一性可以划分为唯一索引和非唯一索引；按照索引列的数量可以划分为单列索引和多列索引。数据库的日常运行和维护中，一般按照存储结构划分索引种类。聚集索引和非聚集索引的定义如下：

1. 聚集索引

聚集索引是一种对磁盘上实际数据重新组织以按指定的一列或多列值排序，其确定了表中数据的物理存储顺序。例如，通常使用的汉语字典就是一个聚集索引，例如要查“张”，首先按照该字的拼音首字母将字典翻到后面大致的页码，然后根据字母顺序确定当前位置是需要往前翻还是往后翻，翻页后再次验证，依此类推，把书页陆续分成更小的部分，直至确定正确的页码。

由于聚集索引会对数据存储进行排序，而一张表的数据存储顺序不可能有多种排法，所以一个表只能建立一个聚集索引。据科学统计，建立聚集索引至少需要相当于该表120%的附加空间，用来存放该表的副本和索引中间页，但是它的性能几乎总是比其他索引要快。

由于在聚集索引下，数据在物理上是按序排列在数据页上的，重复值也排在一起，因而聚集索引对于那些经常要搜索范围值的列特别有效。当使用聚集索引找到包含第一个值的行后，便可以确保包含后续索引值的行在物理相邻位置。例如，如果应用程序执行的一个查询经常检索某一日期范围内的记录，则使用聚集索引可以迅速找到包含开始日期的行，然后检索表中所有相邻的行，直到终止于结束日期，这样有助于提高此类查询的性能。同样，如果对从表中检索的数据进行排序时经常要用到某一列，则可以将该表在该列上聚集（物理排序），避免每次查询该列时都进行排序，从而节省时间及降低运算开销。

2. 非聚集索引

SQL默认情况下使用非聚集索引，其不需要重新组织表中的数据，而是对每一行存储对应的索引列值用一个指针指向数据所在的页面，其运行原理与汉语字典中根据“偏旁部首”查找汉字类似。即使非聚集索引中的数据不实现物理存储上的连续而是逻辑上的连续，其对数据查取的效率也有一定提升，同时也不需要全表扫描，只是对索引进行扫描。

一个表可以拥有多个非聚集索引，每个非聚集索引根据索引列的不同提供不同的排序顺序。

聚集索引和非聚集索引的选择如表4-20所示。

表 4-20　聚集索引和非聚集索引使用情况对比

操　作	聚 集 索 引	非聚集索引
外键列	√	√
主键列	√	√
列经常被分组排序（ORDER BY）	√	√
返回某范围内的数据	√	×
小数目的不同值	√	×
大数目的不同值	×	√
频繁更新的列	×	√
频繁修改索引列	×	√
一个或极少不同值	×	×

创建索引具有以下优势：

① 通过创建唯一性索引，可以保证数据库表中每一行数据的唯一性。

② 可以大幅加快数据的检索速度，这也是创建索引的最主要原因。

③ 可以加速表和表之间的连接，特别是在实现数据的参考完整性方面特别有意义。

④ 在使用分组和排序子句进行数据检索时，同样可以显著减少查询中分组和排序的时间。

⑤ 通过使用索引，可以在查询的过程中，使用优化隐藏器，提高系统的性能。

虽然创建索引具有许多优点，但是过多地创建索引和不分场合地添加索引反而会降低数据库性能。其主要有以下缺点：

① 创建索引和维护索引要耗费时间，这种时间随着数据量的增加而增加。

② 索引需要占物理空间，除了数据表占数据空间之外，每一个索引还要占一定的物理空间，如果要建立聚簇索引，需要的空间就会更大。

③ 当对表中的数据进行增加、删除和修改时，索引也要动态地维护，这样就降低了数据的维护速度。

因此，对数据表建立索引应遵循如下原则：

① 定义主键的数据列一定要建立索引。

② 定义外键的数据列一定要建立索引。

③ 对于经常查询的数据列最好建立索引。

④ 对于需要在指定范围内的快速或频繁查询的数据列建议建立索引。

⑤ 经常用在WHERE子句中的数据列建议建立索引。

⑥ 经常出现在关键字ORDER BY、GROUP BY、DISTINCT后面的字段，建立索引。如果建立的是复合索引，索引的字段顺序要和这些关键字后面的字段顺序一致，否则索引不会被使用。

⑦ 对于那些查询中很少涉及的列、重复值比较多的列不要建立索引。

⑧ 对于定义为text、image和bit数据类型的列不要建立索引。

⑨ 对于经常存取的列避免建立索引。

⑩ 限制表上的索引数目。对一个存在大量更新操作的表，所建索引的数目一般不要超过三个，最多不要超过五个。索引虽然提高了访问速度，但太多索引会影响数据的更新操作。

⑪ 对复合索引，按照字段在查询条件中出现的频度建立索引。在复合索引中，记录首先按照第一个字段排序。对于在第一个字段上取值相同的记录，系统再按照第二个字段的取值排序，依此类推。只有复合索引的第一个字段出现在查询条件中，该索引才可能被使用，因此，将应用频度高的字段放置在复合索引的前面，会使系统最大限度地使用此索引，发挥索引的作用。

4.4.5 索引的创建与删除

1. 创建索引

SQL Server中可以通过两种方式创建索引：第一种方式是利用企业管理器创建索引；第二种是使用T-SQL语句创建索引。

使用企业管理器创建索引的操作步骤如下：

① 启动SQL Server Management Studio并成功连接到SQL Server 2019数据库服务器，找到相应的数据库。

② 展开数据库中需要创建索引的数据表，在表的下级菜单中右击“索引”，在弹出的快捷菜单中选择“新建索引”命令。

③ 在弹出的“新建索引”对话框中单击“添加”按钮。

④ 在弹出的“从表中选择列”对话框中勾选需要添加索引键的表列。

⑤ 在该对话框中完成操作后单击“确定”按钮返回上级对话框，随后单击“确定”按钮完成企业管理器的索引创建。

利用T-SQL语句创建索引需要用到CREATE INDEX语句，其语法格式如下：

```
CREATE [UNIQUE] [CLUSTERED | NONCLUSTERED] INDEX index_name  ON table_or_view_
name (C1,C2...) [WITH [index_property [,...n]]
```

创建索引的参数及说明如表4-21所示。

表 4-21　创建索引的参数及说明

参　数	说　明
UNIQUE	可选字段，用于建立唯一索引
CLUSTERED	可选字段，与 NONCLUSTERED 中只可选一个，用于建立聚集索引
NONCLUSTERED	可选字段，与 CLUSTERED 中只可选一个，用于建立非聚集索引
index_name	所创建索引的名称
table_or_view_name	用于指定创建索引的表或试图的名称
C1,C2...	用于创建索引的数据表或视图的列名称
index_property [,...n]	可选字段，可以选择加入的索引属性

例 4-64　在student表的sname列上创建名为StudentIndex的非聚集索引。

SQL语句如下：

```
CREATE NONCLUSTERED INDEX StudentIndex ON student (sname);
```

程序运行结果如图4-60所示。

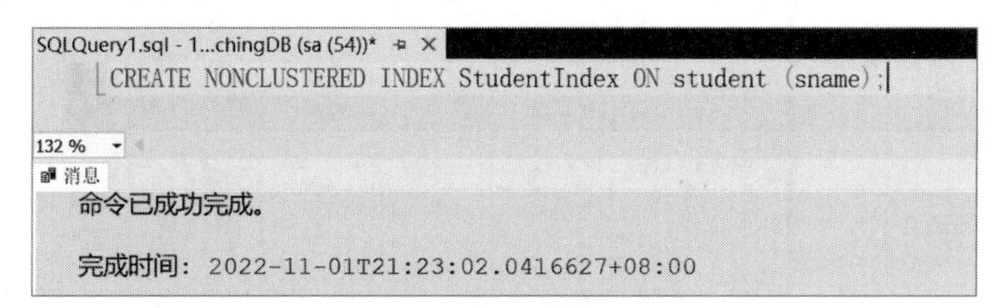

图 4-60　创建非聚集索引

例 4-65　在student表的sid列上创建名为SidIndex的唯一非聚集索引。

SQL语句如下：

```
CREATE UNIQUE NONCLUSTERED INDEX SidIndex ON student (sid)
```

程序运行结果如图4-61所示。

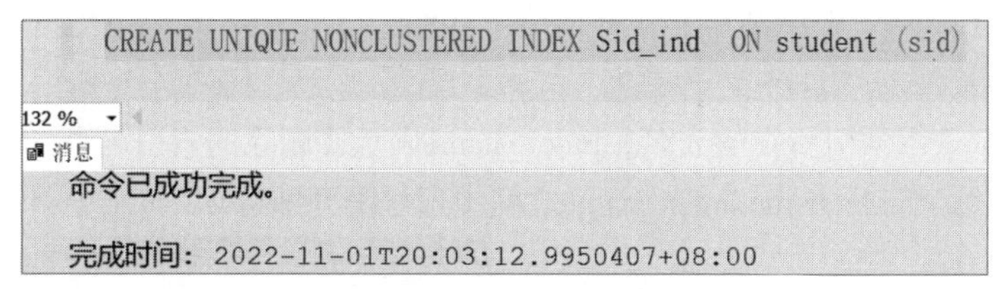

图 4-61　创建唯一非聚集索引

注意：①主键具有唯一性，当在某张表上创建主键时，也会自动创建一个同名的聚集索引。②一张表只能创建一个聚集索引，因为数据存储时会按照聚集索引进行有序存储，而一张表的数据只能按照一种方式存储，不能按照多种方式存储。③一张表只能创建一个主键，可以创建多个唯一索引。

④主键不能为NULL，唯一索引可以为NULL。

如果将例4-65改为“在student表的sid列上创建名为SidIndex的唯一聚集索引。”，将会发生错误，创建唯一聚集索引的语句和运行错误详如图4-62所示。如果确需要在Student表的sid列上创建唯一聚集索引，需要先删除已有的聚集索引，再创建新的索引，其操作过程稍复杂一点，具体操作顺序、代码、运行结果如图4-63所示。

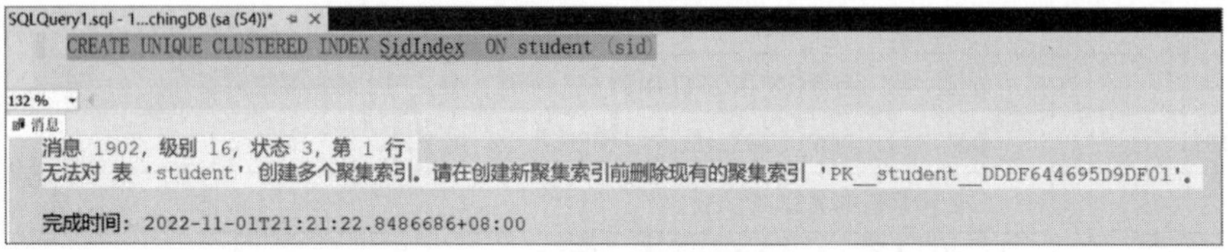

SQLQuery1.sql - 1...chingDB (sa (54))*

```
CREATE UNIQUE CLUSTERED INDEX SidIndex  ON student (sid)
```

132 %

消息

消息 1902，级别 16，状态 3，第 1 行
无法对 表 'student' 创建多个聚集索引。请在创建新聚集索引前删除现有的聚集索引 'PK__student__DDDF644695D9DF01'。

完成时间：2022-11-01T21:21:22.8486686+08:00

图 4-62　创建唯一聚集索引失败

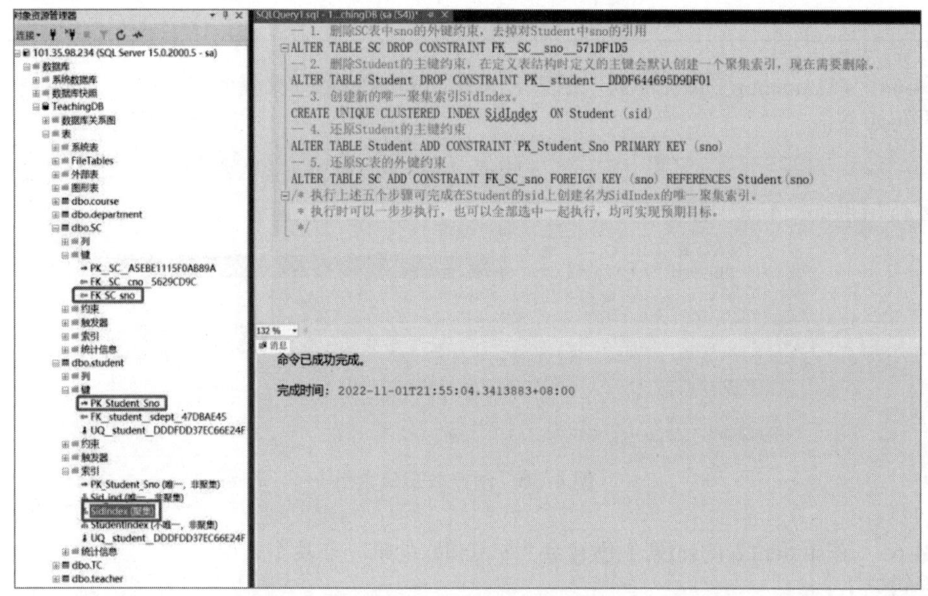

图 4-63　删除已有的聚集索引并创建唯一聚集索引的 SQL 语句及结果

2. 删除索引

删除索引需要用到DROP INDEX语句，其语法格式如下：

```
DROP INDEX table_name.index_name
```

其中，table_name表示索引所在的表名，index_name表示要删除的索引名称，同时该语句可以同时删除多个索引，只需每个table_name.index_name之间用逗号隔开即可。

例4-66　删除索引。

SQL语句如下：

```
DROP INDEX student.StudentIndex
```

程序运行结果如图4-64所示。

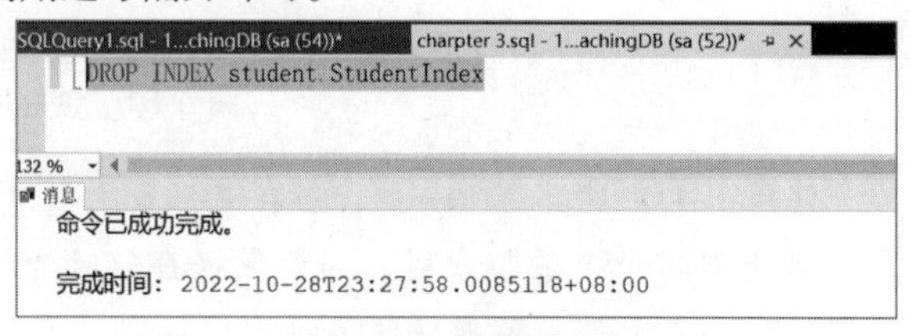

图 4-64　删除索引

课后练习

1. SQL 中，删除视图的命令是（　　）。

A. DELETE　　B. DROP　　C. CLEAR　　D. REMOVE

2. 在视图上不能完成的操作是（　　）。

A. 更新视图　　B. 查询

C. 在视图上定义新的表　　D. 在视图上定义新的视图

3. 设某工厂数据库中有两个基本表：

车间基本表：DEPT(DNO, DNAME, MGR_ENO)，其属性分别表示车间编号、车间名和车间主任的职工号。

职工基本表：ERP(ENO, ENAME, AGE, SEX, SALARY, DNO)，其属性分别表示职工号、姓名、年龄、性别、工资和所在车间的编号。建立一个有关女车间主任的职工号和姓名的视图，其结构如下：

VIEW6(ENO, ENAME)

（1）试写出创建该视图 VIEW6 的 SQL 语句。

（2）对表 DEPT 的 DNO、DNAME 列创建名为 DEPT_VIEW 的视图。

（3）对表 ERP 的 ENO、ENAME 列创建名为 ERP_VIEW 的视图。

（4）修改原视图 ERP_VIEW(ENO, ENAME) 添加列 SEX。

（5）删除视图 DEPT_VIEW。

（6）对表 DEPT 的 DNO 创建名为 DNO_INDEX 的索引。

（7）删除 DEPT 表上的 DNO_INDEX 索引。

小　结

本章首先介绍了SQL的发展和特点，同时介绍了SQL的数据定义语言（DDL）和数据操纵语言（DML）。DDL包括数据库、数据库基本表的定义和维护、数据完整性的实现方法（即主键的定义、外键的定义和自定义约束的定义等）。DML包括数据查询和数据管理等功能，查询、增加、删除和更新是数据库的常用操作，而查询是数据库中使用最多的操作。查询包括单表查询、多表查询、带条件查询、分组统计、排序、去重、连接查询、子查询等。

对数据的更改操作，介绍了数据的添加、修改和删除。其中，修改和删除操作，包括无条件和有条件的修改和删除。在介绍语句时，主要采用通用的SQL语法格式，目前绝大部分DBMS都支持这些格式。

本章最后介绍了视图和索引。视图是基于数据库基本表的虚表，本身并不物理存储数据，它的数据全部来自基本表。视图提供了数据库的逻辑独立性，并增加了数据的安全，封装了复杂的查询，为用户提供了从不同角度看待同一数据的方法。索引的主要目的是提高查询效率，但同时也会增加系统的开销。

习　　题

现有学生选课数据库，并且有三个表，具体如下：

student(sno, sname, ssex, sage, sdept)，其中 sno 是学号，sname 是姓名，ssex 是性别，sage 是年龄，sdept 是系别。

course(cno, cname, ccredit, semester)，其中 cno 是课程号，cname 是课程名，ccredit 是学分，semester 是学期。

sc(sno, cno, grade)，其中 sno 是学号，cno 是课程号，grade 是成绩，sc 表中的 sno，cno 分别是外键，分别引用 student、course 表的主键。

按要求写出相应的 SQL 语句并执行结果。

1. 查询计算机系学生的姓名、年龄及出生年份。
2. 查询成绩在 70 ~ 80 分之间的学生的学号、课程号和成绩。
3. 查询计算机系年龄在 18 ~ 20 且性别为“男”的学生的姓名和年龄。
4. 查询 c001 号课程的最高分。
5. 查询计算机系学生的最大年龄和最小年龄。
6. 统计每个系的学生人数。
7. 统计每门课程的选课人数和考试最高分。
8. 查询计算机系考试成绩最高的学生的姓名。
9. 查询没有选修 c001 课程的学生姓名和所在系。
10. 查询哪些课程没有学生选修，要求列出课程号和课程名。

第5章 数据库编程

数据库编程在数据库管理和应用中非常重要。其中，存储过程是存储在数据库中的一段代码，这段代码中可以包含数据定义语句、数据操作语句，应用程序可以通过调用存储过程的方法来执行这段代码中的各条语句。存储过程的功能使得用户能够方便快速地操作数据库。

数据完整性约束用于保证数据库中的数据符合现实世界中的实际需求，也就是说，数据库中存储的数据是有意义的、真实有效的。在本书第4章中已经介绍了在定义数据表时，实现数据完整性的方法，其中包括主键约束（PRIMARY KEY）、外键约束（FOREIGN KEY）、唯一性约束（UNIQUE）、默认值约束（DEFAULT）及检查约束（CHECK）。本章将介绍另一种功能更强大的方法，来实现数据完整性的约束——触发器。

下面先介绍编写T-SQL脚本语句时用到的基本语法。

学习目标

本章主要介绍数据库后台的编程技术，包括存储过程、触发器及简单的T-SQL编程。通过本章的学习，需要实现以下目标：

◎掌握T-SQL的基本语法。

◎掌握存储过程的创建和执行。

◎掌握触发器的创建和执行。

5.1 T-SQL

Microsoft公司在标准SQL语言基础上附加的语言元素，包括变量、运算符、函数、流程控制语句和注解等。

视频
T-SQL

在T-SQL语句中，不区分字母大小写，但为了阅读方便，建议采用大写字母书写T-SQL语句中的关键字，用小写字母书写语句中的标识符、表达式以及各种参数。由于SQL可以交互方式使用，本章关于T-SQL的例题都可在SSMS中执行并查看结果。

5.1.1 脚本

脚本是存储在文件中的一组T-SQL语句集合，使用脚本可以将创建和维护数据库进行的操作语句保存到磁盘的一个文件中，方便用户反复执行此段代码，或者将此代码复制到其他计算机上使用。

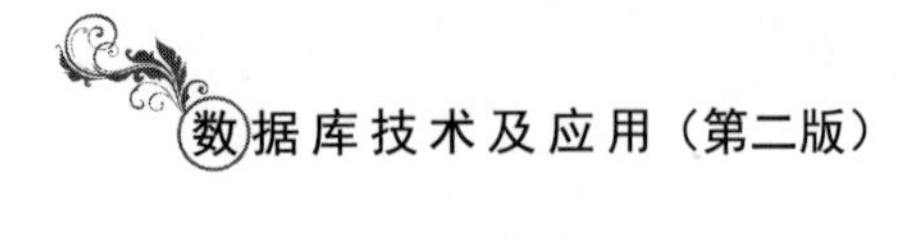

1. 保存脚本

将SSMS中的T-SQL语句保存为脚本文件的操作步骤如下：

① 在SSMS中，单击工具栏中的“新建查询”按钮，在打开的空白窗口中，输入需要执行的T-SQL语句，如图5-1所示。

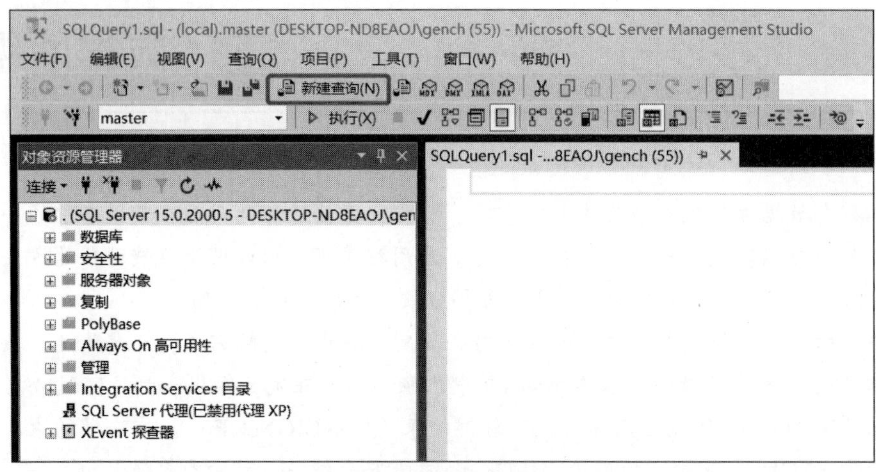

图 5-1　新建查询

② 输入完毕，选择“文件”→“SQLQuery1.sql另存为”命令，或者单击工具栏中的“保存”按钮，如图5-2所示。

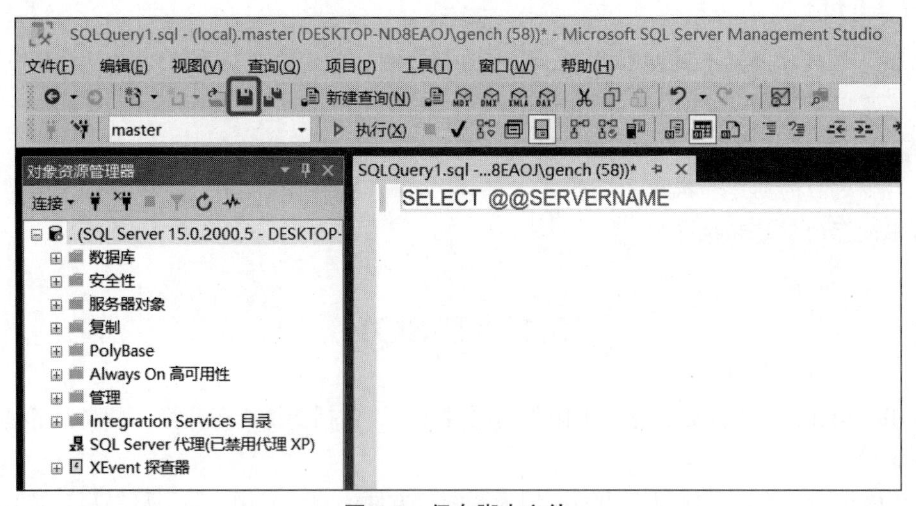

图 5-2　保存脚本文件

③ 在弹出的对话框中修改文件名及文件位置（注意：脚本文件的扩展名为.sql），单击“保存”按钮即可，如图5-3所示。

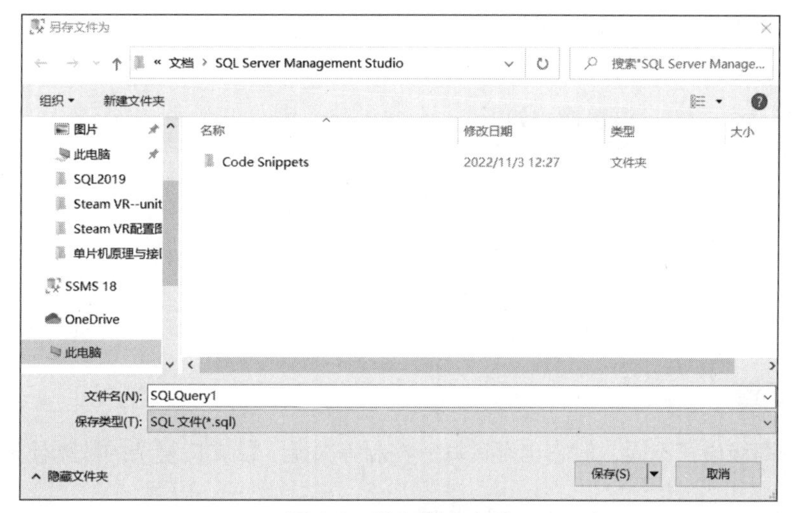

图 5-3　保存脚本文件

2. 使用脚本

用户可以在SSMS中打开已经保存的脚本文件，然后执行。具体操作步骤如下：

① 选择“文件”→“打开”→“文件”命令，或者单击工具栏中的“打开文件”按钮，如图5-4所示。

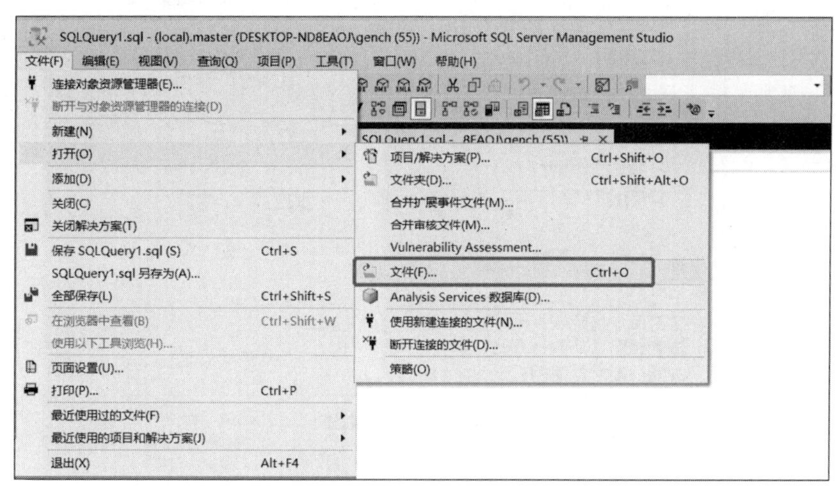

图 5-4　打开文件

② 在弹出的对话框中，选择需要打开的.sql文件，然后单击“打开”按钮。此时，用户打开的脚本文件就显示在脚本编辑窗口中。

③ 单击工具栏中的“分析”按钮，或者按【Ctrl+F5】组合键可以检查脚本文件中是否存在语法错误。单击工具栏中的“执行”按钮，或者按【F5】键，可以执行此脚本文件。

5.1.2　注释

为了增强脚本的可读性，可以在脚本适当的地方，添加注释。T-SQL中有以下两种注释的方法：

① 单行注释（--），语法格式如下：

```
--注释文本
```

② 多行注释（/*……*/），语法格式如下：

```
/*注释文本*/
```

例如：

```
USE TeachingDB          /*打开数据库TeachingDB。当第一次访问某数据库时，需要使用USE命令
打开数据库，否则一些访问数据库的SQL语句将无法执行*/
SELECT * FROM Student  --查询学生表Student中的所有数据
```

5.1.3 常量和变量

T-SQL虽然和高级语言不同，但它也有运算、控制等功能，以支持复杂的数据检索。

1. 常量

常量指在程序运行过程中值不变的量。在SQL Server中，字符串常量要使用单引号括起来，例如'San Zhang'。如果单引号中的字符串包含单引号，可以使用两个单引号表示嵌入的单引号，例如'''三好''学生'。日期时间常量也需要用单引号括起来,例如'2022-11-11'。上述常量运行结果如图5-5所示。

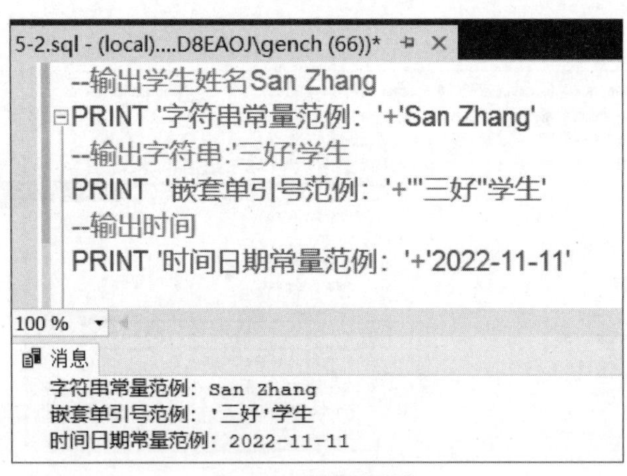

图 5-5 常量的输出

2. 变量

变量是指在程序运行过程中其值可以被改变的量。变量具有三个要素：变量名、变量类型和变量值。

（1）变量的分类

在SQL Server中，变量分为局部变量和全局变量。全局变量由系统定义和维护，其名称前有两个"@"符号，如@@SERVERNAME。局部变量由用户定义和使用，其名称前有一个"@"符号。

（2）局部变量的定义和赋值

局部变量可以用DECLARE语句定义。其定义格式如下：

```
DECLARE @局部变量名 数据类型
```

如果在一条语句中声明多个变量，各变量之间用“,”分隔。例如：

```
DECLARE @a float,@ch char(8)
```

该定义语句定义了变量a是浮点数类型，变量ch是长度为8的定长字符数据类型。

注意：局部变量被定义后其初始值为NULL。

局部变量被定义后如果要给变量赋值，可以使用SET或SELECT语句，基本语法格式如下：

```
SET  @局部变量名=表达式
SELECT  @局部变量名=表达式
```

在T-SQL语句中，一般规定：

① 语句中的字母大写、小写均可。

② 关键字有特殊用途，定义变量名时不得使用关键字。

③ 语句中的日期型常量和字符型常量必须用单引号括起来。

④ 语句中的标点符号必须用英文标点，即半角符号。

⑤ 一条语句可以分行写，一行也可以写多条语句，语句末尾不写任何标点。

例5-1　计算两个变量的差，并输出结果。

SQL语句如下：

```
DECLARE @a SMALLINT,@b SMALLINT,@x SMALLINT
SET @a=100
SET @b=50
SET @x=@a-@b
PRINT @x
```

说明：PRINT的作用是将用户定义的信息返回到客户端，其语法格式如下：

```
PRINT 'ASCII文本字符串'|@局部变量名|字符串表达式|@@函数名
```

参数说明如下：

① @局部变量名：已定义的局部变量。

② 字符串表达式：返回字符串表达式，可以包括字符串的拼接（在T-SQL中使用“+”来连接两个字符串）。

③ @@函数名：返回字符串结果的函数。

5.1.4　流控制语句

高级语言都有各种流程控制语句，用以改变程序的执行流程。类似地，T-SQL也提供了一些流程控制语句，使得对数据库中数据的检索、更新、插入等操作更加方便和容易。流程控制语句一般分为三类：顺序语句、分支语句和循环语句。下面简单介绍BEGIN...END、IF...ELSE、WHILE语句及CASE表达式的语法和使用。

1. BEGIN...END 语句

多条T-SQL语句使用BEGIN...END组合起来形成一个语句块。

语法格式如下：

```
BEGIN
   SQL语句1
```

```
    SQL语句2
    …
END
```

位于BEGIN和END之间的各条语句既可以是单独的T-SQL语句，也可以是使用BEGIN和END定义的语句块，即BEGIN和END语句是可以嵌套的。

BEGIN…END语句块通常与流程控制语句IF…ELSE或WHILE一起使用。如果不使用BEGIN…END语句块，则只有IF、ELSE或WHILE这些关键字后面的第一条T-SQL语句属于这些语句的执行体。

2. IF…ELSE 语句

通过判定给定的条件来决定执行哪条语句或语句块。语法格式如下：

```
IF  条件表达式
    SQL语句1
[ELSE
    SQL语句2]
```

该语句计算条件表达式的值，如果为TRUE，则执行IF后面的语句块，否则执行ELSE后面的语句块。如果是单分支流程，可不含ELSE；如果条件表达式中包含SELECT语句，则必须用圆括号将SELECT语句括起来。IF…ELSE可嵌套。

例5-2　统计学号为S160101的学生的选课数目，如果不少于三门课就显示“你选了××门课。很好，你完成了本学期的选修任务！”否则显示“你选了××门课。选课太少，加油！”。（其中××表示选课数目）。

SQL语句如下：

```
DECLARE @cn SMALLINT, @text VARCHAR(100)
SET @cn=(SELECT count(Sno) FROM SC WHERE Sno='S160101')
IF @cn>=3
    SET @text='你选了'+CAST(@cn AS char(2))+ '门课。很好，你完成了任务！'
 /* CAST函数将@cn的值转换为长度为2的字符数据*/
ELSE
BEGIN
    SET @text='你选了'+CAST(@cn AS char(2))
    SET @text=@text+'门课。选课太少，加油！'
END
SELECT @text AS 选课提示
```

程序运行结果如图5-6所示。

	选课提示
1	你选了2 门课。选课太少，加油！

图 5-6　例 5-2 程序运行结果

3. WHILE 语句

实现一条SQL语句或SQL语句块的重复执行。语法格式如下：

```
WHILE  条件表达式
    SQL语句块1
[BREAK]
SQL语句块2
[CONTINUE]
```

该语句计算条件表达式的值，如果为TRUE，则执行WHILE后的语句块，BREAK为从本层WHILE

循环中退出。当存在多层循环嵌套时，使用BREAK语句只能退出其所在的内层循环，然后重新开始外层的循环。CONTINUE为结束本次循环，开始下一次循环的判断。

例 5-3　计算1+2+3+…+100的和，并输出结果。

SQL语句如下：

```
DECLARE @i int,@sum int
SET @i=1
SET @sum=0
WHILE @i<=100
BEGIN
    SET @sum=@sum+@i
    SET @i=@i+1
END
PRINT @sum
```

4. CASE 表达式

CASE语句是多分支的选择语句。该语句具有两种形式：

① 简单 CASE 函数形式：将某个表达式与一组简单表达式进行比较以确定结果。

② CASE 搜索函数形式：计算一组条件表达式以确定结果。

（1）简单CASE函数

语法格式如下：

```
CASE 输入表达式
WHEN 情况表达式 THEN 结果表达式
       ...
    [ELSE 结果表达式]
END
```

当输入表达式的值与某一个WHEN子句的情况表达式的值相等时，就返回该WHEN 子句中结果表达式的值；如果所有WHEN 子句中的情况表达式的值都没有与输入表达式的值相等，则返回 ELSE子句后的结果表达式的值；如果没有ELSE子句，则返回NULL值。

例 5-4　将学生表中男生的性别显示为M，女生的性别显示为F。

SQL语句如下：

```
SELECT Sname AS 姓名,
CASE Ssex
    WHEN'男'THEN'M'
    WHEN'女'THEN'F'
END AS 性别
FROM Student
```

程序运行结果如图5-7所示。

（2）CASE 搜索函数

语法格式如下：

```
CASE
    WHEN 布尔表达式1 THEN 结果表达式1
    WHEN 布尔表达式2 THEN 结果表达式2
```

```
        ...
    WHEN 布尔表达式n THEN 结果表达式n
    [ELSE结果表达式n+1]
END
```

按顺序计算WHEN子句的条件表达式，如果布尔表达式的值为TRUE，则返回THEN后面的结果表达式的值，然后跳出CASE语句。

例5-5　统计每个学生平均成绩并划分等级。

SQL语句如下：

```
SELECT Sno AS 学号, AVG(Grade) AS 平均成绩,
CASE
    WHEN AVG(Grade)>=90 THEN'A'
    WHEN AVG(Grade)>=80 THEN'B'
    WHEN AVG(Grade)>=70 THEN'C'
    WHEN AVG(Grade)>=60 THEN'D'
    ELSE'E'
END AS 等级
FROM SC GROUP BY Sno
```

程序运行结果如图5-8所示。

	姓名	性别
1	王东民	M
2	张小芬	F
3	高小夏	M
4	张山	F
5	徐青山	M
6	高天	M
7	胡汉民	M
8	王俊青	M
9	张丹宁	F
10	李鹏飞	M

图5-7　例5-4程序运行结果

	学号	平均成绩	等级
1	S160101	78	C
2	S160102	82	B
3	S160201	78	C
4	S160202	69	D
5	S160301	58	E
6	S160302	68	D
7	S160401	90	A
8	S160402	88	B
9	S160501	80	B

图5-8　例5-5程序运行结果

5.2　存储过程

视频

存储过程1

存储过程是T-SQL语句的集合，它作为数据库对象之一被存储在数据库中。存储过程的作用和使用方式类似于一些编程语言中的过程，可由应用程序通过调用执行。它在被调用时可以接收输入参数，并以输出参数的形式将多个值返回给调用它的过程或批处理。

使用存储过程有以下优点：

① 可以在一个存储过程中执行多条SQL语句。

② 可以通过输入参数的变化调用存储过程并动态执行。

③ 存储过程在创建时就在服务器端进行了编译，节省SQL语句的运行时间。

④ 提供了安全机制，它限制了用户访问SQL语句的权利，只为特定用户开放存储过程。

SQL Server已经预定义了一些系统存储过程，如存储在master数据库中的系统存储过程和扩展存储过程等，主要完成与系统有关的管理任务，用户可以调用。在用户数据库中可以根据需要创建存储过程。

5.2.1　创建及执行存储过程

用户通常创建存储过程，以实现某一特定的功能，然后可在程序中调用该存储过程。

创建存储过程的语法格式如下：

```
CREATE PROC[DURE] 存储过程名 {@形式参数 数据类型}[=默认值][OUTPUT][,…n]
AS
SQL语句1
…
SQL语句n
```

其中：

① 形式参数：名称必须符合标识符规则。

② 默认值：表示存储过程输入参数的默认值，必须是常量或NULL。如果定义了默认值，不必提供实参存储过程就可以执行。

③ OUTPUT：表示该参数是可以返回的，可将信息返回调用者。

如果有多个参数，可以依次按以上参数定义规则列出，用逗号“,”隔开。

存储过程定义后，可以通过EXECTE语句来执行该存储过程。语法格式如下：

```
EXEC[UTE] <存储过程名>
[[@形参=]实参值|@变量[OUTPUT]|[DEFAULT][,…n]]
```

其中：

① @形参：创建存储过程时定义的形参名。

② 实参值：输入参数的值。

③ @变量：表示用来保存参数或者返回参数的变量。

④ OUTPUT：表示指定参数为返回参数。

⑤ DEFAULT：表示使用该参数的默认值作为实参。如果有多个参数，可以依次按以上参数定义规则列出，用逗号“,”隔开。

例 5-6　在TeachingDB数据库中，创建存储过程proc_Course，查询所有课程信息。

SQL语句如下：

```
CREATE PROC proc_Course
AS
SELECT * FROM Course
```

该存储过程调用的语句为：

```
EXEC proc_Course
```

程序运行结果如图5-9所示。

	cno	cname	credit	precno	semester
1	C00003	高等数学	4	NULL	NULL
2	C00004	计算机应用基础	2	NULL	NULL
3	C00005	大学英语	4	NULL	NULL
4	C01001	C程序设计	4	C00004	NULL
5	C01002	数据结构	4	C01001	NULL
6	C01003	数据库原理	3	C01002	NULL
7	C02001	信息管理系统	3	C01001	NULL

图 5-9　例 5-6 程序运行结果

例5-7　在TeachingDB数据库中，创建存储过程proc_SGrade，查询男生的考试情况，列出学生的姓名、课程名和考试成绩。

SQL语句如下：

```
CREATE PROC proc_SGrade
AS
SELECT Sname,Cname,Grade
FROM Student JOIN SC ON Student.Sno=SC.SnoJOIN Course
ON SC.Cno=COURSE.Cno
WHERE Ssex='男'
```

该存储过程调用的语句如下：

```
EXEC proc_SGrade
```

程序运行结果如图5-10所示。

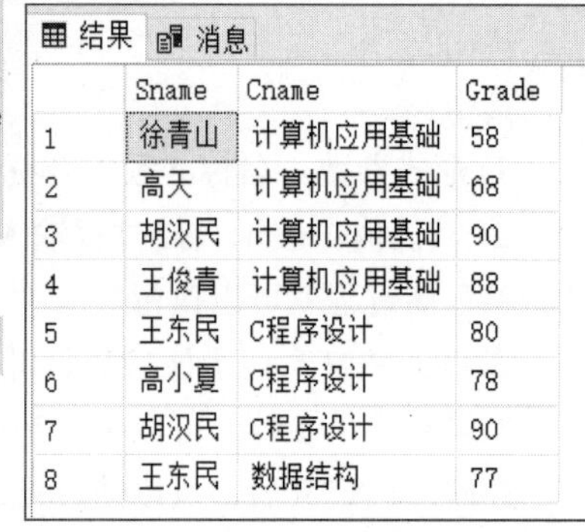

	Sname	Cname	Grade
1	徐青山	计算机应用基础	58
2	高天	计算机应用基础	68
3	胡汉民	计算机应用基础	90
4	王俊青	计算机应用基础	88
5	王东民	C程序设计	80
6	高小夏	C程序设计	78
7	胡汉民	C程序设计	90
8	王东民	数据结构	77

图 5-10　例 5-7 程序运行结果

例5-8　在TeachingDB中创建一个存储过程proc_SearchStudent，查询指定学生（根据学号），指定课程（根据课程名）的选课情况，列出该生的学号、课程名及成绩。

视频

存储过程2

SQL语句如下：

```
CREATE PROC proc_SearchStudent @stno CHAR(7),@csname VARCHAR(30)
AS
SELECT Sno,Cname,Grade
FROM SC JOIN  Course ON SC.Cno=Course.Cno
WHERE Sno=@stno AND Cname=@csname
```

proc_SearchStudent是带输入参数的存储过程，在调用存储过程时，有两种数据传递的方法：

① 在传递参数时，使实参的顺序和定义时的参数顺序一致。如果实参使用默认值，则用DEFAULT代替。

② 可以采用“参数=值”的形式，这样，各个参数的顺序可以任意排列。

该存储过程调用的语句如下：

```
EXEC proc_SearchStudent'S160101','C程序设计'
```

或者

```
EXEC proc_SearchStudent  @stno='S160101',@csname='C程序设计'
```

或者

```
EXEC proc_SearchStudent  @csname='C程序设计',@stno='S160101'
```

程序运行结果如图5-11所示。

	Sno	Cname	Grade
1	S160101	C程序设计	80

图 5-11　例 5-8 程序运行结果

例 5-9　在TeachingDB中创建一个存储过程proc_CAvg，查询指定课程的平均分，显示课程名，平均分，课程名的默认值为“计算机应用基础”。

SQL语句如下：

```
CREATE PROC proc_CAvg @csname VARCHAR(30)='计算机应用基础'
AS
SELECT Cname 课程名,AVG(Grade) 平均分
FROM Course JOIN SC ON SC.Cno=Course.Cno
GROUP BY Cname HAVING Cname=@csname
```

该存储过程调用的语句如下：

```
EXEC proc_CAvg @csname='C程序设计'
```

程序运行结果如图5-12所示。

若课程名取默认值“计算机应用基础”，该存储过程调用的语句如下：

```
EXEC proc_CAvg
```

程序运行结果如图5-13所示。

	课程名	平均分
1	C程序设计	78

图 5-12　例 5-9 程序运行结果（一）

	课程名	平均分
1	计算机应用基础	77

图 5-13　例 5-9 程序运行结果（二）

例 5-10　在TeachingDB中创建存储过程proc_SearchStuAvgGrade，查询指定学生（根据学号）的选课门数和平均分。

本例是带一个输入参数和两个输出参数的存储过程，在定义输出参数时要使用OUTPUT关键字说明。SQL语句如下：

```
CREATE PROC proc_SearchStuAvgGrade
@stno CHAR(7), @scount INT OUTPUT, @savg INT OUTPUT
AS
SELECT @scount=COUNT(*), @savg=AVG(Grade)
FROM SC
GROUP BY Sno HAVING Sno=@stno
```

调用该存储过程，查询学号为'S160201'的学生的选课数目和平均成绩：

```
DECLARE @stcount INT, @stavg INT
EXEC proc_SearchStuAvgGrade'S160201',@stcount OUTPUT, @stavg OUTPUT
PRINT'学生'+'S160201'+'的选课数目为'+CAST(@stcount AS CHAR(2))+'门'
PRINT'学生'+'S160201'+'的平均成绩为'+STR(@stavg,5,2)+'分'
```

程序运行结果如图5-14所示。

```
消息
学生S160201的选课数目为1 门
学生S160201的平均成绩为78.00分
```

图 5-14　例 5-10 程序运行结果

例 5-11　在TeachingDB中创建一个存储过程proc_InsertDepartment，其各列数据均通过输入参数获得。

SQL语句如下：

```
CREATE PROC proc_InsertDepartment
@num CHAR(7) ,@name CHAR(20),@build CHAR(20),@dt CHAR(8)
AS
INSERT INTO Department VALUES(@num,@name,@build,@dt)
```

该存储过程调用的语句如下：

```
EXEC proc_InsertDepartment'D06','日语系','学院楼3','58137×××'
```

通过SQL语句查看表Department可以看到“日语系”相关信息已被添加，结果如图5-15所示。

结果 | 消息

	dno	dname	building	telephone
1	D01	计算机系	学院楼1	58132×××
2	D02	软件工程系	学院楼1	58131×××
3	D03	信息管理系	学院楼2	58132×××
4	D04	网络工程系	学院楼2	58131×××
5	D05	新闻系	学院楼3	58132×××
6	D06	日语系	学院楼3	58137×××

图 5-15　例 5-11 程序运行结果

例 5-12　在TeachingDB中创建存储过程proc_UpdateGrade，修改指定学生（根据学号、课程号）的成绩。

SQL语句如下：

```
CREATE PROC proc_UpdateGrade
@stno CHAR(7), @csno CHAR(6), @scgrade INT
AS
UPDATE SC SET Grade=@scgrade
WHERE Sno=@stno AND Cno=@csno
```

执行该存储过程，将'S160202'的'C01001'课程成绩改为78分。

```
EXEC proc_UpdateGrade'S160202','C01001',78
```

通过SQL语句查看表SC，可以看到该学生的成绩已修改，结果如图5-16所示。

	cno	sno	studytime	grade
1	C01001	S160202	2016-2017(1)	78

图 5-16　例 5-12 程序运行结果

例 5-13　在TeachingDB中创建存储过程proc_DeleDepartment，删除指定系。

SQL语句如下：

```
CREATE PROC proc_DeleDepartment
@name CHAR(20)
AS
DELETE FROM Department WHERE Dname=@name
```

该存储过程调用的语句如下：

```
EXEC proc_DeleDepartment'日语系'
```

使用SQL语句查看数据表，发现“日语系”相关信息已被删除。

5.2.2　修改存储过程

用户可以对已经定义好的存储过程进行修改，修改存储过程的SQL语句如下：

```
ALTER PROC[DURE] 存储过程名
{@形式参数 数据类型}[=默认值][OUTPUT][,…n]
AS
SQL语句1
…
SQL语句n
```

可以看出，修改存储过程的语句和定义存储过程的语句基本上是一样的，只是将CREATE PROC[DURE]语句改成了ALTER PROC[DURE]语句。

例 5-14　修改例5-6定义的存储过程，查询学分大于3的课程信息。

SQP语句如下：

```
ALTER PROC proc_Course
AS
SELECT * FROM Course
WHERE Credit>3
```

5.2.3　删除存储过程

当用户不再需要某个存储过程时，可以将其删除。

删除存储过程的SQL语句格式如下：

```
DROP PROC[DURE] 存储过程名 [,…n]
```

例 5-15　删除存储过程proc_Course。

SQL语句如下：

```
DROP PROC proc_Course
```

5.3 触 发 器

视频
触发器

触发器是一种特殊的存储过程。触发器的创建主要用来维护数据表中的数据一致性，当对数据表进行插入、删除、更新等操作时，触发器可自动执行。所以，可以将触发器看作是当数据表的内容被更改时自动执行的存储过程，但它不能被直接调用，也不能传递参数。通过触发器可以设置比用CHECK 约束定义的约束更加复杂的约束，可以实现多个数据表间数据的一致性，从而维护数据库中数据的完整性。

5.3.1 创建触发器

创建触发器的基本语法格式如下：

```
CREATE TRIGGER 触发器名
ON 表名
{FOR|AFTER|INSTEAD OF}{[INSERT][,UPDATE][,DELETE]}
AS
SQL语句段
```

其中：

① 触发器名：在数据库中必须是唯一的。

② ON子句：指定用于触发器的基本表。

③ FOR|AFTER：指定触发器只有在引发触发器的SQL语句执行完成，并且所有的约束检查完成后，才执行此触发器。

④ INSTEAD OF：执行该触发器而不是执行引发触发器执行的SQL语句，替代了引发触发器的操作。

⑤ INSERT|UPDATE|DELETE：引发触发器的操作，若同时指定多个操作，则各操作之间用逗号分隔。

SQL Server提供了两种类型的触发器：

① AFTER触发器：该触发器是在表中数据被修改之后才被触发。触发器对变动的数据进行检查，如果发现错误，将拒绝或回滚变动的数据。如果不指明，则AFTER是默认类型。AFTER触发器的执行过程如图5-17所示。

② INSTEAD OF触发器：该触发器是在数据修改以前被触发，并取代修改数据的操作，转去执行触发器定义的操作。INSTEAD OF触发器执行过程如图5-18所示。

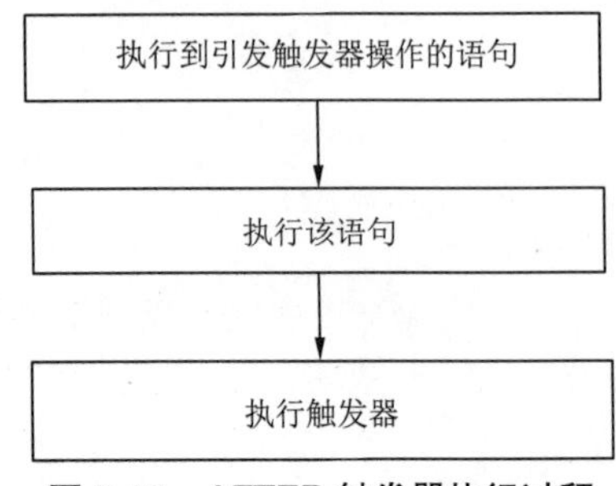

图 5-17　AFTER 触发器执行过程

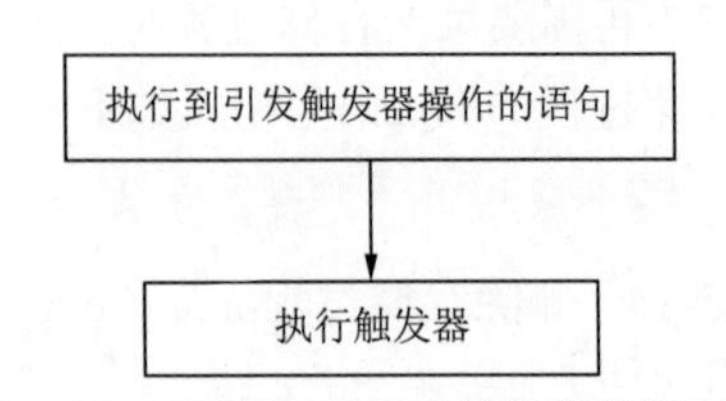

图 5-18　INSTEAD OF 触发器执行过程

在创建触发器时，需要注意：

① 在一个表上可以建立多个名称不同、类型各异的触发器，每个触发器可由一个或多个数据更改语句引发。

② 对于AFTER型的触发器，可以在同一种操作上建立多个触发器。

③ 对于INSTEAD OF型的触发器，在同一种操作上只能建立一个触发器。

创建和更改数据库以及数据库对象的语句、所有的DROP语句都不允许在触发器中使用。

在触发器运行时，系统会自动生成两张临时工作表：inserted表和deleted表。这两张表的结构同建立触发器的表的结构相同，而且只能用在触发器代码中。inserted表中保存了INSERT操作中新插入的数据和UPDATE操作中更新后的数据；deleted表中保存了DELETE操作中删除的数据和UPDATE操作中更新前的数据。当触发器执行结束后，deleted 表和 inserted 表会自动消失。

也就是说，通常在插入数据时，可以从inserted表中读取新插入的值，此时deleted表不会发生变化；在删除数据时，可以从deleted表中读取已经删除或修改前的值，而inserted表不会发生变化；在更新数据时，inserted表和deleted表都发生变化。可以从deleted表中读取原有的值，从inserted表中读取修改后的值，具体可参照表5-1。

表 5-1 inserted 表和 deleted 表

SQL 语句	inserted 表	deleted 表
UPDATE	修改后的新值	修改前的旧值
INSERT	添加的新值	（没有数据）
DELETE	（没有数据）	删除的旧值

如果在某个表上既定义了完整性约束，又定义了触发器，则先执行完整性约束检查，符合约束后才执行数据操作语句，然后才能引发触发器执行。因此，完整性约束的检查总是先于触发器的执行。

5.3.2 后触发型触发器

使用FOR或AFTER参数定义的触发器称为后触发型触发器，即只有在引发触发器执行的语句中指定的操作都已经执行，并且所有的约束检查也成功之后，才能执行该触发器。

例 5-16 在TeachingDB数据库中创建一个触发器tri_ DepartmentInsDel，当用户插入或删除Department表中院系记录时，能自动显示表中的内容。

SQL语句如下：

```
CREATE TRIGGER tri_DepartmentInsDel ON Department
FOR INSERT, DELETE
AS
SELECT * FROM Department
SELECT * FROM inserted
```

当对Department表添加或删除记录时，系统会自动显示Department表中的所有数据。图5-19所示为执行一条添加记录操作时，系统显示的Department表的所有信息。

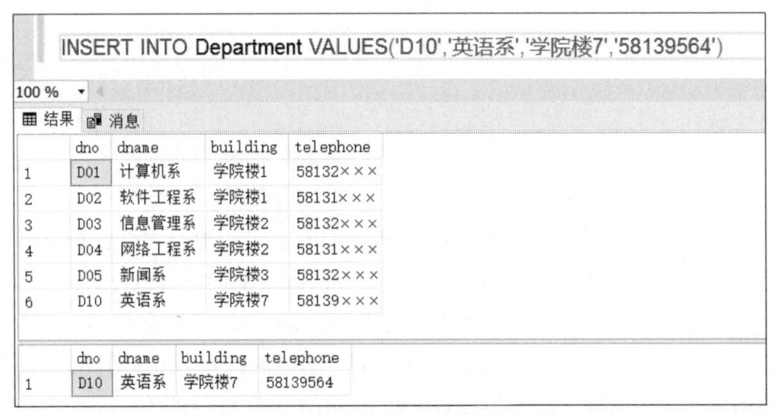
INSERT INTO Department VALUES('D10','英语系','学院楼7','58139564')

100 %

结果 消息

	dno	dname	building	telephone
1	D01	计算机系	学院楼1	58132×××
2	D02	软件工程系	学院楼1	58131×××
3	D03	信息管理系	学院楼2	58132×××
4	D04	网络工程系	学院楼2	58131×××
5	D05	新闻系	学院楼3	58132×××
6	D10	英语系	学院楼7	58139×××

	dno	dname	building	telephone
1	D10	英语系	学院楼7	58139564

图 5-19　例 5-16 程序运行结果

该触发器运行结果为，当向Department表中插入记录时，系统分别显示了Department表中所有的记录，同时也显示了保存在inserted表中新插入的记录。该触发器运行的顺序如图5-20所示。

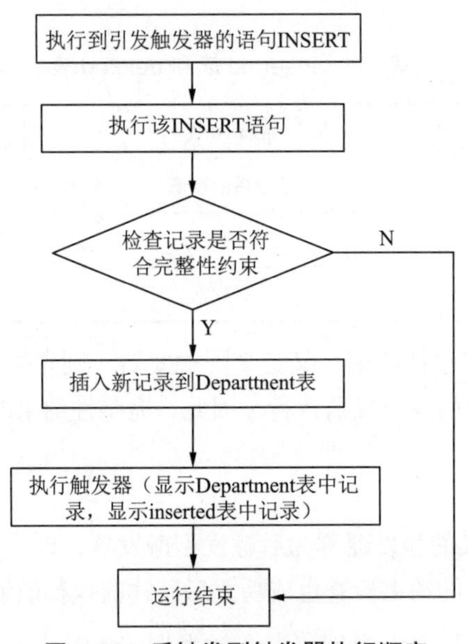

图 5-20　后触发型触发器执行顺序

例 5-17　限制Course表中学分Credit的取值范围为1 ~ 16。

SQL语句如下：

```
CREATE TRIGGER tri_Credit
ON Course AFTER INSERT,UPDATE
AS
IF EXISTS(SELECT * FROM inserted                --判断是否违反约束的完整性规则
WHERE Credit NOT BETWEEN 1 AND 16)
ROLLBACK
```

触发器与引发触发器的执行语句共同构成一个事务，这个事务是系统隐含建立的。事务的开始是引发触发器执行的操作，事务的结束是触发器的结束。由于AFTER型触发器在执行时，引发触发器的操作已经执行完成，因此，在触发器中，使用ROLLBACK语句撤销不正确的操作。此处的ROLLBACK操作是回滚到触发器执行之前数据库的状态，也就是撤销了违反数据库完整性规则的语句。

例 5-18 在TeachingDB数据库的SC表中创建一个触发器tri_SCGradeUpdate，当对成绩列Grade进行修改时，给出提示信息并取消修改操作。

SQL语句如下：

```
CREATE TRIGGER tri_SCGradeUpdate
ON SC
FOR UPDATE
AS
IF UPDATE(Grade)
    BEGIN
        PRINT'学生成绩数据被修改!!!'
        ROLLBACK
END
```

当对SC表中成绩数据进行修改时，系统会提示相关信息，并禁止用户修改Grade值，如图5-21所示。用户可以通过SELECT语句查看SC表中的数据值并没有发生变化。

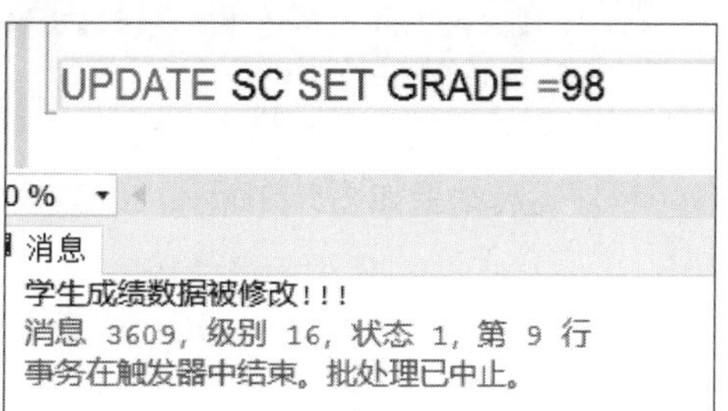

图 5-21 例 5-18 验证结果

例 5-19 在TeachingDB数据库的SC表中创建一个触发器tri_Grade，当向SC表中插入一条记录时，检查该记录的学号是否在Student表中，如果不存在则取消插入操作，否则显示“插入操作成功完成”。

SQL语句如下：

```
CREATE TRIGGER tri_Grade
ON SC
FOR INSERT
AS
DECLARE @text varchar(50)
IF EXISTS(SELECT * FROM inserted WHERE inserted.Sno NOT IN (SELECT Sno FROM Student))
    BEGIN
        SET @text='学生的学号不存在，将取消该插入操作 '
        PRINT @text
        ROLLBACK
    END
Else
    BEGIN
        SET @text='插入操作成功完成'
        PRINT @text
    END
```

程序运行结果如图5-22所示。

INSERT INTO SC VALUES('C00004','S160502','2016-2017-1',90)

100 %

消息

插入操作成功完成

(1 行受影响)

图 5-22　例 5-19 验证结果

例 5-20　在TeachingDB数据库的SC表中上创建一个触发器tri_DelGrade，不能删除考试成绩不及格（Grade小于60分）的学生的成绩记录。

SQL语句如下：

```
CREATE TRIGGER tri_DelGrade
ON SC AFTER  DELETE
AS
IF EXISTS(SELECT * FROM deleted WHERE Grade<60)
    BEGIN
        PRINT '不能删除成绩不及格的学生信息'
        ROLLBACK
    END
```

程序运行结果如图5-23所示。

图 5-23　例 5-20 验证结果

例 5-21　在TeachingDB数据库的SC表中创建一个触发器tri_UGrade，不能将考试成绩不及格的成绩信息改成及格。

SQL语句如下：

```
CREATE TRIGGER tri_UGrade
ON SC AFTER  UPDATE
AS
IF EXISTS(SELECT * FROM INSERTED JOIN DELETED ON inserted.Sno=deleted.Sno AND
inserted.Cno=deleted.Cno
        WHERE deleted.Grade<60 and inserted.Grade>60)
    BEGIN
        PRINT'不能将不及格的学生信息改成及格'
        ROLLBACK
    END
```

通过执行一条更新语句，该触发器的执行结果如图5-24所示。

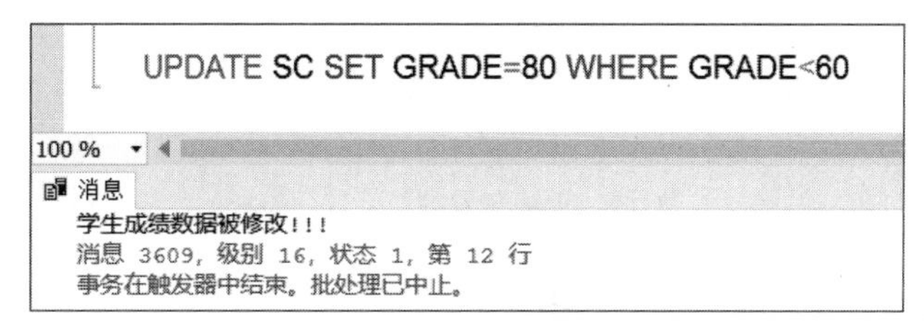

图 5-24　例 5-21 验证结果

5.3.3　前触发型触发器

使用INSTEAD OF选项定义的触发器为前触发型触发器。在这种类型的触发器中，指定执行触发器而不是执行引发触发器执行的SQL语句，从而替代了引发语句的操作。

在一张表中，每个INSERT、UPDATE或者DELETE最多只能定义一个INSTEAD OF触发器。当前触发型触发器执行时，引发触发器执行的数据操作语句并没有被执行，因此，在编写前触发型触发器时，需要在触发器中判断未实现的操作是否符合数据完整性约束。如果符合，则执行该数据操作语句。

例 5-22　在TeachingDB数据库中创建一个前触发型触发器tir_instead，当用户向Department表中插入记录时，能自动显示表中的内容。

SQL语句如下：

```
CREATE TRIGGER tir_instead
ON Department
INSTEAD OF INSERT
AS
SELECT * FROM Department
SELECT * FROM inserted
```

当向Department表中插入一条记录时，系统返回的结果如图5-25所示。

```
INSERT INTO Department VALUES('D10','英语系','学院楼7','58139564')
```

100 %

结果　消息

	dno	dname	building	telephone
1	D01	计算机系	学院楼1	58132×××
2	D02	软件工程系	学院楼1	58131×××
3	D03	信息管理系	学院楼2	58132×××
4	D04	网络工程系	学院楼2	58131×××
5	D05	新闻系	学院楼3	58132×××

	dno	dname	building	telephone
1	D10	英语系	学院楼7	58139×××

图 5-25　例 5-22 验证结果

该触发器运行结果为，当向Department表中插入记录时，系统分别显示了Department表中所有的记录，同时也显示了保存在inserted表中新插入的记录。但在Department表中，数据并没有变化，表明新记录并没有实际插入到Department表中。也就是说，在触发器执行时，引发触发器执行的语句并没有实际执行。前触发型触发器执行过程如图5-26所示。

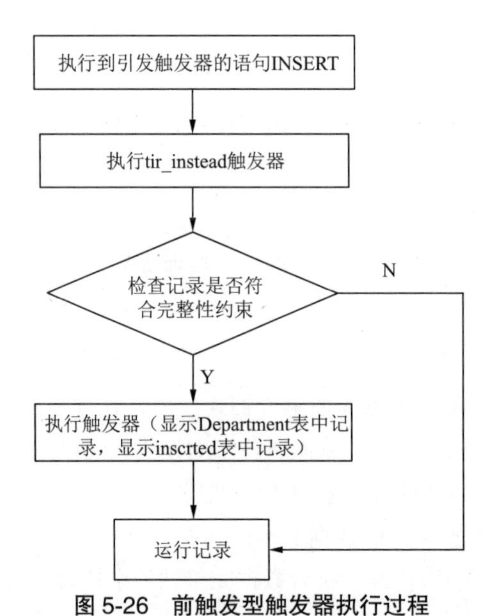

图 5-26　前触发型触发器执行过程

例 5-23　用前触发型触发器实现：限制Course表中学分Credit的取值范围为1 ~ 16。

SQL语句如下：

```
CREATE TRIGGER tri_Credit1
ON Course INSTEAD OF INSERT,UPDATE
AS
IF NOT EXISTS(SELECT * FROM inserted          --判断是否违反约束的完整性规则
WHERE Credit NOT BETWEEN 1 AND 16)
INSERT INTO Course SELECT * FROM inserted     --重做SQL语句
```

例 5-24　用前触发型触发器实现：不能删除考试成绩不及格（Grade小于60分）的学生的成绩记录。

SQL语句如下：

```
CREATE TRIGGER tri_DelGrade1
ON SC INSTEAD OF  DELETE
AS
IF NOT EXISTS(SELECT * FROM deleted WHERE Grade<60)
    DELETE FROM SC
    WHERE Sno IN (SELECT Sno FROM deleted)
      AND Cno IN (SELECT Cno FROM deleted)
```

例 5-25　用前触发型触发器实现：不能将考试成绩不及格的成绩信息改成及格。

SQL语句如下：

```
CREATE TRIGGER tri_UGrade1
ON SC INSTEAD OF  UPDATE
AS
IF NOT EXISTS(SELECT * FROM inserted JOIN deleted ON inserted.Sno=deleted.Sno
and inserted.Cno=deleted.CnoWHERE deleted.Grade<60 and inserted.Grade>60)
UPDATE SC SET GRADE=(SELECT Grade FROM inserted)
WHERE SNO IN (SELECT Grade FROM deleted)AND CNO IN (SELECT Grade FROM deleted)
```

5.3.4 查看及维护触发器

1. 查看已定义的触发器

可以在SSMS工具的“对象资源管理器”中查看已经定义完成的触发器。具体方法是：在“对象资源管理器”中，展开要查看触发器的数据库（此处展开的是TeachingDB），然后展开数据库下的“表”结点，展开某个定义触发器的表（此处展开dbo.course表），然后再展开“触发器”结点，即可看到定义在该表上的所有触发器，如图5-27所示。

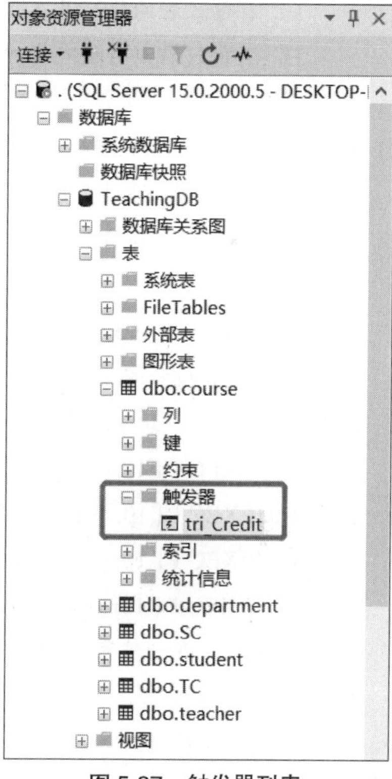

图 5-27　触发器列表

如果要查看已定义的触发器的代码，可以右击该触发器，在弹出的快捷菜单中选择“修改”命令，即可弹出该触发器的代码。

2. 修改触发器

用户可以对已经定义好的触发器进行修改，修改触发器的SQL语句如下：

```
ALTER TRIGGER 触发器名
ON 表名
{FOR|AFTER|INSTEAD OF}{[INSERT][,UPDATE][,DELETE]}
AS
SQL语句段
```

可以看出，修改触发器的语句和定义触发器的语句基本上是一样的，只是将CREATE TRIGGER的语句改成了ALTER TRIGGER。

5.3.5 删除触发器

当某个触发器不再需要时，可以将其删除，删除触发器的SQL语句如下：

```
DROP TRIGGER 触发器名 [,…n]
```

例 5-26　删除触发器tri_Credit。

SQL语句如下：

```
DROP TRIGGER tri_Credit
```

用户也可以通过SSMS的“对象资源管理器”删除触发器。右击要删除的触发器，选择“删除”命令即可。

课后练习

1. 创建存储过程的用处主要是（　　）。

　A. 提高数据操作效率　　　　B. 维护数据的一致性

　C. 实现复杂的业务规则　　　D. 增强引用完整性

2. 下列关于存储过程的说法，正确的是（　　）。

　A. 在定义存储过程的代码中可以包含数据的增、删、改、查语句

B. 用户可以向存储过程传递参数，但不能输出存储过程产生的结果

C. 存储过程的执行是在客户端完成的

D. 存储过程是存储在客户端的可执行代码段

3. 设要定义一个包含 2 个输入参数和 2 个输出参数的存储过程，各参数均为整型。下列定义该存储过程的语句，正确的是（　　）。

A. CREATE PROC P1 @x1, @x2 int, @x3 , @x4 int output

B. CREATE PROC P1 @x1 int, @x2 int,@x2, @x4 int output

C. CREATE PROC P1 @x1 int, @x2 int,@x3 int, @x4 int output

D. CREATE PROC P1 @x1 int, @x2 int,@x3 int output, @x4 int output t

4. 设有存储过程定义语句：CREATE PROC P1 @x int, @y int output, @z int output。下列调用该存储过程的语句中，正确的是（　　）。

A. EXEC P1 10, @a int output, @b int output

B. EXEC P1 10, @a int, @b int output

C. EXEC P1 10, @a output, @b output

D. EXEC P1 10, @a, @b output

5. 下列修改存储过程 P1 的语句，正确的语句是（　　）。

A. ALTER P1　　B. ALTER PROC P1

C. MODIFY P1　　D. MODIFY PROC P1

6. 下列删除存储过程 P1 的语句，正确的语句是（　　）。

A. DELETE P1　　B. DELETE PROC P1

C. DROP P1　　D. DROP PROC P1

7. 定义触发器的主要作用是（　　）。

A. 提高数据的查询效率　　B. 增强数据的安全性

C. 加强数据的保密性　　D. 实现复杂的约束

8. 现有学生表和修课表，其结构为：

学生表（学号，姓名，入学日期，毕业日期）

修课表（学号，课程号，考试日期，成绩）

现要求修课表中的考试日期必须在学生表中相应学生的入学日期和毕业日期之间。下列实现方法中，正确的是（　　）。

A. 在修课表的考试日期列上定义一个 CHECK 约束

B. 在修课表上建立一个插入和更新操作的触发器

C. 在学生表上建立一个插入和更新操作的触发器

D. 在修课表的考试日期列上定义一个外码引用约束

9. 设有教师表(教师号,教师名,职称,基本工资),其中基本工资的取值范围与教师职称有关,例如,教授的基本工资是 6 000~10 000 元，副教授的基本工资是 4 000~8 000 元。下列实现该约束的方法中，

可行的是（　　）。

A. 可通过在教师表上定义插入和修改操作的触发器实现

B. 可通过在基本工资列上定义一个 CHECK 约束实现

C. A 和 B 都可以

D. A 和 B 都不可以

10. 设在 SC(Sno,Cno,Grade) 表上定义了触发器：

CREATE TRIGGER tri1 ON SC INSTEAD OF INSERT …

当执行语句 INSERT INTO SC VALUES('s001','c01',90) 时，会引发该触发器执行。下列关于触发器执行时表中数据的说法，正确的是（　　）。

A. SC 表和 INERTED 表中均包含新插入的数据

B. SC 表和 INERTED 表中均不包含新插入的数据

C. SC 表中包含新插入的数据，INERTED 表中不包含新插入的数据

D. SC 表中不包含新插入的数据，INERTED 表中包含新插入的数据

11. 设在 SC(Sno,Cno,Grade) 表上定义了触发器：

```
CREATE TRIGGER tri1 ON SC AFTER INSERT …
```

当执行语句 INSERT INTO SC VALUES('s001','c01',90) 时，会引发该触发器执行。下列关于触发器执行时表中数据的说法，正确的是（　　）。

A. SC 表和 INERTED 表中均包含新插入的数据

B. SC 表和 INERTED 表中均不包含新插入的数据

C. SC 表中包含新插入的数据，INERTED 表中不包含新插入的数据

D. SC 表中不包含新插入的数据，INERTED 表中包含新插入的数据

12. 当执行由 UPDATE 语句引发触发器时，下列关于该触发器临时工作表的说法，正确的是(　　)。

A. 系统会自动产生 UPDATED 表来存放更改前的数据

B. 系统会自动产生 UPDATED 表来存放更改后的数据

C. 系统会自动产生 INSERTED 表和 DELETED 表，用 INSERTED 表存放更改后的数据，用 DELETED 表存放更改前的数据

D. 系统会自动产生 INSERTED 表和 DELETED 表，用 INSERTED 表存放更改前的数据，用 DELETED 表存放更改后的数据

13. 创建满足下述要求的存储过程，并查看存储过程的执行结果。（上机练习）

（1）查询每个学生的修课总学分，要求列出学生学号及总学分。

（2）查询学生的学号、姓名、修课的课程号、课程名、课程学分，将学生所在系作为输入参数，默认值为“计算机系”。执行此存储过程，查看执行结果。

（3）查询指定系的男生人数，其中系为输入参数，人数为输出参数。

（4）删除指定学生的修课记录，其中学号为输入参数。

（5）修改指定课程的开课学期。输入参数为：课程号和修改后的开课学期。

14. 创建满足下述要求的触发器（前触发器、后触发器均可），并验证触发器执行情况。（上机练习）

（1）限制学生的性别为“男”或“女”。

（2）限制教师的职称为{教授，副教授，讲师，助教}

（3）限制每个学期开设的课程总学分在20～30范围内。

（4）限制每个学生每学期选课门数不能超过6门（设只针对插入操作）。

小　　结

本章系统地介绍了SQL Server中的存储过程和触发器的概念和应用。存储过程是不同T-SQL语句的集合，并对该集合进行命名并存储为一个独立单元执行的过程。存储过程允许声明参数、变量，能提供较好的性能、安全性、准确性，并能减少网络堵塞，提高系统效率。

触发器是由T-SQL语句集组成的为响应某些动作而激活的语句块，触发器创建成功后并不能直接执行，它是在响应INSERT、UPDATE和DELETE语句时自动激活。触发器可以用来加强业务规则和数据完整性，实现复杂数据完整性约束。

习　　题

1. 在TeachingDB数据库中，创建一存储过程deptmale，查询指定系的男生人数，其中系为输入参数，人数为输出参数。

2. 在TeachingDB数据库中，创建一insert触发器，当在student表中插入一条新记录时，则撤销该插入操作，并返回“人数已满，不能再添加”信息。

第6章 关系规范化理论

数据库设计是数据库应用领域中主要研究的问题。要实现好的数据库设计，必须要进行关系模式的规范化，得到性能良好的关系模式。规范化理论可用来改良关系模式，通过模式分解的方法消除模式中不良的数据依赖，解决数据冗余问题和操作异常问题，从而得到好的数据库设计。

学习目标

在关系数据库系统中，如何构造一个合适的数据模式，从而使得数据库的存储和操作更加高效合理，是数据库设计中重要的问题，关系规范化理论就是数据库设计的理论基础和有力工具。本章主要介绍关系规范化理论的主要内容和要求，包括函数依赖、范式定理、规范化设计方法等相关内容。通过本章的学习，需要实现以下目标：

◎了解数据冗余和操作异常产生的根源。

◎理解函数依赖、范式的概念。

◎正确理解关系模式规范化的基本思想。

◎掌握关系模式规范化的方法。

6.1 关系规范化理论概述

关系数据库的规范化理论最早是由关系数据库的创始人E.F.Codd提出，后经许多专家学者深入研究，形成了一整套有关关系数据库设计的理论。

视频

规范化概述

设计一个合适的关系数据库系统的关键是关系数据库模式的设计，即一个关系数据库模式应该包括几个关系模式，而每一个关系模式又应该包括哪些属性，如何将这些相互关联的关系模式组建一个适合的关系模型，这些工作决定了整个系统运行的效率。要实现好的数据库模式的设计，需要研究数据库的规范化理论。

关系数据库的规范化理论探讨模式中各属性之间的依赖关系及其对关系模式的影响，以及达到良好关系模式的方法，主要包括三方面的内容：函数依赖、范式和模式设计。其中，关系数据库设计理论的核心是模式中的函数依赖，衡量的标准是关系规范化的程度，规范化的方法是进行关系模式分解。

若一个关系模式设计不当，就会出现数据冗余和不一致问题，易于出现操作异常，即插入异常、更新异常、删除异常，下面通过具体的例子进行说明。

例6.1 设有一个关系模式student(sno, sname, ssex, sdept, smaster, cno, grade)，各属性按顺序分

别对应为学号、姓名、性别、系别、系主任、课程编号、成绩，设一个系只有一个系主任。该关系模式部分数据如表6-1所示。

表 6-1 student 模式的部分数据

sno	sname	ssex	sdept	smaster	cno	grade
S160101	王东民	男	计算机系	徐大勤	C01001	80
S160101	王东民	男	计算机系	徐大勤	C01002	90
S160102	张小芬	女	计算机系	徐大勤	C01001	83
S160102	张小芬	女	计算机系	徐大勤	C01002	81
S160201	高小夏	男	软件工程系	陈明收	C01001	78
S160202	张山	女	软件工程系	陈明收	C00004	78
S160202	张山	女	软件工程系	陈明收	C01001	60
S160301	徐青山	男	信息管理系	王林阳	C00004	58
S160401	胡汉民	男	网络工程系	张凯莉	C00004	90
S160401	胡汉民	男	网络工程系	张凯莉	C01001	90

观察表6-1中的数据，可以看出该表存在以下问题。

1. 数据冗余

数据冗余是指相同数据在数据库中多次重复出现。在这个关系中，学生系别sdept与系主任smaster的信息有冗余，一个系有多少名学生，其系主任信息就会重复多少次。此外，学生基本信息（包括学号sno、姓名sname、性别ssex、系别sdept、系主任smaster）也有重复，一名学生进行了多少次选课，其基本信息就重复多少次。数据冗余不但急剧增加数据库的数据量，耗费大量的存储空间和运行时间，而且容易造成数据的不一致或其他异常问题，增加数据查询和统计的复杂度。

2. 更新异常

对于数据冗余多的数据库，当执行数据修改操作时，容易导致部分信息被修改而其他同样属性的信息未被修改的问题，从而造成数据库数据不一致，影响数据的完整性。例如，一名学生进行了10次选课，在该表中就会存在10个元组（年级越高选修的课程越多，元组也就越多）。若学生半途转系，除了要更改这10个元组的系别，还需要更改10个系主任的信息。只要有任何一个数据未同步更改，就会造成数据不唯一，产生不一致现象。

3. 插入异常

插入异常是指插入的数据由于不能满足某个数据完整性要求而不能正常地被插入到数据库中。例如，一个尚未进行选课的新生，虽然已知其学号、姓名、性别、系别、系主任这些基本信息，但由于从未选课，课程号cno（主键属性）为空，不能被录入到数据库中。

4. 删除异常

删除异常是指在删除某个或某些数据的同时其他数据也被删除。例如，若在该表中取消高小夏或徐青山的选课信息，由于课程号cno是主键属性，不能为空，就不得不将该元组删去，导致其基本信息也被同时删除。

上述关系模式中异常情况的出现，说明student关系模式不是一个好的模式。“好”的模式：不会发生插入异常、删除异常、更新异常，数据冗余应尽可能少。

事实上，异常现象产生的根源，就是由于关系模式中属性间存在着复杂的依赖关系。例如，学生学号和学生姓名、学生学号和院系名称、院系名称和院系领导之间都存在着依赖关系，这种依赖就称为数据依赖。

如何把一个不好的关系模式分解改造为一个好的关系模式，分析一个关系模式有哪些数据依赖，如何消除那些不合适的数据依赖，是关系数据库设计过程中要讨论的规范化理论问题。

6.2　函数依赖

视频

函数依赖

数据依赖是通过一个关系中属性间值的相等与否体现出来的数据间的相互关系。它是现实世界属性间相互联系的抽象，是数据内在的性质，是语义的体现。在数据依赖中有一种函数依赖（Functional Dependency，FD），反映了同一关系中属性间一一对应的约束，是最基本、最重要的一种数据依赖，也是关系模式规范化的关键和基础。

6.2.1　函数依赖的基本概念

对于数学中形如$y=f(x)$的函数大家十分熟悉，它代表x和y数值上的一个对应关系，即给定一个x值，都有一个y值和它对应，x函数决定了y或y函数依赖于x。

在关系数据库中同样存在函数依赖的概念，例如，在学生关系：学生（学号，姓名，年龄，班级）中，给定一个学生的学号，一定能找到唯一一个与之对应的学生姓名，姓名=f(学号)，也一定能找到唯一一个对应的年龄和班级。这里学号是自变量X，姓名、年龄和班级是因变量Y。

下面对函数依赖给出严格的形式化定义。

定义6.1　设$R(U)$是属性集U上的一个关系模式，X、Y是U的子集。对于$R(U)$上的任何一个可能的关系r，如果r中不存在两个元组，它们在X上的属性值相同，而在Y上的属性值不同，则称“X函数决定Y”或“Y函数依赖X”，记作$X \to Y$。

注意：函数依赖不是指关系模式R的某个或某些关系实例满足的约束条件，而是指R的所有关系实例均要满足的约束条件。

① 若Y不函数依赖于X，记作$X \not\to Y$。

② 若$X \to Y$，称X为决定因子，Y为依赖因子。

③ 若$X \to Y$，并且$Y \to X$，记作$X \leftrightarrow Y$。

例6-2　列出学生关系模式student(sno, sname, ssex, stel, sbirth)有哪些函数依赖关系。

依赖关系如下：

sno→sname, 学号属性决定姓名属性。

sno→ssex, 学号属性决定性别属性。

sno→stel, 学号属性决定院系属性。

sno→sbirth, 学号属性决定出生日期。

定义6.2 设$R(U)$是属性集U上的一个关系模式，X、Y是U的子集。如果$X \rightarrow Y$，并且Y不包含于X，则称$X \rightarrow Y$是非平凡函数依赖。若$Y \subseteq X$，则称$X \rightarrow Y$是平凡函数依赖。

很显然，对于任一关系模式，平凡函数依赖都是必然存在的，它不反映新的语义，因此若不特别声明，讨论的都是非平凡函数依赖。

定义6.3 在$R(U)$中，如果$X \rightarrow Y$，并且对于X的任何一个真子集X'都有$X' \nrightarrow Y$，则称Y对X完全函数依赖，记作$X \xrightarrow{f} Y$。

如果$X \rightarrow Y$，但不完全函数依赖于X，则称Y对X部分函数依赖，记作$X \xrightarrow{p} Y$。

例6-3 请列出关系模式SC(sno, sname, cno, grade)有哪些函数依赖关系。

依赖关系如下：

sno→sname，姓名函数依赖于学号。

(sno,cno)$\xrightarrow{p}$sname，姓名部分函数依赖于学号和课程号。

(sno,cno)$\xrightarrow{f}$grade，成绩完全函数依赖于学号和课程号。

定义6.4 在$R(U)$中，如果$X \rightarrow Y$，$Y \rightarrow Z$，且Y不包含于X，$Y \nrightarrow X$，则称Z传递函数依赖于X，记作$X \xrightarrow{t} Z$。

在这里加上条件$Y \nrightarrow X$，是因为如果$Y \rightarrow X$，则$X \rightarrow Y$，实际上就是Z直接依赖X，而不是传递函数依赖X。

例6.4 有关系模式student(sno,sname,sdept,smaster)，其中smaster为所在系的系主任。假设一个系只有一个系主任，则函数依赖关系如下：

sno→sname，姓名完全函数依赖于学号。

sno→sdept，系别完全函数依赖于学号。

sdept→smaster，系主任完全函数依赖于系。

因此有sno$\xrightarrow{t}$smaster，系主任传递函数依赖于学号。

6.2.2 函数依赖的推理规则

设U是关系模式R的属性集，F是R上的函数依赖集。函数依赖的推理规则（基本公理）有以下三条：

① 自反律（Reflexiity）：若$Y \subseteq X \subseteq U$，则$X \rightarrow Y$在$R$上成立。

② 增广律（Augmentation）：若$X \rightarrow Y$在R上成立，且$Z \subseteq U$，则$XZ \rightarrow YZ$在R上成立。

③ 传递律（Transitiity）：若$X \rightarrow Y$和$Y \rightarrow Z$在R上成立，则$X \rightarrow Z$在R上成立。

基本公理的推论：

① B1（合并性）：若$X \rightarrow Y$且$X \rightarrow Z$在R上成立，则$X \rightarrow YZ$在R上成立。

② B2（分解性）：若$X \rightarrow YZ$在R上成立，则$X \rightarrow Y$且$X \rightarrow Z$在R上成立。

从合并规则和分解规则可得到如下重要结论：

如果$A_1 \cdots A_n$是关系模式R的属性集，那么$X \rightarrow A_1 \cdots A_n$成立的充分必要条件是$X \rightarrow A_i$（$i=1,2,\cdots,n$）成立。

③ B3（结合性）：若$X \rightarrow Y$且$W \rightarrow Z$在R上成立，则$XW \rightarrow YZ$在R上成立。

④ B4（伪传递性）：若$X \rightarrow Y$且$WY \rightarrow Z$在R上成立，则$XW \rightarrow Z$在R上成立。

6.2.3 属性集闭包

对于一个关系模式$R(U)$，根据已给出的函数依赖集F，利用推理规则可以推导出一些新的函数依赖，我们将能推导出的全部函数依赖称为函数依赖集F的闭包。

定义6.5 在关系模式$R(U, F)$中，其中，U为R的属性集，F是R上的函数依赖集，则称被F所逻辑推导的函数依赖的全体称作F的闭包，记为F^+。

$$F^+=\{X\to A|\ X\to A\text{能够由}F\text{根据推理规则导出}\}$$

闭包F^+的计算是一个 NP 完全问题，即理论上可计算而实际上不可计算的问题。例如，从$F=\{X\to A_1A_2\cdots A_n\}$出发，至少能够推导出$2^n$个不同的函数依赖，所以计算$F^+$是非常麻烦的事情，即使$F$不太大，$F^+$也可能很大。

有时需要根据给定的一组函数依赖判断另外一些函数依赖是否成立，引出了属性集闭包的概念。

定义6.6 设有关系模式$R(U, F)$，X为U的一个子集，则对于F，属性集X关于F的闭包（用X^+或X_F^+表示）为：

$$X^+=\{A\ |\ X\to A\text{能够由}F\text{根据推理规则导出}\}$$

因此，若想判断函数依赖$X\to Y$是否成立，只要计算X关于函数依赖集F的闭包，若Y是X闭包中的一个元素，则$X\to Y$成立。

算法6.1 求闭包X^+的算法。

① 初始，$X^+=X$。

② 如果F中有某个函数依赖$Y\to Z$满足$Y\subseteq X^+$。则$X^+=X^+\cup Z$。

③ 重复步骤②，直到X^+不再增大为止。

例6-5 关系模式$R(U)$的属性集$U=\{A, B, C, D\}$，函数依赖集为$F=\{A\to B, B\to C, D\to B\}$，求$A^+$，$B^+$，$(AD)^+$，$(BD)^+$。

解：

① 求A^+：

初始化$A(0)=A$；

因为$A\to B$，所以$A(1)=AB$；

因为$B\to C$，所以$A(2)=ABC$；

即$A^+=ABC=\{A, B, C\}$

② 求B^+：

初始化$B(0)=B$；

因为$B\to C$，所以$B(1)=BC$；

即$B^+=BC=\{B, C\}$

③ 求$(AD)^+$：

初始化$AD(0)=AD$；

因为$A\to B$，所以$AD(1)=ABD$；

因为$B\to C$，所以$AD(2)=ABCD$；

即$(AB)^+=ABCD=\{A, B, C, D\}$

④ 求$(BD)^+$：

初始化$BD(0)=BD$；

因为$B\to C$，所以$BD(1)=BCD$；

即 $(BD)^+=BCD=\{B, C, D\}$

6.2.4 最小函数依赖集

定义6.7 若关系模式$R(U)$上的两个函数依赖集F和G，有$F^+=G^+$，则称F和G是等价的函数依赖集。

研究函数依赖集等价的目的是对指定函数依赖集找出它的最小函数依赖等价集，下面给出最小函数依赖集的定义。

定义6.8 设F是属性集U上的函数依赖集，对F的一个最小依赖集F_{min}，应满足下列条件：

① 每个函数依赖集的右边仅含一个属性。

② F_{min}中没有冗余的函数依赖，即F中不存在这样的函数依赖$X\to Y$，使得F与$F-\{X\to Y\}$等价。

③ 每个函数依赖的左边没有冗余的属性，即F中不存在这样的函数依赖$X\to Y$，X有真子集Z使得F与$F-\{X\to Y\}\cup\{Z\to Y\}$等价。

定理6.1 每个函数依赖集F均等价于一个最小函数依赖集F_{min}，此F_{min}称为F的依赖集。

求最小函数依赖集，可用分解的算法。

算法6.2 函数依赖集F的最小函数依赖集F_{min}求解算法。

① 使F中每个函数依赖的右部都只有一个属性。

逐一检查F中各函数依赖$X\to Y$，若$Y=A_1A_2\cdots A_k$（$k\geqslant 2$），则用$\{X\to A_j | j=1,2,\cdots,k\}$取代$X\to Y$。

② 去掉各函数依赖左部多余的属性。

逐一取出F中各函数依赖$X\to A$，设$X=B_1B_2\cdots B_m$，逐一检查B_i（$i=1,2,\cdots,m$），如果$A\in\left(X-B_i\right)_F^+$，则以$X-B_i$取代$X$。

③ 去掉多余的函数依赖。

逐一检查F中各函数依赖$X\to A$，令$G=F-\{X\to A\}$，若$A\in X_G^+$，则从F中去掉$X\to A$函数依赖。

例6.6 设关系模式$R(X,Y,Z)$的函数依赖集为$F=\{X\to YZ, Y\to Z, X\to Y, XY\to Z\}$，试求$F_{min}$。

解：

① 先将F中的函数依赖写成右边为单个属性的形式：

$$F=\{X\to Y,\ X\to Z,\ Y\to Z,\ X\to Y,\ XY\to Z\}$$

其中，多了一个$X\to Y$，删除得$F=\{X\to Y,\ X\to Z,\ Y\to Z,\ XY\to Z\}$

② F中$X\to Z$可从$X\to Y$和$Y\to Z$推出，因此$X\to Z$是冗余的，删除得$F=\{X\to Y,\ Y\to Z,\ XY\to Z\}$。

③ F中$XY\to Z$可从$X\to Y$和$Y\to Z$推出，因此$XY\to Z$也可删去，最后得$F=\{X\to Y,\ Y\to Z\}$，即所求的F_{min}。

6.2.5 候选键的求解

候选键的定义已经在2.2节做了介绍，这里再从函数依赖的角度解释候选键的含义。

定义6.9 设K为关系模式$R(U,F)$中的属性或属性组合，若$K \xrightarrow{f} U$，则K称为R的一个候选键（Candidate Key）或候选码。若关系模式R有多个候选键，则选定其中的一个作为主键（Primary Key）。

包含在任一候选键中的属性称为主属性，不包含在任一候选键中的属性称为非主属性。

例如：

学生表（学号，姓名，性别，身份证号，年龄，所在系）

候选键：学号，身份证号，主键：学号或身份证号

主属性：学号，身份证号

学生选课表（学号，课程号，考试次数，成绩）

候选键：（学号，课程号，考试次数），也为主键

主属性：学号，课程号，考试次数，非主属性：成绩

对关系模式R及其函数依赖集F，可将其属性分为四类：

① L类：仅出现在函数依赖集F左部的属性。

② R类：仅出现在函数依赖集F右部的属性。

③ N类：在函数依赖集F左右都未出现的属性。

④ LR类：在函数依赖集F左右都出现的属性。

候选码的求解方法：

对R的属性X（$X \in R$），有：

① 若X为L类属性，则X必为R的任一候选键的成员；若X^+包含R的全部属性，则X必为R的唯一候选键。

② 若X为R类属性，则X不在任何候选键中。

③ 若X为N类属性，则X包含在R的任一候选键中。

④ 若X为R的N类和L类属性组成的属性集，且X^+包含R的全部属性，则X必为R的唯一候选键。

例 6.7 设有关系模式$R(X,Y,Z,W)$，函数依赖集$F=\{X \to Z, Z \to Y, XW \to Y\}$，求$R$的候选键。

解：

① 通过观察函数依赖集F发现：X、W只出现在函数依赖的左部，为L类属性，因此X、W一定在R的任一候选键中。

② 根据属性闭包的求法，由F中$X \to Z$，$XW \to Y$可求得$(XW)^+=XYZW$，包含了R的全部属性，因此XW为R的唯一候选键。

例 6.8 设关系模式student (sno, smaster, sname, sdept, cno, grade)，若函数依赖集F= {sno→smaster, sdept→smaster, sno→sdept, sno→sname, (sno, cno)→grade}，求该模式的候选键。

解：

① 通过观察函数依赖集F发现：sno和cno只出现在函数依赖的左部，为L类属性，一定出现在任一候选健中；smaster、sname和grade是R类属性，一定不出现在任一候选健中；sdept是L类和R类属性，可能出现在某个候选健中。

② 根据属性闭包的求法，由F中函数依赖关系可求得：

(sno, cno)$^+$={sno, smaster, sname, sdept, cno, grade}，包含了R的全部属性，故(sno, cno)是该模式的唯一候选键。

虽然(sno, cno, sdept)$^+$={sno, smaster, sname, sdept, cno, grade}也包含了R的全部属性，但根据候选键的最小特性，可知(sno, cno, sdept)并非该模式的候选键。

说明：如果L 类属性和N 类属性不能作候选键，则可将LR类属性逐个与L类和N类属性组合做进一步的考察。

有时要将LR类全部属性与L类、N类属性组合才能作为候选键。

6.3 范式定理

本章6.1节分析了例6.1的关系模式存在的冗余和异常问题。这些现象出现的原因是该关系模式没有设计好，属性之间存在着不良的函数依赖关系。解决这个问题的方法是进行模式分解，把一个关系模式分解成若干个关系模式，通过模式的分解消除不良的函数依赖，得到规范化的关系模式。关系模式的规范化是指为使关系模式达到一定的设计要求，将低一级范式的关系模式转化为高一级范式的关系模式。关系数据库中的关系要满足一定的要求，满足不同程度要求的即为不同的范式（Normal Forms, NF），即不同范式的关系模式要遵守不同的规则。

衡量关系模式好坏的标准是关系模式的范式，范式的级别与数据依赖有着直接的联系。满足最低要求的关系称为第一范式，简称1NF。依此类推，还有第二范式（2NF）、第三范式（3NF）、BC范式（BCNF）、第四范式（4NF）、第五范式（5NF）。“第几范式”用于表示关系的某个级别，称某一关系模式R为第几范式，记作$R \in x$NF（x=1,2,⋯,5,N）。各种范式之间是一种包含关系，具体为：

$$1NF \supset 2NF \supset 3NF \supset 4NF \supset 5NF$$

规范化的理论首先由E.F.Codd于1971年提出，目的是要设计“好的”关系数据库模式，关系规范化实际上就是对有问题（操作异常）的关系进行分解从而消除这些异常。受篇幅影响，本章仅介绍1NF、2NF、3NF及BCNF。

第一范式

6.3.1 第一范式

定义6.10 若关系模式R的所有属性都是基本属性，即每个属性都是不可再分的，则称R属于第一范式1NF。

满足1NF的关系称为规范化的关系，否则称为非规范化的关系。关系数据库研究的关系都是规范化的关系，（1NF）是关系模式应具备的最基本条件。1NF仍可能出现数据冗余和异常操作问题，还需要进一步规范化。将一个非规范化关系模式规范至1NF有两种办法：一是将复合属性分解为多个基本属性；二是将关系模式分解，使每个关系都符合1NF。

例6-9 关系模式R存放的是各系的男、女生人数，如表6-2所示。请判断R是否符合1NF，若不符合，请规范化至1NF。

表6-2 关系模式 R

系　名	学生人数	
	男　生	女　生
软件工程系	302	176
计算机系	421	289
网络工程系	286	192

表6-2所示的关系模式R中,“学生人数”是由两个子属性“男生”和“女生”组成的一个复合属性，由于它不是基本属性，不满足1NF的范式要求，可判断R并不属于1NF。对R的规范化有两种方法：

① 将“学生人数”这个复合属性分解成两个属性“男生”和“女生”，如表6-3所示。

表 6-3 对 R 中的复合属性进行分解

系　名	男　生	女　生	系　名	男　生	女　生
软件工程系	302	176	网络工程系	286	192
计算机系	421	289			

② 将R分解成两个不含复合属性的关系模式，如表6-4所示。

表 6-4 将 R 分解成两个 1NF 的关系模式

系　名	男生人数	系　名	男生人数
软件工程系	302	网络工程系	286
计算机系	421		

（a）

系　名	女生人数	系　名	女生人数
软件工程系	176	网络工程系	192
计算机系	289		

（b）

6.3.2 第二范式

视频

第二范式

定义6.11 若关系模式R是1NF，且每个非主属性完全函数依赖于候选键，则称R是第二范式（2NF）的模式。

从定义可以看出，若某个1NF的关系的主键只由一列组成，那么这个关系一定也是2NF关系。但如果主键是由多个属性共同构成的复合主键，并且存在非主属性对主键的部分函数依赖，则这个关系就不满足2NF的关系。

若数据库模式中每个关系模式都是2NF，则称其为2NF的数据库模式。将一个1NF的关系模式变为2NF的方法是：通过模式分解的方法使任一非主属性都完全函数依赖于它的任一候选键，消除非主属性对键的部分函数依赖。

算法6.3 分解成2NF模式的算法。

可以用模式分解的方法将非2NF的关系模式分解为多个2NF的关系模式。去掉部分函数依赖关系的分解过程如下：

① 将主键属性集合的每个子集作为主键构建关系模式。

② 将非主属性依次放入到相应的关系模式。

③ 去掉仅由主属性构成的关系模式。

例6-10 请判断关系模式：图书（馆藏号，ISBN，作者，出版社，单价，读者号，读者名，借书时间，还书时间）是否属于2NF？若不是，请将其规范化为2NF。

解：该关系模式中存在函数依赖：馆藏号→作者，因主键是（馆藏号，读者号），有（馆藏号，读者号）$\xrightarrow{p}$作者。

由此可知，该模式存在非主属性对主键的部分函数依赖关系，故不是2NF的。

将其规范化为2NF的过程如下：

① 将主键集的三个子集作为主键构建关系模式：

R_1（馆藏号，…）

R_2（读者号，…）

R_3（馆藏号，读者号，…）

② 将非主属性依次放入到相应的关系模式：

R_1（馆藏号，ISBN，作者，出版社，单价）

R_2（读者号，读者名）

R_3（馆藏号，读者号，借书时间，还书时间）

③ 重新整理后成为（主属性用下画线标注）：

图书（<u>馆藏号</u>，ISBN，作者，出版社，单价）∈2NF

读者（读者号，读者名）∈2NF

借阅（<u>馆藏号</u>，<u>读者号</u>，借书时间，还书时间）∈2NF，其中，馆藏号为引用图书模式的外键，读者号为引用读者模式的外键。

例6-11　请判断例6.1的关系模式student(sno, sname, ssex, sdept, smaster, cno, grade)是否属于2NF？若不是，请将其规范化为2NF。

解：该关系模式中存在函数依赖sno→sname；而该关系模式的主键是（sno, cno），因此有（sno, cno)$\xrightarrow{p}$sname，即存在非主属性对主键的部分函数依赖关系，故R不是2NF的（6.1节已介绍过这个关系模式中存在操作异常，实际上这些异常正是由于其存在部分函数依赖造成的）。

将R转换为2NF关系模式的过程如下：

① 将主键属性集合的三个子集作为主键构建关系模式：

R_1（sno, …）

R_2（cno, …）

R_3（sno, cno, …）

② 将非主属性依次放入到相应的关系模式：

R_1（sno, snam, ssex, sdept, smaster）

R_2（cno）

R_3（sno, cno, grade）

③ 去掉仅由主属性构成的关系模式R_2，剩下的R_1、R_3即为所求，重新整理后成为：

student（<u>sno</u>, sname, ssex, sdept, smaster）∈2NF

SC（<u>sno</u>, <u>cno</u>, grade）∈2NF，其中，sno为引用studnet模式的外键。

此例关系模式目前已规范化至2NF，新模式student的数据如表6-5所示。

表 6-5　新模式 student 的数据表

sno	sname	ssex	sdept	smaster
S160101	王东民	男	计算机系	徐大勤
S160102	张小芬	女	计算机系	徐大勤
S160201	高小夏	男	软件工程系	陈明收
S160202	张山	女	软件工程系	陈明收
S160301	徐青山	男	信息管理系	王林阳
S160401	胡汉民	男	网络工程系	张凯莉

从表6-5所示的数据可以看到，虽然冗余信息已经大幅减少，但系别sdept与系主任smaster的信息仍有冗余：一个系有多少名学生，其系主任就会重复多少次。此外，如果刚成立了一个新系，已对系主任进行了任命，但由于还未招到学生，无法提供主属性学号的信息，仍不能将该系的信息插入到数据库中，存在操作异常。由此可知，尽管该模式已经属于2NF，但仍需要进一步规范化至3NF。

6.3.3　第三范式

视频

第三范式

定义6.12　若关系模式*R*属于2NF，且每个非主属性都不传递依赖于*R*的候选键，则称*R*是第三范式的模式。

3NF的目的是消除非主属性对键的传递函数依赖。若数据库模式中每个关系模式都是3NF，则称其为3NF的数据库模式。

算法6.4　分解成3NF模式集的算法。

从前面的分析可知，当关系模式中存在传递函数依赖时，这个关系模式仍然有操作异常，因此，还需要对其进行进一步分解，使其成为3NF的关系。去掉传递函数依赖关系的具体分解过程如下：

① 对于不是候选键的每个决定因子，从关系模式中删除依赖于它的所有属性（即删除依赖于非主属性的属性）。

② 新建关系模式，放入从步骤①删除的属性及其决定因子。

③ 将该决定因子作为新关系模式的主键。

例 6-12　请判断例6.11的关系模式SC和student（一个系仅有一个系主任）是否属于3NF？若不是，试将其规范化为3NF。

解： SC(<u>sno</u>, cno, grade)只有一个非主属性grade，不存在传递函数依赖，属于3NF。

student(sno, sname, ssex, sdept, smaster)有函数依赖sno→sdept，同时，由于一个系仅有一个系主任，可知有函数依赖sdpet→smaster，故存在传递函数依赖，不属于3NF。

对student的分解过程如下：

① 删除非主属性sdept的依赖因子smaster，得到

student(<u>sno</u>, sname, ssex, sdept)∈3NF

② 新建关系模式，放入从步骤①删除的smaster及其决定因子sdept，得到

department(sdept, smaster)∈3NF

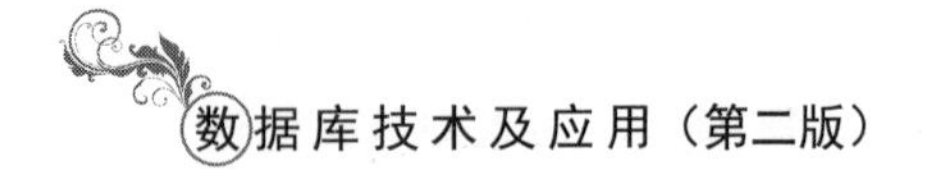

其中，student中的sdept为引用department模式的外键。

关系模式的规范化即把范式程度低的关系模式分解成若干个范式程度更高的关系模式，达到使每个规范化后的关系模式只描述一个主题的目的。若某个关系模式描述了两个或多个主题，则应将其分解成多个关系模式，使每个模式只描述一个主题，如本章例6.1的关系模式student(sno, sname, ssex, sdept, smaster, cno, grade)，实际描述了3个主题，分别为学生信息、系别信息和选课信息。该模式经例6.11及例6.12规范化至3NF后正好分解成上述的3个关系模式student(sno, sname, ssex, sdept)，department (sdept, smaster)及SC(sno, cno, grade)，每个模式描述一个主题。实际上，本书所使用的示例数据库StuDB中的三个关系表正是由此规范化设计得到的。

6.3.4 BC范式

进行关系模式规范化的目的是消除部分依赖和传递依赖，因为这些依赖会导致更新异常。目前，所讨论的2NF和3NF考察的是非主属性对主键的依赖，但主属性对主键是否存在部分依赖和传递依赖并未讨论，对满足3NF的关系模式，仍有可能存在会引起数据冗余的函数依赖，为此提出了比3NF更进一步的BC范式。BC范式通常被认为是修正的3NF。

定义6.13 若关系模式$R(U, F)$属于1NF，若$X \to Y$且$Y \not\subseteq X$时，X必含有键，则$R(U, F)$属于BCNF。也就是说，关系模式$R(U, F)$中，若每个决定因素都包含键，则$R(U, F)$属于BCNF。

由BCNF的定义可以得出结论，一个满足BCNF的关系模式如下：

① 所有非主属性对每一个键都是完全函数依赖。

② 所有的主属性对每一个不包含它的键，也是完全函数依赖。

③ 没有任何属性完全函数依赖于非键的任何一组属性。

BCNF的目的是消除主属性对键的部分函数依赖和传递依赖，具有如下性质：

① 若$R \in$BCNF，则R也是3NF。

② 若$R \in$3NF，则R不一定是BCNF。

例 6-13　判断关系模式student(sno, sname, stel)属于第几范式。

解：

① 该关系模式的主键只有一个属性sno，不存在部分函数依赖，且由于sname和stel这两个非主属性没有传递函数依赖，所以它属于3NF。

② 由于sno是唯一的决定因子，即sno同时也是该模式的候选键，所以它属于BCNF。

例 6-14　设有关系模式STJ(U, F)，其中U=(S, T, J)，F={(S, T)→J，(S, J)→T，T→J}，判断该关系模式属于第几范式。

解：

① 因为(S, J)和(S, T)都是候选键，所以S、T、J都是主属性，STJ∈3NF。

② $T \to J$，T是决定属性集，T不是候选键，STJ不属于BCNF。

BCNF不仅强调其他属性对键的完全的直接的依赖，而且强调主属性对键的完全的直接的依赖，如果一个实体集中的全部关系模式都满足BCNF，则实体集在函数依赖范畴内已实现了彻底的分离，消除了插入和删除异常问题。但在实际应用中，并不一定要求全部模式都达到BCNF。

BCNF并不是最高范式，后面还有第四范式、第五范式，这里不再详细介绍，有兴趣的同学可以查阅相关资料。

由于3NF关系模式中不存在非主属性对主键的部分函数依赖和传递函数依赖关系，因而在很大程度上消除了数据冗余和操作异常，因此在通常的数据库设计中，一般要求达到3NF即可。

在函数依赖范畴内，判断一个关系模式R属于第几范式的步骤如下：

① 先确定关系R的所有候选键。

② 写出R的最小函数依赖集。

③ 根据各范式的判断准则来判断R属于第几范式。

例 6-15　设有关系模式R（学号，课程号，成绩，任课教师，教师专长），如果规定每个学生学习一门课程只有一个成绩，每门课程只有一个教师任课，每个教师有自己的专长，试回答下列问题。

① 写出模式R的键和基本函数依赖。

② R是2NF吗?若不是，将R分解成2NF。

③ 将上一问中的2NF分解成3NF。

解：

① R的极小函数依赖集是{（学号，课程号）→成绩，课程号→任课教师，任课教师→教师专长}。

候选键为（学号，课程号），非主属性为成绩、任课教师和教师专长。

② R中存在非主属性任课教师对主键（学号，课程号）的部分函数依赖（它仅依赖于键的真子集课程号），即（学号，课程号）$\xrightarrow{p}$任课教师，存在部分函数依赖，因此R不属于2NF。

可将R分解成下面的两个关系模式：

R_1（学号，课程号，成绩）；R_2（课程号，任课教师，教师专长）。

R_1的主键是（学号，课程号），只有一个非主属性“成绩”完全依赖于主键，因此R_1属于2NF。

R_2的主键是“课程号”，是单属性，因此R_2属于2NF。

③ R_1中，只有一个非主属性“成绩”，因此R_1属于3NF。

在R_2中，存在非主属性教师专长对主键“课程号”的传递依赖，课程号$\xrightarrow{t}$教师专长，因此R_2不属于3NF。

可将R_2分解成下面的两个关系模式R_{21}（课程号，任课教师）和R_{22}（任课教师，教师专长）。

R_{21}和R_{22}都是二目关系，因此都是3NF模式。

6.4　规范化总结

在关系数据库中，对关系模式的基本要求是满足1NF，在此基础上，为了消除关系模式中存在的插入异常、删除异常、更新异常和数据冗余等问题，需要进行关系模式的规范化，将低一级范式的关系模式转化为若干个高一级范式的关系模式的集合。通过模式的分解，可以去除模式中不合理的函数依赖。规范化的目的是使其结构合理，消除数据中的存储异常，使数据冗余尽量少，便于进行插入、删除和更新操作，并保持数据的正确性和完整性。

规范化的基本思想是逐步消除数据依赖中不合适的部分，使模式中的各关系模式达到某种程度的“分离”。关系模式的规范化遵从单一化“一事一地”的原则，即一个关系模式描述一个实体或实体间的一种联系，若多于一个概念就将其“分离”出去，因此，所谓规范化实质上是概念的单一化。此外，在规范化过程中，分解后的关系模式集合应与原关系模式“等价”，即经过自然连接可以恢复原关系且不丢失信息，并保持属性间合理的联系。

关系模式的规范化过程是通过对关系模式的分解来实现的，把低一级的关系模式分解为若干个高一级的关系模式，对关系模式进一步规范化，使之逐步达到2NF、3NF和BCNF。常用的关系模式规范化过程如图6-1所示，主要包括：

① 对1NF关系进行分解，消除原关系中非主属性对键的部分函数依赖，将1NF关系转换为多个2NF。

② 对2NF关系进行分解，消除原关系中非主属性对键的传递函数依赖，将2NF关系转换为多个3NF。

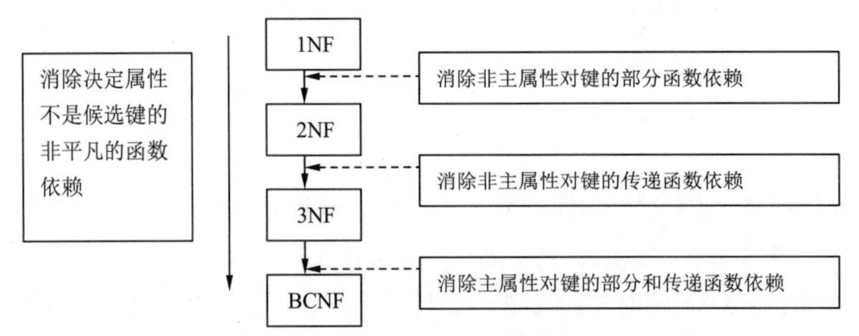

图 6-1　常用的关系模式规范化过程

一般来说，规范化程度越高，分解就越细，所得数据库的数据冗余就越小，且更新异常也可相对减少。但是，如果某一关系经过数据大量加载后主要用于检索，那么，即使它是一个低范式的关系，也不要去追求高范式而将其不断进行分解，因为在检索时，会通过多个关系的自然连接才能获得全部信息，从而降低了数据的检索效率。数据库设计满足的范式越高，其数据处理的开销也越大。

因此，不能说规范化程度越高的关系模式就越好，在设计数据库模式结构时，必须对现实世界的实际情况和用户应用需求做进一步分析，确定一个合适的、能够反映现实世界的模式。

规范化的基本原则是由低到高，逐步规范，权衡利弊，适可而止。通常，由于3NF关系模式中不存在非主属性对主键的部分依赖和传递依赖，在很大程度上消除了数据冗余和操作异常，因此在通常的数据库设计中，一般要求达到3NF即可。

关系规范化的过程实际是通过把范式程度低的关系模式分解为若干个范式程度高的关系模式来实现的，其过程就是进行模式分解，但要注意的是分解后产生的关系模式应与原关系模式等价，即模式分解不能破坏原来的语义，同时还要保证不丢失原来的函数依赖关系。

课后练习

一、单选题

1. 对关系模式进行规范化的主要目的是（　　）。

　A. 提高数据操作效率

　B. 维护数据的一致性

　C. 加强数据的安全性

　D. 为用户提供更快捷的数据操作

2. 关系模式中的插入异常是指（　　）。

A. 插入的数据违反了实体完整性约束

B. 插入的数据违反了用户定义的完整性约束

C. 插入了不该插入的数据（　　）。

D. 应该被插入的数据不能被插入

3. 如果有函数依赖 $X \rightarrow Y$，并且对 X 的任意真子集 X'，都有 $X' \nrightarrow Y$，则称（　　）。

A. X 完全函数依赖于 Y

B. X 部分函数依赖于 Y

C. Y 完全函数依赖于 X

D. Y 部分函数依赖于 X

4. 如果有函数依赖 $X \rightarrow Y$，并且对 X 的某个真子集 X'，有 $X' \rightarrow Y$ 成立，则称（　　）。

A. X 完全函数依赖于 Y

B. X 部分函数依赖于 Y

C. Y 完全函数依赖于 X

D. Y 部分函数依赖于 X

5. 设 F 是某关系模式的极小函数依赖集，下列关于 F 的说法错误的是（　　）。

A. F 中每个函数依赖的右部都必须是单个属性

B. F 中每个函数依赖的左部都必须是单个属性

C. F 中不能有冗余的函数依赖

D. F 中每个函数依赖的左部不能有冗余属性

6. 关系模式中，满足 2NF 的模式（　　）。

A. 必定是 3NF　　B. 必定是 1NF

C. 可能是 1NF　　D. 必定是 BCNF

7. 设有关系模式 X（S, SN, D）和 Y（D, DN, M），X 的主键是 S，Y 的主键是 D，则 D 在关系模式 X 中被称为（　　）。

A. 超键　　B. 候选键

C. 主键　　D. 外键

8. 下列关于关系模式与范式的说法，错误的是（　　）。

A. 任何一个只包含两个属性的关系模式一定属于 2NF

B. 任何一个只包含三个属性的关系模式一定属于 3NF

C. 任何一个只包含两个属性的关系模式一定属于 3NF

D. 任何一个只包含两个属性的关系模式一定属于 BCNF

9. 有关系模式：借阅（馆藏号，书名，作者，出版社，读者号，借书日期，还书日期），设一个读者可以多次借阅同一本书，则该模式的主键是（　　）。

A.（馆藏号，读者号，借书日期）

B.（馆藏号，读者号）

C.（馆藏号）

D.（读者号）

二、填空题

1. 在关系模式 R 中，若属性 A 只出现在函数依赖的右部，则 A 是________类属性。

2. 若关系模式 $R \in$ 2NF，则 R 中一定不存在非主属性对主键的________函数依赖。

3. 若关系模式 $R \in$ 3NF，则 R 中一定不存在非主属性对主键的________函数依赖。

4. 设有关系模式 R (X, Y, Z)，其 $F=\{Y \to Z, Y \to X, X \to YZ\}$，则该关系模式至少属于________范式。

5. 设有关系模式 R（U，F），$U=\{X,Y,Z,W\}$，$F=\{XY \to Z, W \to X\}$，则（ZW）$^+$ =________，R 的候选键为________，该关系模式属于________范式。

6. 关系数据库中的关系表至少都满足________范式要求。

7. 关系规范化的过程是将关系模式从低范式规范化到高范式的过程，这个过程实际上是通过________实现的。

8. 若关系模式 R 的主键只包含一个属性，则 R 至少属于第________范式。

小　结

关系数据库的规范化理论是数据库设计的理论基础和有力工具。本章首先通过关系模式的存储异常问题引出了数据依赖的基本概念，包括函数依赖、部分函数依赖、完全函数依赖、传递函数依赖以及属性集闭包、最小函数依赖集等概念，给出了求解属性集闭包、最小函数依赖集和候选键的算法。函数依赖是规范化理论的基础和核心，要深刻理解概念并会判断关系模式的候选键。然后，详细介绍了1NF、2NF、3NF、BCNF等范式的概念以及将低级别范式的关系模式通过模式分解转换为若干个高级别范式的关系模式的规范化方法。范式是衡量关系模式优劣的标准,也是本章的重点和难点，要深刻理解概念并掌握关系模式规范化的方法。

目前有些实际应用的数据库关系模式并未完全按照规范化要求进行设计，有时需要考虑实际应用中的各种问题，如快速查询、存储空间等而进行反规划设计。只要不影响数据库的正常使用，在操作数据时不会带来各种异常现象，就可以根据实际情况考虑数据库设计的非规范化要求，从而更方便快捷地使用数据库。

习　题

1. 设有关系模式 R（运动员编号，比赛项目，成绩，比赛类别，比赛主管），如果规定每个运动员每参加一个比赛项目，只有一个成绩，每个比赛项目只属于一个比赛类别，每个比赛类别只有一个比赛主管，试回答下列问题：

（1）写出该关系的主码和 R 上的极小函数依赖集。

（2）把关系 R 分解成 3NF。

2. 设有关系模式 R（职工号，日期，日营业额，部门名，部门经理），现利用该模式统计商店里每个职工的日营业额、职工所在的部门和部门经理。如果规定每个职工每天只有一个营业额，每个职工只在一个部门工作，每个部门只有一个经理，试回答下列问题：

（1）根据上述规定，写出模式 R 的极小函数依赖集和候选键。

（2）说明 R 不是 2NF 的理由，并把 R 分解成 2NF。

（3）将关系 R 分解成 3NF。

第7章 数据库安全管理

在实际数据库应用中，数据库安全对数据库管理系统极为重要。数据库管理系统要保证整个系统的正常运转，预防数据意外丢失或不一致，防止数据被未被授权获取甚至篡改，迅速恢复遭受破坏的数据库。为此，数据库管理系统采用了以下安全保护措施：数据的完整性控制、并发性控制、安全性控制以及数据库的备份和恢复。数据的完整性在本书之前的章节已经进行了详细讲解，本章主要介绍其余部分的内容。

学习目标

本章主要介绍数据库安全方面的相关知识，包括数据库完整性控制、并发控制和事务、安全性控制、数据库备份和恢复。通过本章的学习，需要实现以下目标：

◎知道事务的基本概念和特征。

◎能够根据实际情况进行事务的创建。

◎知道并发操作会带来哪些问题，如何进行并发操作控制。

◎能够根据不同的用户创建不同的用户权限。

◎能够对数据库定期进行备份。

7.1 事　务

数据库是一种多用户共享资源，数据库管理系统允许多个用户同时访问同一数据，当多个用户同时操作相同的数据时，如果不采取任何措施，就会造成数据异常，因此保证数据的正确性成为多用户并发操作数据首要解决的问题。为避免多用户访问时造成数据异常，提出了事务（Transaction，简写为Tran）的概念。

7.1.1 事务的概念

视频

事务

事务是用户定义的数据操作系列，这些操作可作为一个完整的工作单元，将一个事务内的所有语句作为一个整体，要么全部执行，要么全部不执行。事务是数据库系统执行中一个不可分割的工作单位。一个事务可以是一组SQL语句、一条SQL语句或整个程序，一个应用程序可以包含多个事务。

例如，用户张山要做一个转账操作：把自己A账户中的1 000元钱转给用户张小明的B账户。这个转账过程分为两个操作：

```
① A账户 - 1000                        --从A账户减去1 000元
② B账户 + 1000                        --给B账户增加1 000元
```

假设一种特殊情况：转账中第一个操作已成功执行，但第二个操作由于某种原因（如突然停电）未被执行，在这种情况下，当系统恢复运行后，A账户的金额是否应该减去1 000元？如果B账户的金额没有发生变化，即没有增加1 000元，那么A账户就不应该被减去转账的1 000元，否则就会出现问题，因为数据库处于不一致状态。要保证系统恢复后处于正常的状态，就需要用到事务的概念，把需要全做的操作放到一起。

要让数据库管理系统知道哪些操作属于一个事务，可以通过定义（标记）事务的开始和结束来实现。在SQL中，定义事务的语句有三条：

```
① BEGIN TRANSACTION                   --表示事务开始
② COMMIT                              --表示事务提交（事务正常结束）
③ ROLLBACK                            --表示事务回滚（事务已完成操作全部撤销）
```

其中，COMMIT表示成功执行，事务中所有对数据库的操作写到磁盘上的物理数据库；ROLLBACK表示在事务运行过程中不能继续执行，系统将对该事务中对数据库的所有已完成操作全部撤销，并回滚到该事务开始时的状态。例如，前面举例的转账问题，其事务的定义可描述为：

```
BEGIN TRANSACTION                     /*事务开始语句*/
read(A);                              /*读取数据*/
A=A-100;
if(A<0)
ROLLBACK;                             /*事务回滚语句，表示若A账户余额不足，则撤销前面操作*/
Else
{
    read(B);
    B=B+100;
    write(B);                         /*写入数据*/
    COMMIT;                           /*事务提交语句*/
}
```

例如，在教学管理系统中，假如将学生表中学号为0611101的学生学号改为0711101，如果该学生在已选过课，则需要同时修改选课表中该学生的相关信息，否则不能修改。如果将这个过程编成一个事务，则SQL语句为：

```
USE TeachingDB
GO
BEGIN TRAN stud_transaction   --开始一个事务
    UPDATE student SET sno='0711101'WHERE sno='0611101'
    UPDATE sc SET sno ='0711101'WHERE sno='0611101'
COMMIT TRAN stud_transaction  --提交事务
```

视频

事务基本特征

7.1.2 事务的基本特征

为保证数据的完整性，事务具有以下四个基本特征。现以前面提到的银行转账业务，把A

账户中的1 000元钱转给用户张小明的B账户中，这一实例来介绍事务的基本特征：

① 原子性（Atomicity）：指事务是数据库的逻辑工作单位，事务中的操作要么都做，要么都不做，不能只做其中的一部分。

例如，在转账过程中，从A账户转出1 000元，同时B账户转入1 000元，不能出现A账户钱转出了但B账户没有收到钱的情况，转出和转入的操作是一体的。

② 一致性（Consistency）：指事务执行的结果必须是使数据库从一个一致性状态变到另一个一致性状态。事务的一致性和原子性是密切相关的。

例如，转账操作完成后，A账户减少的金额和B账户增加的金额是一致的。

③ 隔离性（Isolation）：指数据库中一个事务的执行不能被其他事务干扰，即一个事务内部的操作和使用的数据对其他事务是个例，并发执行的各事务不能相互干扰。

例如，在A账户完成转出操作的瞬间，往A账户再存入资金等操作是不允许的，必须将A账户转出资金和往A账户存入资金的操作分开来做。

④ 持久性（Durability）：也称永久性，指事务一旦提交，其对数据库数据的改变就是永久的，以后的操作或故障不会对事务的操作结果产生任何影响。

例如，A账户转出资金的操作和B账户转入资金的操作一旦作为一个整体完成了，就会对A、B两个账户的资金余额产生永久的影响。

上述四个特征简称为事务的ACID特征，保证ACID特征是事务处理的重要任务。ACID特征可能由于以下因素导致事务的交叉操作或被迫停止而遭到破坏：

① 多个事务并行运行时，不同事务的操作有交叉情况。

② 事务在运行过程中被强迫停止。

在第一种情况下，数据库管理系统必须保证多个事务在交叉运行时不影响这些事务的原子性。在第二种情况下，数据库管理系统必须保证被强迫终止的事务对数据库和其他事务没有任何影响。以上这些工作都是由数据库管理系统中的恢复和并发控制机制完成的。

下面就以一个简单的实例介绍如何定义事务。

现根据需要定义一个事务，将教学管理系统中学生的考试成绩全部提高5%，只有全部成绩都更新成功了，才能提交整个事务。

定义事务的过程如下：

```
use TeachingDB
begin transaction Mytrans
update SC set grade=grade*1.05
if @@error!=0
    rollback transaction Mytrans
else
commit  transaction Mytrans
```

注意：@@error是系统提供的一个动态的值，动态地的标识最后一条SQL命令执行的结果，如果成功则为0，不成功则标识错误码。

7.1.3 数据并发操作

视频

并发操作

数据库系统的一个特点是多个用户共享数据资源，即多个用户可以同时存取相同的数据，如火车订票系统、银行账户系统等。在这些系统中，同一时刻同时运行的事务少则百十个，多则千万个。在这种情况下，若对多用户的并发操作不加控制，将会导致数据错误，破坏数据的一致性和完整性。

如果事务是顺序执行的，即一个事务执行完成之后再开始另一个事务，称这种方式为串行执行。串行执行简单、易实现，但缺点是效率太低。在实际的数据库应用中，大部分数据库需要同时接受多个事务，这些事务在时间上可以重叠执行，称这种方式为并发执行。在单CPU系统中，同一时刻只能有一个事务占用CPU，各事务轮流使用CPU，称为交叉并发。在多CPU系统中，多个事务可以同时占用CPU，称为同时并发。本章主要讨论的是单CPU的交叉并发情况。

在多用户系统中同时有多个事务并行运行时，尤其是当这些事务使用同一数据时，彼此之间可能产生相互干扰的情况。例如，有火车票订票点甲和乙，假设这两个订票点正好同时办理同一天同一火车班次的订票业务，其操作过程按时间顺序如下：

① 甲售票点读取该趟火车余票为20张。

② 乙售票点读取同趟火车余票为20张。

③ 甲售票点卖出2张车票，修改余票为20−2=18，并将18写入数据库。

④ 乙售票点卖出3张机票，修改余票为20−3=17，并将17写入数据库。

结果：两个订票点共卖出2+3=5张票，余票实际应是20-5=15张，但数据库中的余票记为17张，数据错误。

并发操作导致的数据不一致主要分为以下3种：

1. 丢失修改

当两个事物T_1和T_2读取同一数据并执行修改操作时，T_1经修改提交的结果把T_2的数据破坏了，导致T_1的修改被T_2丢失（覆盖）了。上述火车票订票系统出现的错误就属于这种情况，如表7-1所示。

表7-1 丢失修改

时　间	事务 T_1	余　票	事务 T_2
t_0		20	
t_1	读取余票 =20		
t_2			读取余票 =20
t_3	修改余票 =20-2=18 写回数据库	18	
t_4		17	修改余票 =20-3=17 写回数据库

2. 读脏数据

设事务T_1更新了数据X，事务T_2读取了更新后的新数据T_1，随后事务T_1因故回滚，修改无效，数据

X恢复原值，导致T_2得到的数据X与数据库中的值不一致，这种情况称T_2读的数据为T_1的脏数据，即不正确的数据，如表7-2所示。

表 7-2 读脏数据

时　间	事务 T_1	X值	事务 T_2
t_0		100	
t_1	读取 X=100 修改 X=100×2=200 写回数据库	200	
t_2			读取 X=200
t_3	ROLLBACK X恢复为 100	100	
t_4			X=200（脏数据）

3. 不可重复读

事务T_1读取数据后，事务T_2执行了更新操作，修改了T_1读取的数据，当T_1再次读取同样的数据进行核对时，发现数据与前一次不一样，这种情况称为不可重复读，如表7-3所示。

表 7-3 不可重复读

时　间	事务 T_1	X，Y值	事务 T_2
t_0		X=100，Y=50	
t_1	读取 X=100，Y=50 求和 $X+Y$=150		
t_2		X=200，Y=50	读取 X=100 修改 X=100×2=200 写回数据库
t_3	读取 X=200，Y=50 求和 $X+Y$=250（与前一次结果不同）		

4. 产生“幽灵”数据

产生“幽灵”数据实际属于不可重复读的范畴，它是指当事务T_1按照一定条件从数据库中读取了某些数据记录后，事务T_2删除了其中的部分记录，或者在其中添加了部分记录，那么当T_1再次按相同条件读取数据时，发现其中莫名其妙地少了（删除）或者多了（插入）一些记录。这样的数据对T_1来说就是“幽灵”数据或者称为“幻影”数据。

造成上述数据不一致现象的原因是多事务的并发操作破坏了事务的隔离性。在实际的数据库应用中是不允许出现这种现象的，数据库管理系统必须避免这种情况的发生，这就需要采用并发控制技术。并发控制就是要用正确的方法来调度并发操作，使一个事务的执行不受其他事务的干扰，避免造成数据的不一致情况。

7.1.4 数据并发控制技术

在数据库中，进行数据并发控制的主要技术是封锁，目的是调整对共享目标的并行存取。封锁是保证并发事务串行化的最常用方法。以上述火车订票系统为例，当事务T_1要进行订票操作时，在读取余票前先封锁此数据再进行读取和修改操作，这期间其他事务不能读取和修改票数，直至T_1完成操作，将新数据写入数据库并解除对票数的封锁之后，其他事务才能使用该数据。

封锁就是事务T在对某个数据操作之前，先向系统发出请求，封锁其需要使用的数据，即加锁。封锁后事务T对已封锁的数据具有了一定的控制权，在T释放该锁之前，其他事务不能操作被封锁的数据。

基本的锁类型有两种，两种锁的加锁机制体现了数据的并发控制情况。

① 共享锁（Share Locks，简称S锁，又称读锁）：若事务T在数据对象A上加载了一个共享锁，则T可以读A，但不能修改A。其他事务可以再给A加S锁，但不能加X锁，直到T释放该锁。

② 排他锁（Exclusive Locks，简称X锁，又称写锁）：若事务T在数据对象A上加载了一个排他锁，则T可以读A，也能修改A，但不允许其他事务再给A加任何类型的锁或进行任何操作，即其他事务不能对该数据进行任何封锁，只能进入等待状态，直到T释放该锁。

共享锁和排他锁的控制方式可以用表7-4所示的相容矩阵来表示。

表 7-4 锁的相容矩阵

T_1	T_2		
	X	S	无　锁
X	否	否	是
S	否	是	是
无锁	是	是	是

在表7-4的加锁类型相容矩阵中，最左边一列表示事务T_1已经获得的数据对象上的锁的类型，右侧T_2的第一行表示另一个事务T_2对同一数据对象发出的加锁请求。T_2的加锁请求能否被满足在矩阵中分别用“是”和“否”表示，“是”表示事务T_2的加锁请求与T_1已有的锁兼容，加锁请求可以满足；“否”表示事务T_2的加锁请求与T_1已有的锁冲突，加锁请求不能满足。

由于检索操作（SELECT）不会破坏数据的完整性，而修改操作（INSERT、DELETE、UPDATE）会，因此，检索操作可并行进行，可以有多个事务同时获得共享锁。但阻止其他事务对已有共享锁的数据进行排他封锁，即加锁的目的在于防止更新操作可能带来的数据不一致。

7.1.5 封锁协议

在运用X锁和S锁给数据对象加锁时，还需要约定一些规则，如何时去申请X锁或S锁、持锁时间、何时释放锁等，称这些规则为封锁协议或加锁协议。对封锁方式规定不同的规则，就形成了各种不同级别的封锁协议。不同级别的封锁协议所能达到的系统一致性级别是不同的。

1. 一级封锁协议

一级封锁协议：对事务T要修改的数据加X锁，直到事务结束（包括正常结束和非正常结束）时才释放。

一级封锁协议可以防止丢失修改，并保证事务T是可以恢复的，如图7-1所示。在图7-1中，事务T_1要对A进行修改，因此，它在读A之前先对A加了X锁，当T_2要对A进行修改时，它也申请了对A加X锁，但由于A已经被加了X锁，因此T_2申请对A加X锁的请求被拒绝，T_2只能等待，直到T_1释放了对A的X锁为止。当T_2能够读取A时，它所得到的已经是T_1更改后的值，因此，一级封锁协议可以防止丢失修改。

在一级封锁协议中，如果事务T只是读数据而不对其进行修改，则无须加锁，因此，不能保证可重复读和不读脏数据。

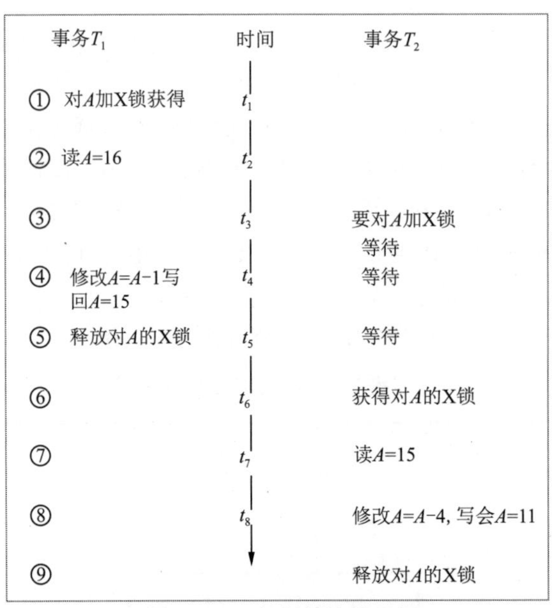

图 7-1　一级封锁协议示例

2. 二级封锁协议

二级封锁协议：一级封锁协议加上事务T要修改的数据加S锁，读完后即释放S锁。

二级封锁协议除了可以防止丢失修改外，还可以防止读脏数据。图7-2所示为二级封锁协议防止读脏数据的情况。

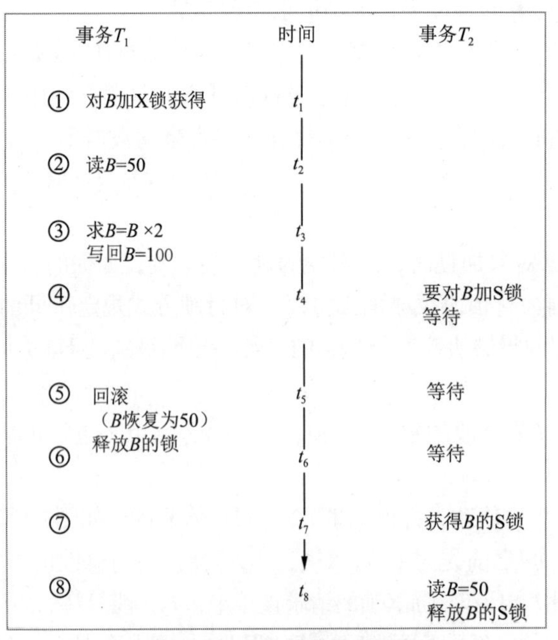

图 7-2　二级封锁协议示例

在图7-2中，事务T_1要对B进行修改，因此，先对B加了X锁，修改完成后将值写回到数据库，这时当T_2要读B的值时，它申请了对B加S锁，但由于B已经被加了X锁，因此T_2申请被拒绝，T_2只能等待。

当T_1由于某种原因撤销了它所做的操作时，B恢复为原来的值50，然后直到T_1释放了对B的X锁，因此T_2获得了对B的S锁，当T_2能够读取B时，B的值还是原来的值50，因此避免了读脏数据。

3. 三级封锁协议

三级封锁协议：一级封锁协议加上事务T对要读取的数据加S锁，直到事务结束（包括正常结束和非正常结束）时才释放。

三级封锁协议除了可以防止丢失修改和读脏数据外，还可以进一步防止不可重复读。图7-3所示为三级封锁协议防止不可重复读的情况。

在图7-3中，事务T_1要读取A、B的值，因此，先对A、B加了S锁，这样大家都只能读取A、B的值，而不能修改。因此，当T_2需要修改B的值加X锁时被拒绝，T_2只能等待。T_1为了验算再读A、B的值，这时读出的仍然是A和B原来的值，因此结果也不会变，即可以重复读。

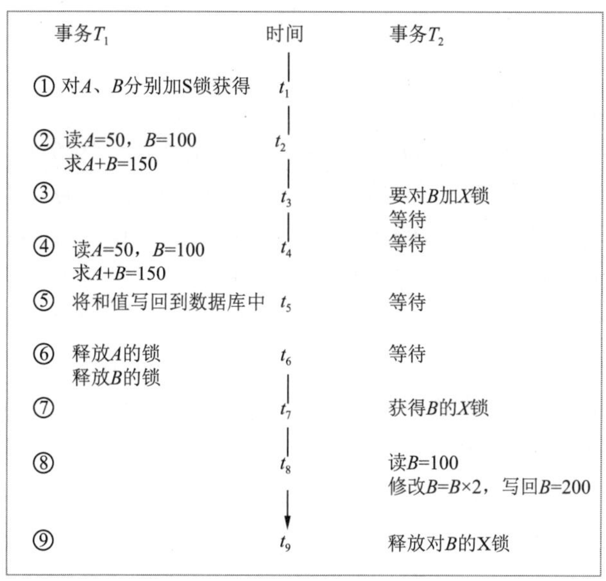

图7-3　三级封锁协议示例

4. 死锁

如果事务T_1封锁了数据A，T_2封锁了数据B，然后T_1又要请求封锁B，由于T_2已经封锁了B，因此T_1需要等待T_2释放锁。此时T_2又请求封锁A，而A已经被T_1封锁，因此T_2也只能等待，这样就会出现T_1和T_2都在等待对方先释放锁的情况，因此形成了死锁。

死锁问题在操作系统和一般并行处理中已经有了深入的阐述。目前在数据库中解决死锁问题的方法主要有两类：一类是采取一定的措施来预防死锁的发生；另一类是允许死锁发生，但采用一定的手段定期诊断系统中有无死锁，若有则解除。

预防死锁的办法有很多，常用的方法有一次封锁法和顺序封锁法。一次封锁法是每个事务一次将所有要使用的数据全部加锁。这种方法的问题是封锁范围过大，降低了系统的并发性。而且，由于数据库中的数据不断变化，使原来可以不加锁的数据，在执行过程中可能变成了被封锁对象，进一步扩大了封锁范围，从而更进一步降低了并发性。顺序封锁法是预先对数据对象规定一个封锁顺序，所有事务都是按照这个顺序封锁，这种方法的问题是若封锁对象较多，则随着插入、删除等操作的不断变化，使维护这些资源的封锁顺序很困难。另外，事务的封锁请求可以随事务的执行而动态变化，因此很难事先确定每个事务的封锁事务及其封锁顺序。

5. 并发调度的可串行性

计算机系统对并发事务中操作的调度是随机的，而不同的调度会产生不同的结果，那么哪个结果是正确的呢？直观地说，如果多个事务在某个调度下的执行结果与这些事务在某个串行调度下的执行结果相同，那么这个调度就一定是正确的，因为所有事务的串行调度策略一定是正确的调度策略。虽然以不同的顺序串行执行事务可能会产生不同的结果，但都不会将数据库置于不一致的状态，因此都是正确的。

多个事务的并发执行是正确的，当且仅当其结果与按某一顺序的串行执行的结果相同时，称这种调度为可串性化的调度。

可串行性是并发事务正确性的准则，根据这个准则可知，一个给定的并发调度，当且仅当它是可串行化的调度时，才认为是正确的调度。

例如，假设有两个事务，分别包含如下操作：

事务T_1：读B；$A=B+1$；写回A。

事务T_2：读A；$B=A+1$；写回B。

假设A、B的初始值均为4，如果按照T_1-T_2的顺序执行，则结果为$A=5$，$B=6$；如果按照T_2-T_1的顺序执行，则结果为$A=6$，$B=5$。当并发调度时，如果执行的结果是这两者之一，就认为都是正确的结果。

图7-4所示为这两个事务的几种不同的调度策略。为了保证并发操作的正确性，数据库管理系统的并发控制机制必须提供一定的手段来保证调度是可串行化的。

从理论上讲，若在某一事务执行过程中禁止执行其他事务，则这种调度策略一定是可串行化的，但这种方法实际上不可取的，因为这样不能让用户充分共享数据库资源，降低了事务的并发性。目前的数据库管理系统普遍采用封锁方法来实现并发操作的可串行性，从而保证调度的正确性。

两段锁（Two-Phase Locking，2PL）协议是保证并发调度的可串行性的封锁协议。除此之外，还有一些方法（如乐观方法）等来保证调度的正确性。

T_1	T_2	T_1	T_2	T_1	T_2	T_1	T_2
Slock B			Slock A	Slock B		Slock B	
$Y=B=2$			$X=A=2$	$Y=B=2$		$Y=B=2$	
Unlock B			Unlock A		Slock A	Unlock B	
Xlock A			Xlock B		$X=A=2$	Xlock A	
$A=Y+1$			$B=X+1$	Unlock B			Slock A
写回 $A(=3)$			写回 $B(=3)$		Unlock A	$A=Y+1$	
Unlock A			Unlock B	Xlock A		写回 $A(=3)$	
	Slock A	Slock B		$A=Y+1$		Unlock A	
	$X=A=3$	$Y=B=3$		写回 $A(=3)$			$X=A=3$
	Unlock A	Unlock B			Xlock B		Unlock A
	Xlock B	Xlock A			$B=X+1$		Xlock B
	$B=X+1$	$A=Y+1$			写回 $B(=3)$		$B=X+1$
	写回 $B(=4)$	写回 $A(=4)$		Unlock A	Unlock B		写回 $B(=4)$
	Unlock B	Unlock A					Unlock B
（a）串行调度		（b）串行调度		（c）不可串行化的调度		（d）可串行化的调度	

图 7-4 并发事务的不同调度示例

7.2　数据库用户权限与管理

数据库安全是指保护数据库以防止非法使用所造成的数据泄露、更改或破坏。对有意的非法活动，可采用加密存取数据的方法；对有意的非法操作，可采用用户身份验证、限制操作权限的方法；对无意的损坏可采用提高系统的可靠性、进行数据备份与恢复等方法。用户从使用数据库应用程序开始一直到访问后台数据需要经过的安全认证包括：当用户访问数据库应用程序时需要提供身份证明；对合法的用户，当其要进行数据库操作时需要具备相应的操作权限，否则会被拒绝执行；在操作系统会设置文件的访问权限；对磁盘上的文件可以加密存储；对数据库文件可以备份多份，以防意外情况下的数据丢失。

视频

用户管理

7.2.1　用户管理

在SQL Server的安全控制过程中，用户访问数据库数据需要经过三层安全认证，如图7-5所示。第一层认证是确认用户是数据库服务器的合法账户；第二层认证是确认用户是所访问数据库的合法用户，拥有访问数据库的权利；第三层认证是确认用户具有该库的操作权限。

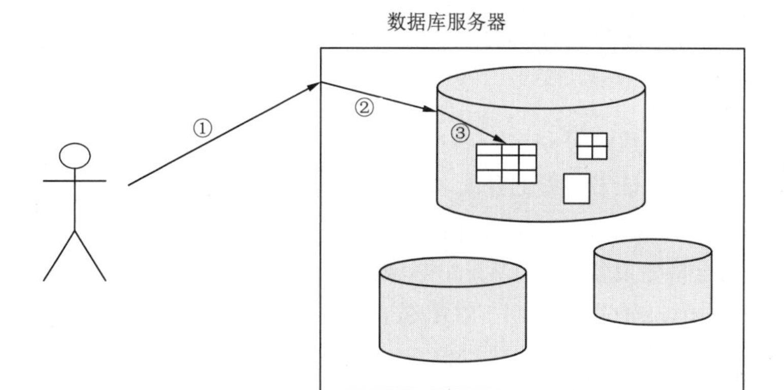

图 7-5　SQL Server 的三层安全控制

1. 登录服务器

SQL Server支持来自Windows操作系统账户的访问，也支持非Windows账户的访问（由SQL Server进行身份验证）。为此，系统提供以下两种身份验证模式。

（1）Windows身份验证模式

由于SQL Server与Windows操作系统都是微软公司的产品，因此，微软将SQL Server与Windows的用户身份验证进行了关联，即SQL Server将用户身份验证的工作交给Windows操作系统，用户可以通过Windows系统的用户身份登录到SQL Server。在这种模式下，用户必须先登录到Windows操作系统，选择Windows身份验证模式即可登录SQL Server，无须提供登录名和密码。系统会从用户登录到Windows时提供的用户名和密码中查找登录信息，判断其是否为SQL Server的合法用户。

一般推荐使用Windows身份验证模式，因为这种模式能够与Windows的安全系统集成在一起，可以提供更多的安全功能。

（2）混合身份验证模式

混合身份验证模式允许以Windows模式或SQL Server模式进行登录验证。如果希望允许非Windows操作系统的用户也能登录到SQL Server，则需要选择此模式。若选择通过SQL Server授权用户登录数据库服务器，用户必须提供登录名和密码，因为SQL Server需要用这些信息来验证用户的合法身份。

身份验证模式的设置可以在安装过程中进行，也可以在安装完成后进行：在SSMS对象资源管理器中右击服务器，选择“属性”命令，在“安全性”选项卡上即可进行设置。

创建登录账户的T-SQL语句如下：

```
CREATE LOGIN login_name{ WITH <option_list1> | FROM <sources> }
<sources>::=
    WINDOWS [ WITH <windows_options> [ ,... ] ]
<option_list1> ::=
    PASSWORD='password'[ MUST_CHANGE ]
                        [ ,<option_list2> [ ,... ] ]
<option_list2> ::=
SID=sid| DEFAULT_DATABASE=database
    | DEFAULT_LANGUAGE=language
<windows_options> ::=
      DEFAULT_DATABASE=database
    | DEFAULT_LANGUAGE=language
```

其中，各参数含义为：

① login_name：指定创建的登录名。有四种类型的登录名：SQL Server身份验证的登录名、Windows身份验证的登录名、证书映射的登录名和非对称秘钥映射的登录名。如果从Windows域账户映射login_name，则login_name必须用方括号[]括起来。

② WINDOWS：指定将登录名映射到Windows域账户。

③ PASSWORD='password'：仅适用于SQL Server身份验证的登录名。指定正在创建的登录名的密码。

④ MUST_CHANGE：仅适用于SQL Server登录名。指定SQL Server将在首次使用新登录名时提示用户输入新密码。

⑤ SID=sid：指定新SQL Server登录名的GUID（全球唯一标识符），未指定时系统自动指派。

⑥ DEFAULT_DATABASE=database：指定新建登录名的默认数据库，未指定时默认数据库为master。

⑦ DEFAULT_LANGUAGE=language：指定新建登录名的默认语言。未指定时默认语言为服务器的当前默认语言。

例7-1　创建Windows身份验证的登录账户，登录名为Gench1。

SQL语句如下：

```
CREATE  LOGIN  Gench1  FROM  WINDOWS
```

例7-2　创建SQL Server身份验证的登录账户，登录名为Gench2，密码为XYZ123。

SQL语句如下：

```
CREATE  LOGIN  Gench2  WITH  PASSWORD ='XYZ123'
```

删除登录账户的T-SQL语句如下：

```
DROP  LOGIN  login_name
```

其中，login_name为需要删除的登录名。

例 7-3　删除Gench2账户。
SQL语句如下：

```
DROP  LOGIN  Gench2
```

2. 访问数据库

用户具备登录账户后只能连接到SQL Server，还不具有访问任何用户数据库的权限，只有成了数据库的合法用户后才能进行操作。

数据库用户一般都来自于服务器上已有的登录账户，两者之间具有映射关系。管理数据库用户的过程实际上是明确登录名与用户名之间的映射关系的过程。一个登录名可以映射为多个用户。用户名可以与登录名相同，也可以不同。为了便于理解和管理，一般都采用相同的名字。默认情况下，新建立的数据库只有一个用户：dbo，它是数据库拥有者。

通过T-SQL方法创建数据库用户的语句如下：

```
CREATE  USER  user_name [ { { FOR | FROM }
{
    LOGIN  login_name
}
]
```

其中各参数的含义如下：

① user_name：指定在此数据库中用于识别该用户的名称，长度最多是128个字符。

② login_name：指定要创建数据库用户的SQL Server登录名。

注意：如果省略FOR LOGIN，则新的数据库用户将被映射到同名的SQL Server登录名。

例 7-4　创建Gench1登录账户成为stuDB数据库中的用户，且用户名同登录名。
SQL语句如下：

```
CREATE  USER  Gench1
```

例 7-5　创建名为Gench1且具有密码Abc123的SQL Server身份验证的服务器登录名，并创建与此登录账户对应的数据库用户User1。

SQL语句如下：

```
CREATE  LOGIN  Gench1  WITH  PASSWORD ='Abc123'
CREATE  USER  User1  FOR  LOGIN  Gench1
```

修改数据库用户可通过ALTER USER语句实现。ALTER USER的具体语法参数与CREATELOGIN语句相似，此处不再赘述。删除数据库用户的T-SQL语句如下：

```
DROP USER  user_name
```

注意：不能删除拥有对象的用户。

例 7-5　删除User1用户。

SQL语句如下：

```
DROP  USER  User1
```

7.2.2　角色和权限管理

用户即使已成为数据库的合法用户，但如果未具备权限，仍然不能对数据或对象进行任何操作，必须在获得相应权限后才可以。权限机制的基本思想是给予用户不同的行使权限，并在必要时收回或拒绝，由此将用户能够进行的操作及操作对象限制在指定的范围内，禁止用户超越权限地进行非法操作，从而保证数据库的安全性。

为便于对用户及权限进行管理，可以将一组具有相同权限的用户组织在一起，称为角色（Role）。角色是具有指定权限的用户（组），即某类账户的集合。设置角色的好处是可以方便管理，因为对角色的权限管理适用于该角色的任何成员。系统管理员可以建立一个角色来代表库中一类人员所执行的操作，并给这个角色授予适当的权限。例如，对本书的示例数据库stuDB可设置一个"学生"角色，并指定该角色在检索选课情况时只能查看自己的成绩，不能查看别人的，也不能进行成绩的增、删、改操作。这样，即使每年9月有好几千的新生报到，也不需要给每个人分别进行相关的权限设置，可省去大量的重复性工作。

权限按其作用的不同分为对象权限、语句权限及隐含权限。

1. 对象权限

对象权限指用户在已创建对象上行使的权限，包括SELECT、INSERT、UPDATE、DELETE和EXECUTE等。

2. 语句权限

语句权限指用户创建对象的权限，包括：

- CREATE DATABASE/TABLE/VIEW/INDEX/PROCEDURE/FUNCTION/RULE。
- BACKUP DATABASE/LOG。

3. 隐含权限

隐含权限是由SQL Server预定义的服务器角色、数据库角色、数据库拥有者和数据库对象拥有者所具有的权限。隐含权限相当于内置权限，不需要再明确地授予这些权限。例如，数据库拥有者自动具有对数据进行一切操作的权限。

不同的权限及其相应的T-SQL命令如下：

① 授予（GRANT）：即授予用户或角色某种操作权。

② 收回（REVOKE）：即撤销曾经授予用户或角色的权限。

③ 拒绝（DENY）：即拒绝用户或角色某种操作权限。

由于隐含权限是系统预先定义的，这类权限无须也不能进行设置，因此，对权限的管理实际上是指对对象权限和语句权限的设置。

（1）管理对象权限的T-SQL语句

① 授权语句：

```
GRANT 对象权限名 [,… ] ON {表名|视图名|存储过程名}
```

```
TO { 数据库用户名 | 用户角色名 } [ ,… ]
```

② 收权语句：

```
REVOKE 对象权限名 [,… ] ON { 表名|视图名|存储过程名}
FROM { 数据库用户名 | 用户角色名 } [ ,… ]
```

③ 拒绝语句：

```
DENY对象权限名 [ ,… ] ON {表名|视图名|存储过程名}
TO { 数据库用户名 | 用户角色名 } [ ,… ]
```

例 7-6　为用户User1授予student表的查询权。
SQL语句如下：

```
GRANT SELECT ON student TO User1
```

例 7-7　收回用户User1对student表的查询权。
SQL语句如下：

```
REVOKE SELECT ON student FROM User1
```

例 7-8　拒绝用户User1具有的SC表的更改权。
SQL语句如下：

```
DENY UPDATE ON SC TO User1
```

（2）管理语句权限的T-SQL语句

① 授权语句：

```
GRANT 语句权限名 [,…] TO {数据库用户名|用户角色名} [,… ]
```

② 收权语句：

```
REVOKE 语句权限名 [,…] FROM {数据库用户名|用户角色名} [,…]]
```

③ 拒绝语句：

```
DENY 语句权限名 [,…]  TO {数据库用户名|用户角色名} [,…]
```

例 7-9　授予用户User1具有创建数据库表的权限。
SQL语句如下：

```
GRANT CREATE TABLE TO User1
```

例 7-10　收回曾授予User1的创建数据库表的权限。
SQL语句如下：

```
REVOKE CREATE TABLE FROM User1
```

例 7-11　拒绝User1创建视图的权限。
SQL语句如下：

```
DENY CREATE VIEW TO User1
```

7.3　数据备份与恢复

数据的备份与恢复是维护数据库安全性必不可少的系统管理工作，进行合适的备份和必要的恢复能将可预见或不可预见的状况对数据库造成的损坏降到最小。

7.3.1 数据备份与恢复概念

视频

数据备份与恢复

不论是自然灾害的侵袭、服务器或存储介质故障，还是病毒的侵害、用户的错误操作，都有可能造成数据的丢失或损坏。数据备份（Data Backup）即是将数据库中的数据复制到备份设备的过程，即为了防止系统出现意外导致数据丢失，而将全部或部分数据从应用主机中复制（转存）到其他存储介质。数据备份的主要目的是防止数据丢失，此外也可以进行数据转移。

数据恢复（Data Restore）是指将备份到存储介质上的数据恢复（还原）到计算机系统中，与数据备份是一个逆过程。数据恢复直接关系到系统在经过故障后能否迅速恢复正常运行，因此，数据恢复对于整个数据安全保护极为重要。

假设某高校的教务管理系统的数据因某种原因被破坏，将会对学校的教学工作造成不堪设想的后果。因此，要使数据库能够正常工作，必须做好数据的备份和恢复工作。备份数据库时将数据库中的数据以及保证数据库系统正常运行的有关信息保存起来，以备恢复数据库时使用。一旦数据库出现问题，就可以利用已有的备份进行恢复，将损坏降低到最小。

7.3.2 数据库备份

1. 备份内容

数据库系统中除了用户数据库外，还有维护系统正常运行的系统数据库，因此，在备份数据库时，不但要备份用户数据库，同时还要备份系统数据库，以保证系统在出现故障时能够完全恢复。

2. 备份时间

对系统数据库，建议修改后立即备份；而对用户数据库，一般采取周期性的备份，这是因为系统数据库中的数据不常变化，而用户数据库中的数据则反之。备份的周期应具体问题具体分析，一般由数据的更改频率及用户能够允许的数据丢失量决定。如果数据修改较少，或者用户可以忍受的数据丢失时间较长，可将备份周期设长一些，反之则短些。此外，由于数据库支持在线备份，即在备份过程中允许用户做其他操作，因此，对用户数据库的备份一般选在操作较少的时段进行（如夜间），以尽量减少对备份和数据库操作性能的影响。

3. 备份设备

备份设备即备份数据库的载体，可以是磁带，但现在用的通常是磁盘。SQL Server可将本地主机或远端主机上的硬盘作为备份设备，以文件的方式存储。在创建备份设备时需要指定逻辑备份设备的文件名和存放地址，即物理备份文件。

创建备份设备（文件）的T-SQL语句如下：

```
sp_addumpdevice [ @devtype=]'device_type'
      , [ @logicalname=]'logical_name'
      , [ @physicalname=]'physical_name'
```

其中，各参数的含义如下：

[@devtype=]'device_type'：备份设备类型，包括Disk磁盘、Type磁带。

[@logicalname=]'logical_name'：备份设备的逻辑名称。

[@physicalname=]'physical_name'：备份设备的物理文件名，必须包含完整路径。

例 7-12　创建一个名为bk1的磁盘备份设备，其物理存储地址为D:\dump\bk1.bak。

SQL语句如下：

```
EXEC  sp_addumpdevice'disk','bk1','D:\dump\bk1.bak'
```

删除备份设备的T-SQL语句如下：

```
sp_dropdevice [@logicalname=]'device',[@delfile=]'delfile'
```

其中，参数含义同创建备份设备语句的含义。

4. 备份类型

① 完整备份：备份数据库中的全部信息，包括数据文件、日志文件、文件的存储位置信息及数据库中的全部对象。完整备份是数据库备份的基础，也是恢复的基线。数据库的第一次备份一定是完整备份。

② 差异备份：只备份从上次数据库完整备份后的数据库变化部分。它以完整备份为基准点，备份完整备份之后变化了的数据文件、日志文件及数据库中其他被修改了的内容。相对于完整备份，进行差异备份需要的时间短，占用的存储空间少。

③ 事务日志备份：备份从上次备份（可以是完整备份、差异备份和事务日志备份）之后到当前备份时间所记录的日志内容。事务日志记录的是用户对数据进行的修改。要进行事务日志备份，必须将数据库的恢复模式设置为完整或大容量日志模式。

5. 备份策略

在实际数据库应用中，对不同数据库需要选定适合的备份策略，原则是最大限度地减少数据的丢失，并加快恢复过程。通常情况下有以下三种策略可供选择。

（1）完整备份

完整备份包括对数据和日志的部分，所占用的时间和空间均较大，适合数据库数据量不大，数据更改不频繁的情况。该方式可以几天或几周进行一次，后续进行的完整备份可将之前的备份覆盖。该策略的一种应用如图7-6所示。

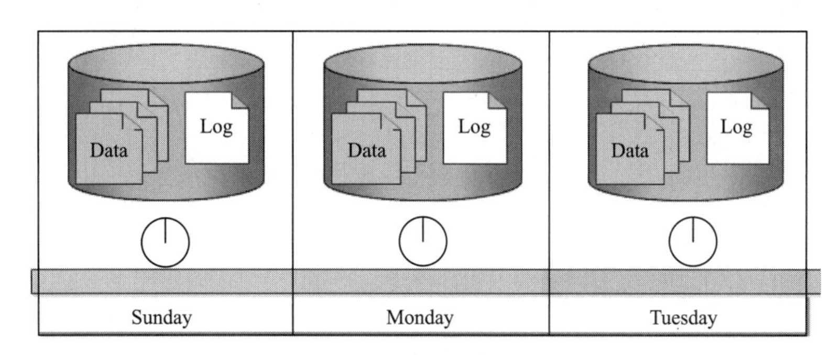

图 7-6　完整备份的应用

（2）完整备份+事务日志备份

如果用户不允许丢失太多数据，又不希望经常进行完整备份，这时可在两次完整备份中间加入若干次日志备份。该策略的一种应用如图7-7所示。

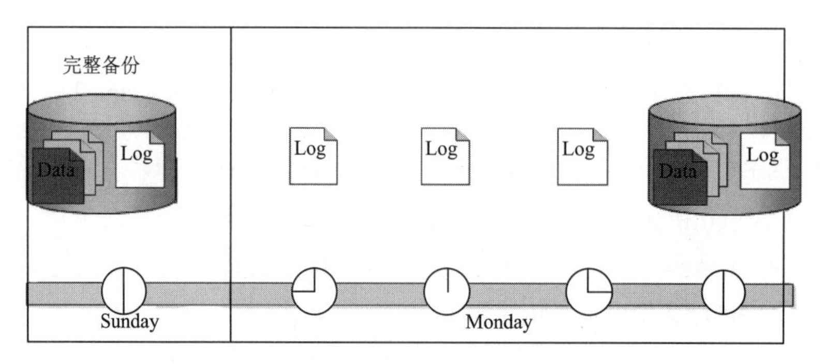

图 7-7　完整备份 + 事务日志备份的应用

（3）完整备份+差异备份+事务日志备份

如果进行一次完整备份的时间较长，用户希望将完整备份的周期拉长一些，而采用上述策略（2）比较耗费时间，那么可在策略（2）的基础上再加上若干差异备份。该方式的优点是备份和恢复的速度都较快，且当系统出现故障时丢失的数据较少。该策略的一种应用如图7-8所示。

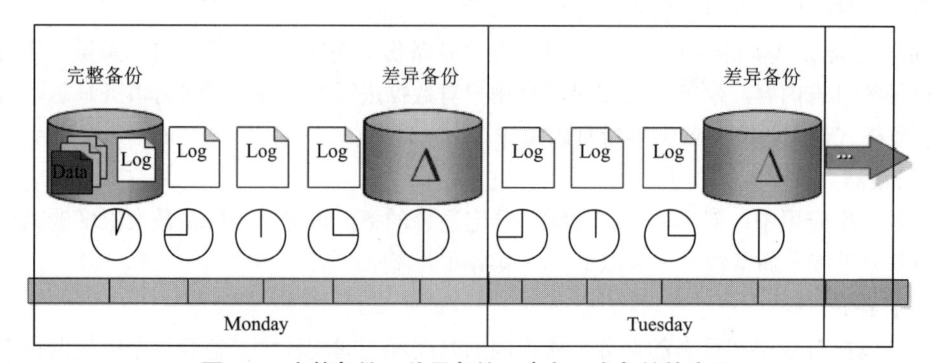

图 7-8　完整备份 + 差异备份 + 事务日志备份的应用

6. 备份实现

（1）完整备份或差异备份的T-SQL语句

```
BACKUP DATABASE 数据库名
TO {< 备份设备名 >} | {DISK | TAPE}=
{'物理备份文件名'}[ ,...n ]
[ WITH
[ DIFFERENTIAL ]
[ [ , ] { INIT | NOINIT } ]
]
```

其中，各参数的含义如下：

① DISK | TAPE：备份到磁盘或磁带。若备份到磁盘，应输入完整路径和文件名，如DISK='D:\Data\MyData.bak'。

② DIFFERENTIAL：差异备份。

③ INIT：本次备份将重写备份设备。

④ NOINIT：本次备份将追加到备份设备上，默认选项。

例 7-13　将stuDB数据库完整备份到bk1设备上。
SQL语句如下：

```
BACKUP  DATABASE  stuDB  TO  bk1
```

例 7-14　将stuDB数据库差异备份到bk2设备上。
SQL语句如下：

```
BACKUP  DATABASE  stuDB  TO  bk2  WITH  DIFFERENTIAL
```

（2）事务日志备份的T-SQL语句

```
BACKUP LOG 数据库名
TO {< 备份设备名 >} | {DISK | TAPE}={'物理备份文件名'}[,...n ]
[ WITH
[{ INIT | NOINIT } ]
[{ [ , ] NO_LOG | TRUNCATE_ONLY | NO_TRUNCATE }]
]
```

其中，各参数的含义如下：

① NO_LOG和TRUNCATE_ONLY：备份完日志后截断不活动的日志。

② NO_TRUNCATE：备份完日志后不截断不活动的日志。

其他选项同备份数据库语句的选项。

例 7-15　对stuDB进行一次事务日志备份，备份路径为D:\dump\bk3.bak，以覆盖的方式备份。
SQL语句如下：

```
BACKUP  LOG  stuDB  TO  bk3  TO DISK='D:\dump\bk3.bak'WITH  INIT
```

7.3.3　数据库恢复

1. 恢复模式

① 完整模式：包括数据库备份和事务日志备份的恢复。如果能够在出现故障后备份日志尾部，则可以使用此模式将数据库恢复到故障点。因此，完整恢复模式可提供全面的保护，在最大范围内防止故障出现时丢失数据，使数据库免受故障的影响。

② 大容量日志模式：只对大容量操作（如创建索引或批量加载数据）进行最小记录，对其他事务操作会完整记录。该模式可保护大容量操作不受故障的危害，只占用最小的日志空间并提供最佳性能，但增加了大容量复制操作易导致的数据丢失的危险。

③ 简单模式：由于数据被永久存储后事务日志将被自动截断，即不活动的日志将被删除，因此，此模式没有可以备份的事务日志，也就是说，不能进行事务日志备份。如果要进行事务日志备份，必须先将数据库恢复模式设置为完整或大容量日志模式。通常，简单恢复模式只用于测试和开发数据库，或用于主要包含只读数据的数据库。

2. 恢复顺序

① 在还原数据库之前，如果数据库的日志文件没有损坏，为尽可能减少数据丢失，应在恢复之前对数据库进行一次尾部日志备份。

② 还原最近的完整数据库备份。

③ 还原完整备份之后最近的差异数据库备份。

④ 从最后一次还原备份后创建的第一个事务日志备份开始，按日志备份的先后顺序还原所有日志备份。

3. 恢复实现

① 恢复数据库的T-SQL语句如下：

```
RESTORE DATABASE 数据库名 FROM  备份设备名
[ WITH FILE=文件号
    [ , ] NORECOVERY
    [ , ] RECOVERY
  ]
```

其中，各参数的含义如下：

- FILE=文件号：标识要还原的备份，文件号为几表示备份设备上的第几个备份。
- NORECOVERY：表明对数据库的恢复操作还没有完成。
- RECOVERY：表明对数据库的恢复操作已经完成。

例7-16　设已将数据库stuDB完整备份到bk1备份设备上，且此设备只含有对该库的完整备份，请用T-SQL语句恢复数据库。

SQL语句如下：

```
RESTORE  DATABASE  stuDB  FROM  bk1
```

② 恢复日志文件的T-SQL语句如下：

```
RESTORE LOG 数据库名 FROM  备份设备名
[ WITH FILE=文件号
    [ , ] NORECOVERY
    [ , ] RECOVERY
]
```

其中，各参数的含义与RESTORE DATABASE的相同。

例7-17　设已对数据库stuDB进行了如图7-9所示的备份过程，若在最后一个日志备份完成之后的某个时刻系统出现故障，请利用已有的备份通过T-SQL语句对其进行恢复。

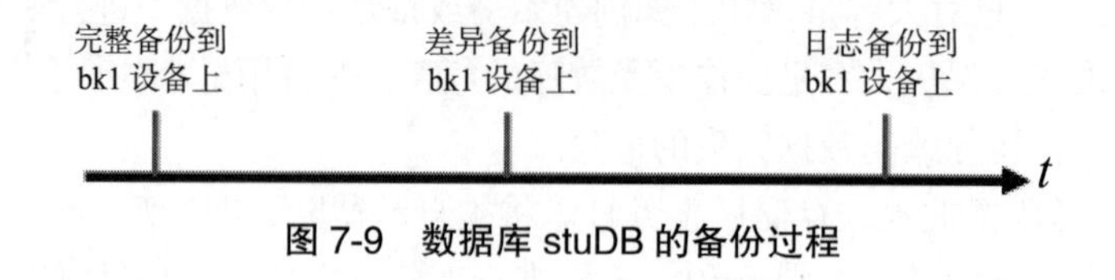

图 7-9　数据库 stuDB 的备份过程

① 还原完整备份：

```
RESTORE  DATABASE  stuDB  FROM  bk1  WITH  FILE=1, NORECOVERY
```

② 还原差异备份：

```
RESTORE  DATABASE  stuDB  FROM  bk1  WITH  FILE=2, NORECOVERY
```

③ 恢复日志备份：

```
RESTORE  LOG  stuDB  FROM  bk1  WITH  FILE=3
```

7.3.4 数据的导入与导出

视频

数据导入导出

数据是数据库应用系统的核心，所以不管是为了数据的安全，还是为了备份操作，导入和导出数据都是一项必不可少的重要工作。导入数据是指将从本地库中把数据导进入指定的库中。导出数据是指将指定的库中的数据导出到本地的库中。数据的导入、导出功能可以实现不同类型数据的转换，即将相同或不同类型的数据库中的数据互相导入/导出或者汇集在一处。

如果是在不同的SQL Server数据库之间进行数据导入/导出，可使用SELECT…INTO…FROM…或INSERT INTO…语句。前者可将查询结果进行表的复制，后者是将源数据插入已经存在的表中。具体的用法如下：

① SELECT * INTO newtable FROM oldtable。

② INSERT INTO newtable AS SELECT * FROM oldtable。

其中，newtable是目标表，oldtable是源表。

如果是在不同数据格式之间转换数据，SQL Server提供了导入导出向导，这是一种从源向目标复制数据的简便方法。可导入、导出的数据源包括以下几类：

① 企业数据库，如SQL Server、Oracle等。

② 开源数据库，如MySQL、PostgreSQL、SQLite等。

③ 文本文件（平面文件），如.txt文件等。

④ 微软Office中的Excel、Access等。

⑤ Azure数据库源。

⑥ 提供连接器的任何其他数据源，包括ODBC、OLE DB、.Net Framework等。

现以Microsoft Excel 2007及以上版本（扩展名为.xslx）为例讲述数据的导入和导出方法。

1. 数据的导入

例 7-18　将Excel表中的数据导入TeachingDB数据库中。

具体操作步骤如下：

① 打开SQL Server，在对象资源管理器中，展开数据库，右击TeachingDB数据库，在弹出的快捷菜单中选择“任务”→“导入数据”命令，如图7-10所示。

② 在弹出的“SQL Server导入和导出向导”对话框中，单击“下一步”按钮，弹出“选择数据源”对话框，在“数据源”下拉列表中选择Microsoft Excel，在文件路径中选择要导入的文件，如图7-11所示。

③ 单击“下一步”按钮，弹出“选择目标”对话框，如图7-12所示。在“目标”下拉列表框中选择要将数据复制到的目的地。现在要将数据导入到本地SQL Server服务器上，因此，在下拉列表框中选择SQL Server Native Client 11.0；“服务器名称”是本地服务，在“数据库”中选择TeachingDB。

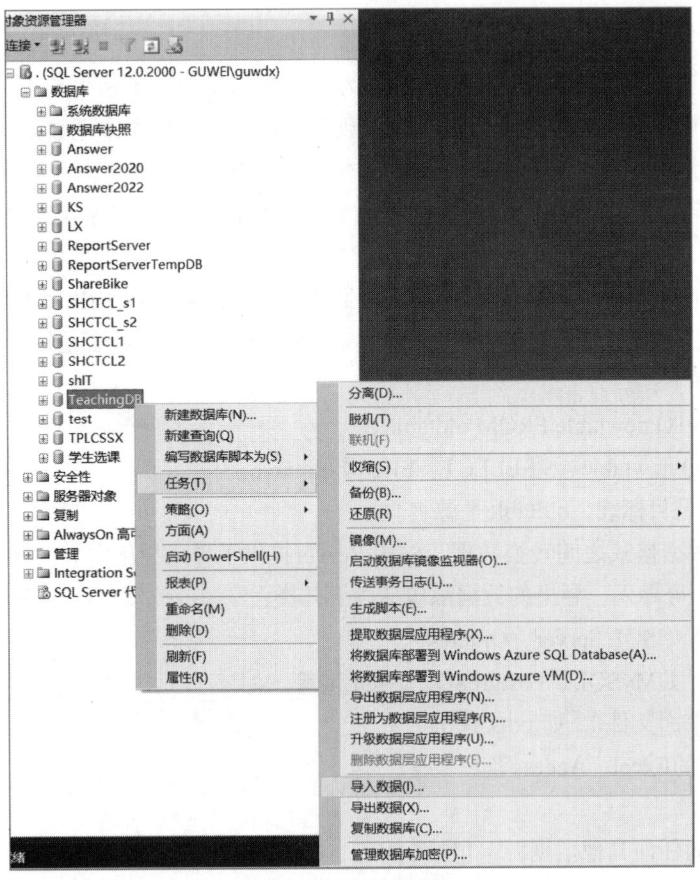

图 7-10　导入数据

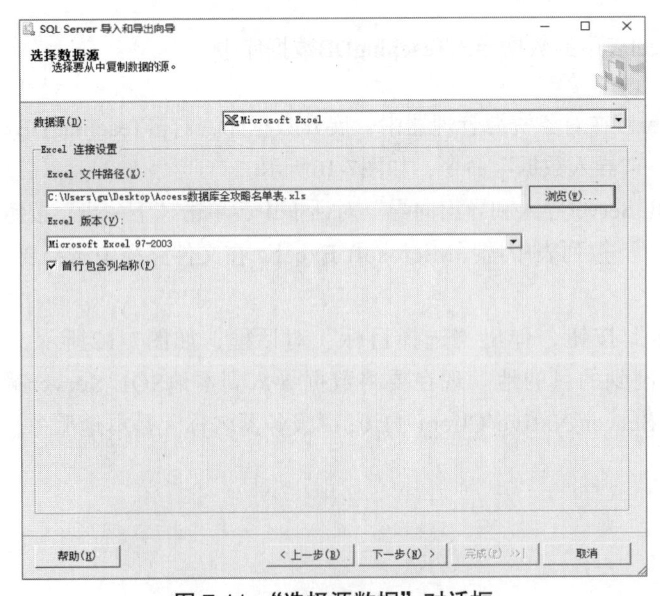

图 7-11　“选择源数据”对话框

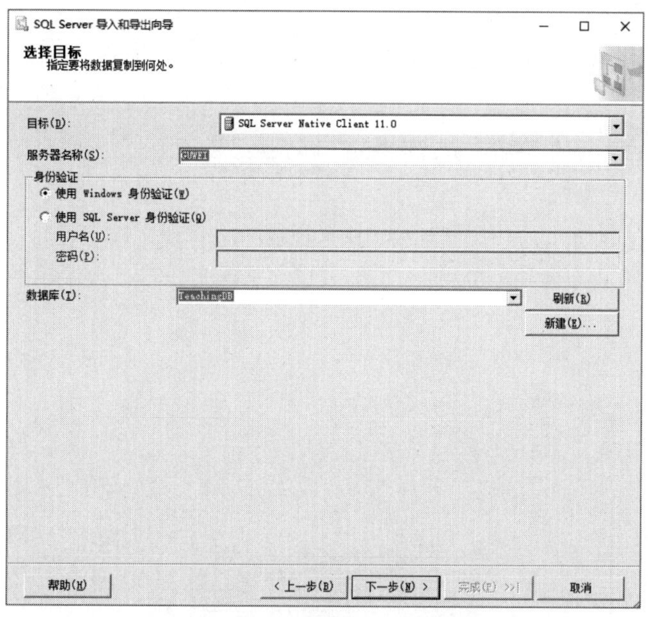

图 7-12 “选择目标”对话框

④ 单击“下一步”按钮，弹出“指定表复制或查询”对话框，如图7-13所示。选中“复制一个或多个表或视图的数据”单选按钮。

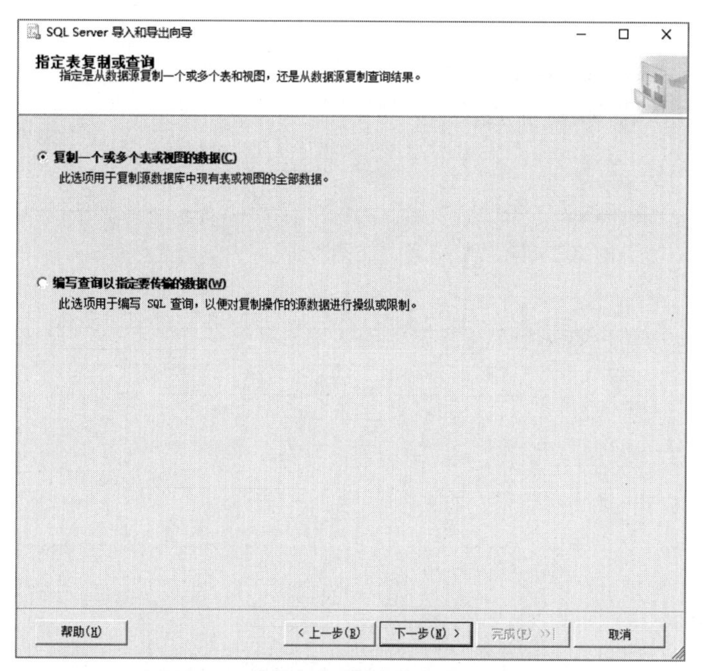

图 7-13 “指定表复制或查询”对话框

⑤ 单击“下一步”按钮，选择源表和源视图，如图7-14所示。

图 7-14 “选择源表和源视图”对话框

⑥ 单击“下一步”按钮，弹出“保存并运行包”对话框，选中“立即运行”复选框，如图7-15所示。

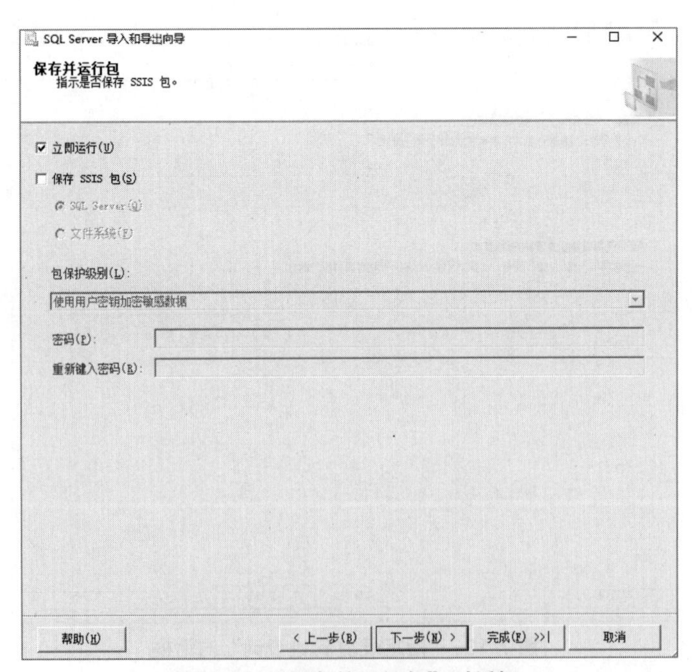

图 7-15 “保存并运行包”对话框

⑦ 单击“下一步”按钮，弹出“完成该向导”对话框，如图7-16所示。

图 7-16　“完成该向导”对话框

⑧ 单击“完成”按钮，开始复制数据，如图7-17所示。

图 7-17　复制数据

2. 数据的导出

数据的导出是指将SQL Server中的数据转换为用户指定格式的过程。例如，将SQL Server表的内容复制到Access数据库中，或者导出到Excel表格中。使用向导完成数据库的导出工作的步骤和数据的导入相似，主要是确定好数据库的源和目的文件，具体过程不再详细介绍。

课后练习

一、选择题

1. 如果事务 T 获得了数据项 K 上的排他锁，则其他事务对 K（　　）。

A. 可以写也可以读　　B. 只能写不能读

C. 只能读不能写　　D. 不能读也不能写

2. 设事务 T_1 和 T_2 执行如表 7-5 所示的并发操作，这种并发操作存在的问题是（　　）。

表 7-5　并发操作

时　间	事务 T_1	事务 T_2
①	读 A=50，B=2	
②		读 A=50 A=A × 2=100 写回 A=100
③	计算 A+B	
④	读 A=100，B=2 验证 A+B	

A. 丢失修改　　B. 不可重复读

C. 读脏数据　　D. 产生幽灵数据

3. 若事务 T 对数据项 A 已加了 S 锁，则其他事务对数据项 A（　　）。

A. 可以加 S 锁，但不能加 X 锁　　B. 可以加 X 锁，但不能加 S 锁

C. 可以加 S 锁，也可以加 X 锁　　D. 不能加任何锁

4. 事务一旦提交，其对数据库中数据的修改就是永久的，以后的操作或故障不会对事务的操作结果产生任何影响。这个特性是事务的（　　）。

A. 原子性　　B. 一致性

C. 隔离性　　D. 持久性

5. 在多个事务并发执行时，如果并发控制措施不好，则可能会造成事务 T_1 读了事务 T_2 的脏数据。这里的脏数据是指（　　）。

A. T_1 回滚前的数据　　B. T_1 回滚后的数据

C. T_2 回滚前的数据　　D. T_2 回滚后的数据

6. 下列关于 SQL Server 数据库用户权限的说法，正确的是（　　）。

A. 通常情况下，数据库用户都来源于服务器的登录账户

B. 数据库用户自动具有该数据库中全部用户数据的查询权

C. 一个登录账户只能对应一个数据库中的用户

D. 数据库用户都自动具有该数据库中所有角色的权限

7. 下列关于 SQL Server 数据库服务器登录账户的说法，错误的是（　　）。

A. 登录账户的来源可以是 Windows 用户，也可以是非 Windows 用户

B. 所有的 Windows 用户都自动是 SQL Server 的合法账户

C. 在 Windows 身份验证模式下，不允许非 Windows 身份的用户登录到 SQL Server 服务器

D. sa 是 SQL Server 提供的一个具有系统管理员权限的默认登录账户

8. 创建 SQL Server 登录账户的 SQL 语句是（　　）。

A. CREATE LOGIN　　B. CREATE USER

C. ADD LOGIN　　D. ADD USER

9. 下列关于数据库中普通用户的说法，正确的是（　　）。

A. 只能被授予对数据的查询权限

B. 只能被授予对数据的插入、修改和删除权限

C. 只能被授予对数据的操作权限

D. 不能具有任何权限

10. 下列关于数据库备份的说法，正确的是（　　）。

A. 对系统数据库和用户数据库都应采用定期备份的策略

B. 对系统数据库和用户数据库都应采用修改后即备份的策略

C. 对系统数据库应采用修改后即备份的策略，对用户数据库应采用定期备份的策略

D. 对系统数据库应采用定期备份的策略，对用户数据库应采用修改后即备份的策略

11. 下列关于差异备份的说法，正确的是（　　）。

A. 差异备份备份的是从上次备份到当前时间数据库变化的内容

B. 差异备份备份的是从上次完整备份到当前时间数据库变化的内容

C. 差异备份仅备份数据，不备份日志

D. 两次完整备份之间进行的各差异备份的备份时间都是一样的

二、填空题

1. 为防止并发操作的事务产生相互干扰情况，数据库管理系统采用加锁机制来避免这种情况。锁的类型包括________和________。

2. 一个事务可通过执行________语句来取消其已完成的数据修改操作。

3. 事务应对要读取的数据加________锁，对要修改的数据加________锁。

4. 一个事务只要执行了 _____ 语句，其对数据库的操作就是永久的。

5. SQL Server 的身份验证模式有________和________两种。

6. SQL Server 的登录账户来源有________和________两种。

7. SQL Server 将权限分为________、________和________三种。

8. 第一次对数据库进行的备份必须是________。

9. 通常情况下，完整备份、差异备份和日志备份中，备份时间最长的是________。

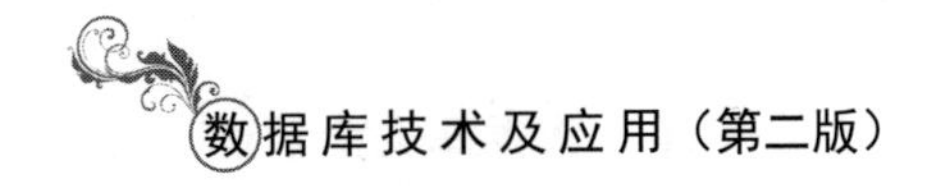

小　结

本章介绍了事务、并发控制以及数据库的安全性管理等内容。事务是数据库中非常重要的概念，它是保证数据并发控制的基础。事务的特点是事务的操作是作为一个完整的工作单元，这些操作要么全部完成，要么全部不成功。并发控制的主要方法是加锁，可以分为共享锁和排他锁两种。

数据库的安全管理包括数据库用户权限的设置、数据库的备份以及数据库的恢复和还原。备份和还原是保证当数据库出现故障时能够将数据库尽可能地恢复到正确状态的技术。备份数据库时不仅备份数据，还要备份与数据库有关的所有对象、用户和权限。数据库备份是数据库管理过程中一项必不可少的任务。

习　题

1. 试述事务的概念及事务的四个特性。
2. 为什么事务非正常结束时会影响数据库数据的正确性？请列举说明。
3. 并发操作可能会产生哪几类数据不一致？用什么方法能避免各种不一致的情况？

第8章 数据库应用系统项目案例

教学管理系统案例是根据学生熟悉的教学过程设计的应用系统，同时根据课程和讲授需要，对教学系统进行简化，是一个简单完整的教学管理系统案例，可使学习者能更有效地掌握相关知识。在本书中，该系统需要完成的是数据库的设计和开发等内容，具体业务逻辑和应用程序的开发不展开，有兴趣的读者可以参考相关程序设计的书籍进行学习。

本章中另一个案例是通过教材征订数据库应用系统设计来举例说明数据库系统具体的设计过程和方法。通过两个案例的学习，能够对数据库系统的设计方法和设计过程有了更加深入的理解。

学习目标

本章主要通过两个案例介绍数据库应用系统的设计与实现。主要介绍贯穿本书的教学管理系统项目案例的设计与实现过程，使读者能有效地学习数据库设计和开发的原理和方法。通过本章的学习，需要实现以下目标：

◎理解数据库应用系统的设计过程。

◎能根据数据库设计创建具体的数据库及表。

◎能够对数据库表创建完整性约束。

◎能使用SQL语句操纵数据库。

8.1 教学管理系统项目案例

8.1.1 项目需求介绍

本系统是针对高等院校的教学管理系统，对和学生、课程、教师等相关的信息进行信息化管理，包括与成绩信息相关的学生基本信息、院系信息、课程信息、教师信息等信息的录入、修改、删除、查询、统计、报表与分析，教师对学生成绩的录入、修改、查询、统计、打印等操作。因此，该管理系统的用户包括系统管理员、教师和学生，主要涉及系部信息、班级信息、任课教师信息、学生信息、课程信息以及选课记录和成绩等多种数据信息。

该系统主要实现的功能包括以下五方面的功能：

① 数据录入功能：完成系统相关数据的录入，包括院系信息的录入、课程信息的录入、教师基本系统的录入、学生基本信息的录入、学生成绩的录入等。

② 数据查询功能：完成对各种需求数据的查询，包括学生基本情况的查询、选修课程的查询、成绩信息的查询等。

③ 数据统计功能：完成对各种需求数据的统计，包括选课人数的统计、学生成绩分布统计及学分的统计等。

④ 系统信息的浏览与维护：完成系统相关数据的维护，包括院系信息的浏览和维护、教师信息的维护、课程信息的维护、学生信息的维护等。

⑤ 报表输出：完成所需报表的输出，包括基本情况表、选课情况表、学生成绩表、补考情况等。

根据系统的整体需求情况，结合实际对需求进行分析，进一步对各个数据对象提出了如下数据需求：

① 院系涉及的主要信息有院系代号、院系名称、联系方式、办公地址等。

② 学生涉及的主要信息有学号、姓名、性别、出生日期、籍贯、是否党员等。

③ 教师涉及的主要信息有职工号、教师姓名、性别、职称等。

④ 课程涉及的主要信息有课程号、课程名、学分、开设学期等。

⑤ 成绩设计的主要信息有学号、课程号、考试成绩等。

另外，系统的用户包括管理员、教师和学生。由于各自身份的不同，需要设置不同的操作权限，如管理员可以更改学生信息、教师信息，包括添加、更新或删除等，学生和教师则只能更改自己的信息，不能修改他人的信息等，所以，需要设计用户信息表，包括用户账号、密码和用户权限等信息。

8.1.2　教学管理系统设计过程

1. 概念模型设计

根据教学管理系统需求分析的结果，得到如下数据描述：系统中涉及的主要数据对象有院系、学生、课程、教师和成绩。其中，一个学生可选修多门课程，一门课程可为多个学生选修。对学生选课需要记录考试成绩信息，每个学生每门课程只能有一次考试。对每名学生需要记录学号、姓名、性别等信息，对课程需要记录课程号、课程名、课程性质等信息。此外，一个教师可讲授多门课程，一门课程可为多个教师讲授，对每个教师讲授的每门课程需要记录授课时数信息。对每个教师需要记录教师号、教师名、性别、职称等信息。对每门课程需要记录课程号、课程名、开课学期等信息。一个部门可有多个教师，一个教师只能属于一个部门，对部门需要记录部门名、办公电话等信息。一个学生只属于一个院系，一个院系可以有多个学生。对系需要记录系名、办公地点等信息。因此，该系统的概念模型（E-R模型）设计如图8-1所示。

注意：该E-R图是最终的E-R图，具体设计过程和分析参见第3章的相关内容。

2. 系统逻辑模型设计

根据系统设计出的概念模型，并结合概念模型向逻辑模型转换的规则，转换成相应的关系模式，并对转换后的关系模式进行优化，得到该系统的逻辑模型如下：

教师（教师号，姓名，职称，性别，系号），其中教师号是主键，系号是外键。

系（系号，系名，电话），系号是主键。

学生（学号，姓名，性别，出生日期，系号），其中学号是主键，系号是外键。

课程（课程号，课程名，学时，先修课程），课程号是主键。

选修（学号，课程号，学分，选修时间），其中学号和课程号共同为主键，学号和课程号又分别是外键。

授课（教师号，课程号，授课时间）其中教师号和课程号共同为主键，教师号和课程号又分别是外键。

注意：该逻辑模型的具体转换过程和优化参见第3章和第6章的相关内容。

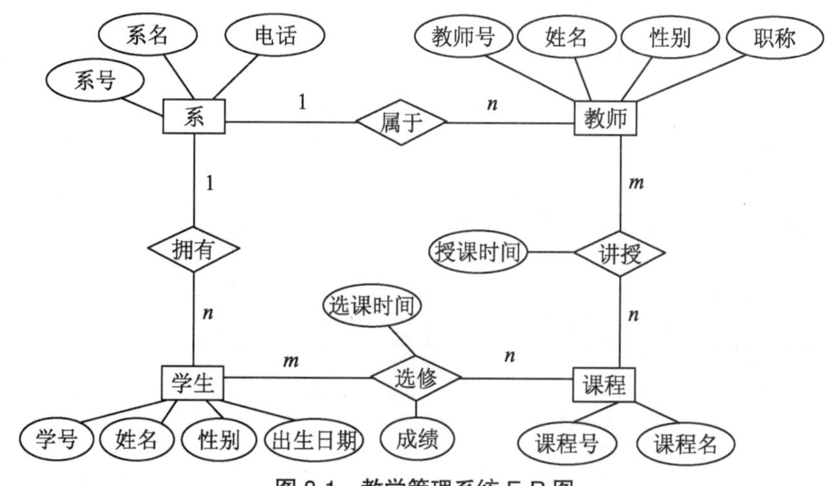

图 8-1　教学管理系统 E-R 图

3. 系统物理模型设计

根据逻辑模型，并结合实际，该系统创建的表结构如表8-1～表8-6所示。

表 8-1　department（院系）表结构

数据项名	数据类型	完整性约束	备　注
dno	CHAR(7)	非空、主键	院系编号
dname	CHAR(20)	非空	院系名
building	CHAR(20)		办公楼
telephone	CHAR(8)		电话

表 8-2　student（学生）表结构

数据项名	数据类型	完整性约束	备　注
sno	CHAR(7)	非空、主键	学号
sid	CHAR(18)	非空、唯一	学生身份证号
sname	CHAR(8)	非空	学生姓名
ssex	CHAR(2)	默认值为“男”	学生性别
smobile	CHAR(11)	每位数字的取值范围为 0 ～ 9 的数字，其中第一位数字的取值范围为 1 ～ 9	学生电话
sbirthday	DATETIME		出生日期
sdept	CHAR(7)	外键，引用院系表的院系号	所在院系

表 8-3　course（课程）表结构

数据项名	数据类型	完整性约束	备　注
cno	CHAR(6)	非空、主键	课程号
cname	VARCHAR(30)	非空、	课程名
credit	INT	学分在 1 ~ 5 之间取值	学分
precno	CHAR(6)		先修课程

表 8-4　teacher（教师）表结构

数据项名	数据类型	完整性约束	备　注
tno	CHAR(6)	非空、主键	教师工号
tname	CHAR(8)	非空	教师姓名
tsex	CHAR(2)	默认值为“男”	教师性别
tmobile	CHAR(11)		教师电话
title	CHAR(8)		职称
tdept	CHAR(7)	外键，引用院系表的院系号	所在院系

表 8-5　TC（授课）表结构

数据项名	数据类型	完整性约束	备　注
tno	CHAR(6)	非空，外键，引用教师表的 tno	教师工号
cno	CHAR(6)	非空，外键，引用课程表的 cno	课程号
classtime	VARCHAR(20)		授课学期

表 8-6　SC（成绩）表结构

数据项名	数据类型	完整性约束	备　注
sno	CHAR(7)	非空，外键，引用学生表的 sno	学号
cno	CHAR(6)	非空，外键，引用课程表的 cno	课程号
studytime	VARCHAR(20)		选课学期
grade	INT	取值范围为［0，100］	成绩

8.1.3　教学管理系统实现

根据上述表结构的字段名和数据类型及约束条件，创建这些表的SQL语句如下：

1. 创建数据库表

（1）创建department表的SQL语句

```
CREATE TABLE department
(
```

```
    dno  CHAR(7)  NOT NULL  PRIMARY KEY,
    dname  CHAR(20)  NOT NULL,
    building  CHAR(20),
    telephone CHAR(8)
)
```

（2）创建student表的SQL语句

```
CREATE TABLE student
(
    sno CHAR(7)  NOT NULL  PRIMARY KEY,
    sid CHAR(18)  NOT NULL UNIQUE,
    sname CHAR(8) NOT NULL,
    ssex CHAR(2) DEFAULT'男',
    smobile CHAR(11) CHECK(smobile LIKE'[1-9][0-9][0-9][0-9][0-9][0-9][0-9]
[0-9][0-9][0-9][0-9]') ,
    sbirthday DATETIME,
    sdept CHAR(7),
    FOREIGN KEY (sdept) REFERENCES department(dno)
)
```

（3）创建course表的SQL语句

```
CREATE TABLE course
(
    cno CHAR(6) NOT NULL PRIMARY KEY,
    cname VARCHAR(30) NOT NULL,
    credit INT CHECK(credit>=1 and credit<=5),
    precno CHAR(6)
)
```

（4）创建teacher表的SQL语句

```
CREATE TABLE teacher
(
    tno CHAR(6) NOT NULL PRIMARY KEY,
    tname CHAR(8) NOT NULL,
    tsex CHAR(2) DEFAULT'男',
    tmobile CHAR(11),
    tdept CHAR(7),
    title CHAR(8),
    FOREIGN KEY(tdept) REFERENCES department(dno)
)
```

（5）创建TC表的SQL语句

```
CREATE TABLE TC
(
    cno CHAR(6) NOT NULL,
    tno CHAR(6) NOT NULL,
    classtime  VARCHAR(20),
    PRIMARY KEY(cno,tno),
    FOREIGN KEY(cno) REFERENCES course(cno),
    FOREIGN KEY(tno) REFERENCES teacher(tno)
)
```

（6）创建SC表的SQL语句

```
CREATE TABLE SC
(
    cno CHAR(6) NOT NULL,
    sno CHAR(7) NOT NULL,
    studytime  VARCHAR(20),
    grade INT CHECK(grade>=0 AND grade<=100),
    PRIMARY KEY(cno,sno),
    FOREIGN KEY(cno) REFERENCES course(cno),
    FOREIGN KEY(sno) REFERENCES student(sno)
)
```

2. 系统数据录入

根据创建好的表，向各表中输入相关数据，具体参考数据如下：

（1）department表数据

```
INSERT INTO department VALUES('D01','计算机系','学院楼1', '58132909')
INSERT INTO department VALUES('D02','软件工程系','学院楼1', '58131233')
INSERT INTO department VALUES('D03','信息管理系','学院楼2', '58132907')
INSERT INTO department VALUES('D04','网络工程系','学院楼2', '58131111')
INSERT INTO department VALUES('D05','新闻系','学院楼3', '58132131')
```

（2）student表数据

```
  INSERT  INTO  student  VALUES('S160101','******19980526***','王东民','
男','135****1111','1998-05-26','D01')
  INSERT  INTO  student  VALUES('S160102','******19981001***','张小芬', '
女','131****2222','1998-10-01','D01')
  INSERT  INTO  student  VALUES('S160201','******19971021***','高小夏','
男','139****3301','1997-10-21','D02')
  INSERT  INTO  student  VALUES('S160202','******19980511***','张山', '
女','139****3301','1998-05-01','D02')
  INSERT  INTO  student  VALUES('S160301','******19980606***','徐青山','
男','130****4561','1998-06-06','D03')
  INSERT  INTO  student  VALUES('S160302','******19971216***','高天', '
男','139****3301','1997-12-16','D03')
  INSERT  INTO  student  VALUES('S160401','******19980115***','胡汉民','
男','150****3308','1998-01-15','D04')
  INSERT  INTO  student  VALUES('S160402','******19971225***','王俊青','
男','150****2989','1997-12-25','D04')
  INSERT  INTO  student  VALUES('S160501','******19980218***','张丹宁','
女','152****9890','1998-02-18','D05')
  INSERT  INTO  student  VALUES('S160502','******19971204***','李鹏飞',
男','136****9888','1997-12-04','D05')
```

（3）Course表数据

```
  INSERT INTO course('cno','cname','credit','precno') VALUES('C01001', C程序设
计','4','C00004')
  INSERT INTO  course('cno','cname','credit','precno') values('C01002', '数据结
构','4','C01001')
```

```
    INSERT INTO course('cno','cname','credit','precno') VALUES('C00003','高等数学',
'4',NULL)
    INSERT INTO course('cno','cname','credit','precno')VALUES('C00004', 计算机应用基
础','2',NULL)
    INSERT INTO course('cno','cname','credit','precno') VALUES('C00005', '大学英
语','4',NULL)
    INSERT INTO course('cno','cname','credit','precno') VALUES('C02001','信息管理系
统','3','C01001')
    INSERT INTO course('cno','cname','credit','precno') VALUES('C01003', '数据库原
理','3','C01002' )
```

（4）teacher表数据

```
    INSERT INTO teacher('tno','tname','tsex','tmobile','tdept','title')
VALUES('T01002','徐大勤','男','131****7777','D01','教授')
    INSERT INTO teacher ('tno','tname','tsex','tmobile','tdept','title')
VALUES('T01003','戴丽','女','136****4444','D01','讲师')
    INSERT INTO teacher ('tno','tname','tsex','tmobile','tdept','title')
VALUES('T02001','曲宏伟','男','135****6666','D02','讲师')
    INSERT INTO teacher('tno','tname','tsex','tmobile','tdept','title')
VALUES('T02002','陈明收','男','137****5555','D02','副教授')
    INSERT INTO teacher('tno','tname','tsex''tmobile','tdept','title')
VALUES('T03001','王重阳','男','133****1111','D03','讲师')
    INSERT INTO teacher('tno','tname','tsex','tmobile','tdept','title')
VALUES('T04001','张凯莉','女','151****9898','D04','副教授')
    INSERT INTO teacher('tno','tname','tsex','tmobile','tdept','title')
VALUES('T04002','马娅','女','130****2323','D04',NULL)
    INSERT INTO teacher('tno','tname','tsex','tmobile','tdept','title')
VALUES('T05001','黄蓉','女','150****2222','D05','助教')
```

（5）TC表数据

```
    INSERT INTO TC('cno','tno','classtime') VALUES('C01001', 'T01002', '2016-
2017(2)')
    INSERT into TC('cno','tno','classtime') VALUES('C00004','T04001','2016-2017(1) ')
    INSERT INTO TC('cno','tno','classtime') values('C00003', 'T03001', '2016-
2017(1) ')
    INSERT INTO TC('cno','tno','classtime') VALUES('C01003','T02002',
'2016-2017(2)')
```

（6）SC表数据

```
    INSERT INTO SC('cno','sno','studytime','grade') VALUES('C00004',
'S160202','2016-2017(1)','78')
    INSERT INTO SC('cno','sno','studytime','grade') VALUES('C00004',
'S160301','2016-2017(1)','58')
    INSERT INTO SC('cno','sno','studytime','grade') VALUES('C01001',
'S160101','2016-2017(1)','80')
    INSERT INTO SC('cno','sno','studytime','grade') VALUES('C01001',
'S160102','2016-2017(1)','83')
    insert into SC('cno','sno','studytime','grade') VALUES('C01001',
'S160201','2016-2017(1)','78' )
```

```
INSERT INTO SC('cno','sno','studytime','grade') VALUES('C01001,
'S160202','2016-2017(1)','60' )
INSERT INTO SC('cno','sno','studytime','grade') VALUES('C01001',
'S160401','2016-2017(1)','90')
INSERT INTO SC('cno','sno','studytime','grade') VALUES('C01002',
'S160101','2016-2017(2)','77')
INSERT INTO SC('cno','sno','studytime','grade') VALUES('C01002',
'S160102','2016-2017(2)','81')
INSERT INTO SC('cno','sno','studytime','grade') VALUES('C00004',
'S160302','2016-2017(1)','68')
INSERT INTO SC('cno','sno','studytime','grade') VALUES('C00004',
'S160401','2016-2017(1)','90')
INSERT INTO SC('cno','sno','studytime','grade') VALUES('C00004',
'S160402','2016-2017(1)','88')
INSERT INTO SC('cno','sno','studytime','grade') VALUES('C00004',
'S160501','2016-2017(1)','80')
```

8.2 教材征订系统项目案例

本节通过教材征订数据库应用系统设计案例举例说明数据库系统具体的设计过程和方法。教材系统是比较常见的管理信息系统，通过利用信息化手段提高教材征订、入出库、发放、计费等功能，本案例主要是教材系统中的一部分—教材征订。为讲解方便，对该案例进行删减，仅介绍其最基本的功能。虽然比实际系统简单，但已能展示一个完整的数据库应用系统的开发设计思路和步骤。

8.2.1 需求分析

通过对高校教材管理流程的调研，分析现有工作流程，查询相关教材管理资料，并根据实际需求确定教材征订管理的功能。

1. 信息需求

用户对信息的需求如下：

① 教师基本信息：包括教师工号、用户名、密码、联系方式、提交状态等。

② 教材基本信息：包括教材名称、教材作者、教材ISBN、教材定价、出版社、版次等信息。

③ 教材征订信息：根据每学期教学计划，确定教师需要订购的课程教材，包括教材相关信息、教材使用班级等信息。

④ 统计报表信息：对教师教材征订的信息进行汇总、统计等。

2. 功能需求

用户对系统的功能需求可以用图8-2所示的功能结构图表示。

（1）教材库管理

① 对教材信息进行维护，包括增加、删除、修改现有教材信息。

② 可根据教材名、ISBN、出版社等字段查询现有教材及库存信息。

（2）出版社管理

① 对出版社信息进行维护，包括增加、删除、修改现有出版社信息。

② 查询现有出版社信息。

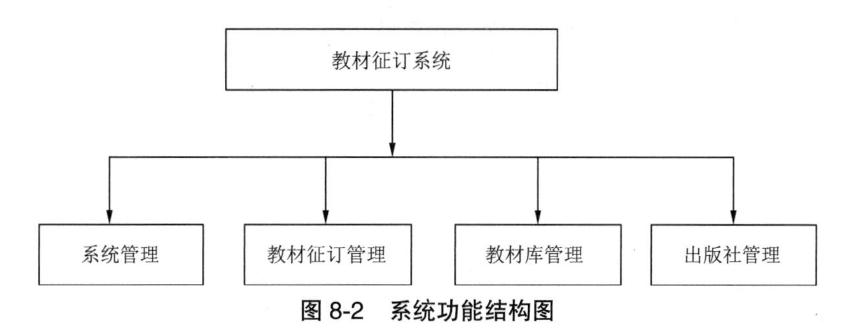

图 8-2 系统功能结构图

（3）教材征订管理

① 实现各个学院独立申请购买教材的功能。

② 对教材征订的信息进行统计管理。

③ 查询现有教材征订信息。

（4）系统管理

① 对教材征订周期、征订状态进行管理。

② 添加、删除、修改管理员及普通用户。

③ 通知公告管理、系统维护等。

3. 系统结构分析

通过分析，为了满足系统需求，可将系统分成两部分：教师订书管理和教材后台管理。

教师订书管理具体功能是完成学期订书。教师根据年度教学任务进行订书，添加本年度的订单，然后添加订单中的教材，一个订单可以添加多本教材；教师可以对教材库中没有的教材进行添加，通过添加将需求的教材加入教材库，然后完善自己的订单。

教材信息后台管理的功能是进行管理员维护、教师信息维护、公告信息维护、出版社信息维护、教材订购信息汇总查看。

8.2.2 数据库设计

系统简化了部分功能，减少了涉及的数据，所以本系统的概念结构相对简单，设计也比较容易。

1. 概念结构设计

概念结构设计是整个数据库设计的关键，它通过对用户需求进行综合、归纳与抽象，形成独立于具体DBMS的概念模型，如图8-3所示。为了简化E-R模型，没有列出各实体集属性，具体属性可参看逻辑结构设计部分。

2. 逻辑结构设计

根据上述E-R图及转换规则，系统主要包含以下关系：

① 管理员（管理员编号，管理员姓名，电话号码，所在办公室，密码）

② 教师（教师编号，教师姓名，电话号码，所在办公室，密码，所在院系）

③ 教材（教材ISBN，教材名，作者，版次，单价，出版社编号，出版日期，备注）

④ 教材订单（订单编号，教师编号，订单时间，开课课程名，开课院系，备注）

⑤ 教材订单详情（<u>订单编号</u>，教师编号，教材ISBN，订购数量，教师用书数量，备注）

⑥ 出版社（<u>出版社编号</u>，出版社名称，缩写，地址，电话，省市，备注）

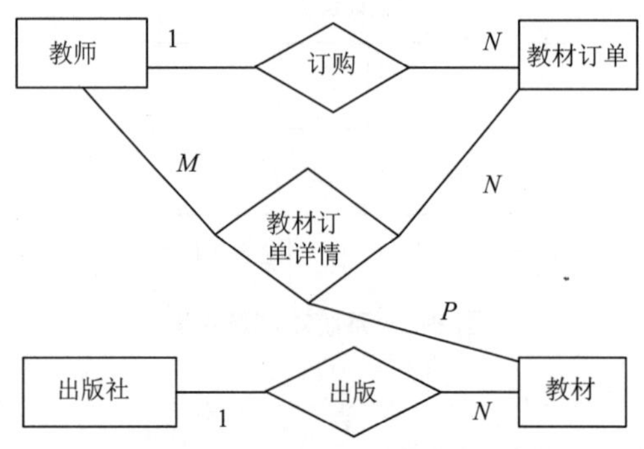

图 8-3　概念结构设计 E-R 图

3. 物理结构设计

（1）确定数据库的存储结构

由于本系统的数据库建立不是很大，所以数据存储采用的是一个磁盘的一个分区。

（2）数据库表设计

主要数据库表及机构如下：

① 管理员表：用来维护教材管理系统，具体结构如表8-7所示。

表 8-7　管理员表

字 段 名	数 据 类 型	说　明	备　注
adminID	int	管理员编号	主键
adminName	nvarchar（30）	管理员姓名	
adminPhone	nvarchar（15）	管理员电话号码	
adminRoom	nvarchar（20）	管理员所在办公室	
adminPwd	nvarchar（20）	管理员密码（MD5 加密）	

② 教师表：教师基本信息，具体结构如表8-8所示。

表 8-8　教师表

字 段 名	数 据 类 型	说　明	备　注
teacherID	int	教师编号	主键
teacherName	nvarchar（30）	教师姓名	
teacherPhone	nvarchar（15）	教师电话号码	
teacherRoom	nvarchar（20）	教师所在办公室	
teacherPwd	nvarchar（20）	教师密码（MD5 加密）	
teacherDept	int	教师所在学院编号	

③ 教材表：教材图书基本信息，具体结构如表8-9所示。

表 8-9　教材表

字 段 名	数 据 类 型	说　明	备　注
ISBN	nvarchar（30）	图书 ISBN 号	主键
bookName	nvarchar（30）	教材名	
bookAuthor	nvarchar（30）	作者	
bookPrice	float	价格	
bookEdition	nvarchar（10）	版次	
pressID	int	出版社 ID	外键，引用出版社表 ID
bookNote	nvarchar（300）	备注	

④ 教材订单表：用来管理教师订书信息，具体结构如表8-10所示。

表 8-10　教材订单表

字 段 名	数 据 类 型	说　明	备　注
orderID	nvarchar（30）	订单号（年月日时分）	主键
teacherID	int	教师号	外键，引用教师表 ID
orderDate	datetime	订单时间	
courseID	int	课程号	
orderDept	nvarchar（20）	开课院系	

⑤ 教材订单详情表：教师订书时，可以同时订购多本教材，具体结构如表8-11所示。

表 8-11　教材订单详情表

字 段 名	数 据 类 型	说　明	备　注
orderID	nvarchar（30）	订单号（年月日时分）	主键
teacherID	int	教师号	外键，引用教师表 ID
bookID	nvarchar（30）	订单时间	
orderNumber	int	订购数量	
teacherNum	int	教师用书数	
…			注：为了方便统计，减少关联查询，也可以在该表中增加相应字段

8.2.3　数据库实施与维护

完成数据库的物理设计之后，设计人员就要用RDBMS提供的数据定义语言和其他实用程序将数据库逻辑设计和物理设计结果严格描述出来，成为DBMS可以接收的源代码，再经过调试产生目标模式，就可以组织数据入库，这就是数据库实施阶段。

1. 数据库的实施

数据库的实施主要是根据逻辑结构设计和物理结构设计的结果，在计算机系统上建立实际的数据库结构、导入数据并进行程序的调试。相当于软件开发中的代码编写和程序调试的阶段。

2. 数据的载入

数据库实施阶段包括两项重要的工作：一项是数据的载入；另一项是应用程序的编码和调试。由于重点并非进行应用程序的开发，因此对于后一项工作在此就不做更多描述。

3. 数据库的调试

通过SQL语句执行可以进行简单测试和联合测试。先进行各功能模块的简单测试，当一部分业务数据输入数据库后，就可以开始对数据库系统进行多模块联合调试。这一阶段要实际运行数据库应用程序，执行对数据库的各种操作。由于没有全部完整的应用程序，只能通过SQL直接在数据库中执行对数据库的部分操作。

通过在SQL Server 2019的查询分析器中输入相应的SQL语句，就可以得到相应的运行结果。

4. 数据库的运行和维护

数据库试运行合格后，数据库开发工作就基本完成，即可投入正式运行。但是，由于应用环境在不断变化，数据库运行过程中物理存储也会不断变化，对数据库设计进行评价、调整、修改等维护工作是一个长期的任务，也是设计工作的继续和提高。

在数据库运行阶段，对数据库经常性的维护工作主要是由DBA完成的，包括：

① 数据库的转储和恢复：DBA要针对不同的应用要求制订不同的转储计划，保证一旦发生故障能尽快将数据库恢复到某种一致的状态，并尽可能减少对数据库的破坏。

② 数据库的安全性、完整性控制：DBA根据实际情况修改原有的安全性控制和数据库的完整性约束条件，以满足用户要求。

③ 数据库性能的监督、分析和改造：在数据库运行过程中，DBA必须监督系统运行，对监测数据进行分析，找出改进系统性能的方法。

④ 数据库的重组织与重构：数据库运行一段时间后，由于记录不断增、删、改，会使数据库的物理存储情况变坏，降低了数据的存取效率，数据库性能下降，这时DBA就要对数据库进行重组织或部分重组织。

课后练习

1. 图8-4所示为一个简易的医院组织结构图，要求完成以下工作：

（1）根据该结构图，画出医院组织的E-R图，并转换成相应的关系模式。

（2）用DML语言查询所有外科病区和内科病区的所有医生名称。

（3）用DML语言查询内科病区患病的病人的姓名。

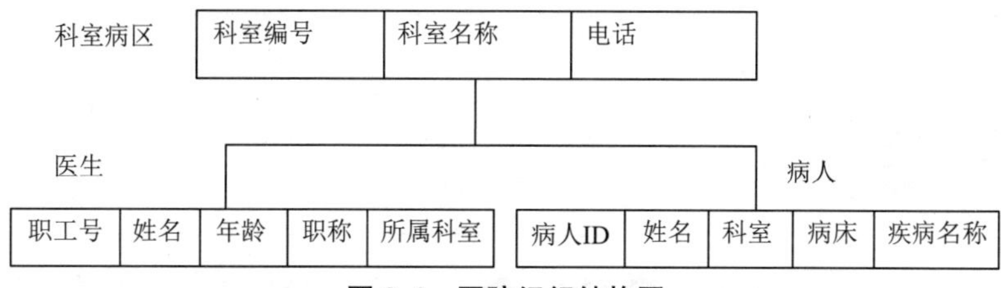

图 8-4　医院组织结构图

2. 按照数据库设计及软件设计的方法和步骤，完成一个小型数据库应用系统的设计，并使用相关编程语言和技术，如C#、Java、ASP.NET等，通过访问连接SQL Server数据库文件，开发一个Windows数据库应用程序（C/S模式）或开发一个Web数据库应用程序（B/S模式）。

小　结

本章主要根据面前所讲内容，介绍了两个数据库应用系统的设计和实现过程，包括数据库系统的具体设计步骤和方法。在两个案例中，教学管理系统案例是贯穿本书内容所讲的一个教学案例，在学习中需要详细研究。另一个教材征订系统可以作为拓展知识，在案例介绍的基础上能够自主设计数据库系统。

习　题

按照数据库设计及软件设计的方法和步骤，完成一个小型数据库应用系统的设计，并使用相关编程语言和技术，如C#、Java、ASP.NET等，通过访问连接SQL Server数据库文件，开发一个Windows数据库应用程序（C/S模式）或开发一个Web数据库应用程序（B/S模式）。

第 9 章

SQL Server 2019 操作与应用

本章主要介绍SQL Server 2019 的安装与配置、支持的数据类型、界面方式创建和管理数据库与数据表、数据库分离与附加、数据库备份与还原、权限管理等内容。

学习目标

通过对本章的学习，学生应能够独立完成SQL Server 2019服务引擎及SSMS（SQL Server Management Studio）的安装与配置，能使用界面完成数据库、数据表的创建及约束的设置，能完成数据库分离与附加，能完成数据库备份与还原，能完成服务器和数据库安全管理。通过本章学习，需要实现以下目标：

◎能独立完成SQL Server 2019的安装与配置。

◎了解SQL Server支持的数据类型。

◎掌握数据库分离与附加、备份与还原的用途与操作方法。

◎能通过界面方式完成数据库与表的创建，并完成相关约束设置。

◎能理解服务器级、数据库级安全管理的概念，并能通过界面操作完成用户角色及其权限的配置。

9.1　数据库环境的建立与配置

SQL Server是微软公司出品的大型关系型数据库管理系统软件，它一经推出，很快得到了广大用户的积极响应并迅速成为数据库市场上的一个重要产品。本书所用的版本是SQL Server 2019。本节将介绍SQL Server 2019基本组件的安装与配置。

9.1.1　SQL Server版本简介

1. SQL Server 6.0、SQL Server 6.5、SQL Server 7.0

SQL Server从20世纪80年代后期开始开发，SQL Server 6.0是第一个完全由Microsoft公司开发的版本。1996年发布了SQL Server 6.5，该版本提供了廉价的可以满足众多小型商业应用的数据库方案。SQL Server 7.0在数据存储和数据库引擎方面发生了根本性的变化，提供了面向中、小型商业应用数据库功能支持。

2. SQL Server 2000

SQL Server 2000继承了SQL Server 7.0的优点，具有使用方便、可伸缩性好、相关软件集成程度高等优点，可跨越运行Windows 98到Windows 2000的大型多处理器的服务器平台使用。

3. SQL Server 2005

SQL Server 2005是一个全面的数据库平台，使用集成的商业智能（BI）工具提供了企业级的数据管理，为关系型数据和结构化数据提供了更安全可靠的存储功能，使用户可以构建和管理高可用和高性能的相关业务数据的应用程序。

4. SQL Server 2008

SQL Server 2008增加了许多新的特性并改进了关键性功能，它满足数据爆炸和下一代数据驱动应用程序的需求，支持数据平台愿景：关键任务企业数据平台、动态开发、关系数据和商业智能。

后来又推出了SQL Server 2008 R2版本，它是SQL Server 2008的一个递增版本，引入了增强的特性和功能，例如支持超过64个逻辑处理器、应用程序和多服务器管理功能、Master Data Services（MDS）以及对Reporting Services的改进。新增了StreamInsight、Unicode压缩、SQL Server Utility等新功能，也新增了数据中心和数据仓库。

5. SQL Server 2012

SQL Server 2012于2012年3月7日发布，支持SQL Server 2012的操作系统平台包括Windows桌面和服务器操作系统。它是一个能用于大型联机事务处理、数据仓库和电子商务等方面的数据库平台，也是一个能用于数据集成、数据分析和报表解决方案的商业智能平台。

6. SQL Server 2014

2014年4月16日于旧金山召开的一场发布会上，微软CEO萨蒂亚·纳德拉宣布正式推出SQL Server 2014。SQL Server 2014提供了企业驾驭海量资料的关键技术in-memory增强技术，内置的in-memory技术能够整合云端各种资料结构，其快速运算效能及高度资料压缩技术，可以帮助客户加速业务和向全新的应用环境进行切换。

同时提供与Microsoft Office连接的分析工具，通过与Excel和Power BI for Office 365的集成，SQL Serve 2014提供让业务人员可以自主将资料进行即时的决策分析的商业智能功能，轻松帮助企业员工运用熟悉的工具，把相关资讯转换成环境智慧，使资源发挥更大的营运价值，进而提升企业产能和灵活度。

此外，SQL Server 2014还启用了全新的混合云解决方案，可以充分获得来自云计算的种种益处，如云备份和灾难恢复。

7. SQL Server 2016

微软公司在2016年推出了SQL Server 2016。SQL Server 2016版本提供了可缩放的混合数据库平台生成任务关键型智能应用程序。此平台内置了需要的所有功能，包括内存中性能、高级安全性和数据库内分析。SQL Server 2016新增了安全功能、查询功能、Hadoop和云集成、R分析等功能，以及许多改进和增强功能。

8. SQL Server 2017

2017年10月微软公司推出了SQL Server 2017版本。SQL Server 2017包含许多新的数据库引擎功能、增强功能和性能改进。SQL Server 2017还跨出了重要的一步，它力求通过将SQL Server的强大功能引入Linux、基于Linux的Docker容器和Windows，使用户可以在SQL Server平台上选择开发语言、数据类型、本地开发或云端开发，以及操作系统开发。

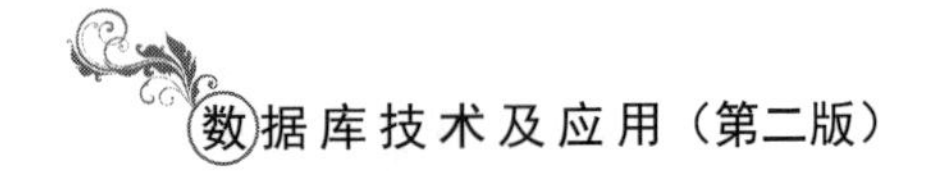

9. SQL Server 2019

微软公司在2019年发布了SQL Server 2019版本。该版本进行了一些新的功能改进并提供了一些全新功能，以帮助企业更好地适应未来数据快速增长的业务需求和更灵活的大数据解决方案。SQL Server 2019引入了大数据群集，提供了SQL Server数据库引擎、SQL Server Analysis Services、SQL Server机器学习服务及Linux上的SQL Server和SQL Server Master Data Services附加功能和改进；还提供了具有安全的Enclave的Always Encrypted、暂停和恢复透明数据加密（DTE）的初始扫描、证书管理等安全更新；提供了Unicode支持，支持使用UTF-8字符进行导入和导出编码，并用作字符串数据的数据库级别或列级别排序规则，这项支持对应用程序国际化至关重要；提供了外部表功能，用户可通过PolyBase组件查询本数据服务以外的SQL Server、Oracle、Teradata、MongoDB和ODBC数据源，外部表支持UTF-8字符。除此之外还有一些新增或改进，可参考微软官方网站。

9.1.2 SQL Server 2019服务器组件和管理工具简介

1. 服务器组件

SQL Server 2019服务器组件及说明如表9-1所示。

表 9-1 SQL Server 2019 服务器组件及说明

服务器组件	说明
SQL Server 数据库引擎	SQL Server 数据库引擎包括数据库引擎（用于存储、处理和保护数据的核心服务）、复制、全文搜索、管理关系数据和 XML 数据的工具（以数据分析集成和用于访问 Hadoop 与其他异类数据源的 Polybase 集成的方式），以及使用关系数据运行 Python 和 R 脚本的机器学习服务
Analysis Services	Analysis Services 包括一些工具，可用于创建和管理联机分析处理（OLAP）以及数据挖掘应用程序
Reporting Services	Reporting Services 包括用于创建、管理和部署表格报表、矩阵报表、图形报表以及自由格式报表的服务器和客户端组件。Reporting Services 还是一个可用于开发报表应用程序的可扩展平台
Integration Services	Integration Services 是一组图形工具和可编程对象，用于移动、复制和转换数据。它还包括“数据库引擎服务”的 Integration Services(DQS) 组件
Master Data Services	Master Data Services(MDS) 是针对主数据管理的 SQL Server 解决方案。可以配置 MDS 来管理任何领域（产品、客户、账户）；MDS 中可包括层次结构、各种级别的安全性、事务、数据版本控制和业务规则，以及可用于管理数据的 用于 Excel 的外接程序
机器学习服务（数据库内）	机器学习服务（数据库内）支持使用企业数据源的分布式、可缩放的机器学习解决方案。在 SQL Server 2016 中，支持 R 语言；SQL Server 2019(15.x) 支持 R 和 Python
机器学习服务器（独立）	机器学习服务器（独立）支持在多个平台上部署分布式、可缩放机器学习解决方案，并可使用多个企业数据源，包括 Linux 和 Hadoop。SQL Server 2016 中，支持 R 语言；SQL Server 2019 (15.x) 支持 R 和 Python

2. 管理工具

SQL Server 2019管理工具及其功能如表9-2所示。

表 9-2 SQL Server 2019 管理工具

管理工具	说明
SQL Server Management Studio	SQL Server Management Studio(SSMS) 是用于访问、配置、管理和开发 SQL Server 组件的集成环境。借助 SSMS，所有技能级别的开发人员和管理员都能使用 SQL Server。最新版 SSMS 更新 SMO，其中包括 SQL 评估 API。 该版本中，SSMS 是独立的安装包，当前较新版本为 18.12.1。下载地址为 https://learn.microsoft.com/zh-cn/sql/ssms/download-sql-server-management-studio-ssms

续表

管理工具	说　明
SQL Server 配置管理器	SQL Server 配置管理器为 SQL Server 服务、服务器协议、客户端协议和客户端别名提供基本配置管理
SQL Server Profiler	SQL Server Profiler 提供了一个图形用户界面，用于监视数据库引擎实例或 Analysis Services 实例
数据库引擎优化顾问	数据库引擎优化顾问可以协助创建索引、索引视图和分区的最佳组合
数据质量客户端	提供了一个非常简单和直观的图形用户界面，用于连接到 DQS 数据库并执行数据清理操作。它还允许集中监视在数据清理操作过程中执行的各项活动
SQL Server Data Tools	SQL Server Data Tools 提供 IDE 以便为以下商业智能组件生成解决方案：Analysis Services、Reporting Service 和 Integration Services。以前称作 Business Intelligence Development Studio SQL Server Data Tools 还包含“数据库项目”，为数据库开发人员提供集成环境，以便在 Visual Studio 内为任何 SQL Server 平台（包括本地和外部）执行其所有数据库设计工作。数据库开发人员可以使用 Visual Studio 中功能增强的服务器资源管理器，轻松创建或编辑数据库对象和数据或执行查询
连接组件	安装用于客户端和服务器之间通信的组件，以及用于 DB-Library、ODBC 和 OLE DB 的网络库

3. 产品文档

SQL Server 2019产品文档信息如表9-3所示。

表 9-3　SQL Server 2019 文档产品

文　档	说　明
SQL Server 联机丛书	SQL Server 的核心文档

9.1.3　SQL Server 2019不同版本简介

SQL Server 2019根据不同需要提供了不同版本，根据应用程序的需要，安装要求会有所不同。不同版本的 SQL Server 能够满足单位和个人独特的性能、运行时及价格要求。安装哪些 SQL Server 组件还取决于用户的具体需要，具体版本内容如表9-4所示。

表 9-4　SQL Server 2019 软件版本

SQL Server 版本	定　义
Enterprise（64 位）	作为高级产品 / 服务，SQL Server Enterprise Edition 提供了全面的高端数据中心功能，具有极高的性能和无限虚拟化，还具有端到端商业智能，可以为任务关键工作负载和最终用户访问数据见解提供高服务级别
Standard（64 位）	SQL Server Standard Edition 提供了基本数据管理和商业智能数据库，供部门和小型组织运行其应用程序，并支持将常用开发工具用于本地和云，有助于以最少的 IT 资源进行有效的数据库管理
Web	对于 Web 主机托管服务提供商和 Web VAP 而言，SQL Server Web 版本是一项总拥有成本较低的选择，它可为不同规模的 Web 资产等内容提供可伸缩性、经济性和可管理性能力
Developer（64 位）	SQL Server Developer 支持开发人员基于 SQL Server 构建任意类型的应用程序。它包括 Enterprise 版的所有功能，但有许可限制，只能用作开发和测试系统，而不能用作生产服务器。该版本是构建和测试应用程序人员的理想之选
Express（64 位）	Express 版本是入门级的免费数据库，是学习和构建桌面及小型服务器数据驱动应用程序的理想选择。它是独立软件供应商、开发人员和热衷于构建客户端应用程序人员的最佳选择。如果需要使用更高级的数据库功能，可以将 SQL Server Express 无缝升级到其他更高端的 SQL Server 版本。SQL Server Express LocalDB 是 Express 的一种轻型版本，具备所有可编程性功能，在用户模式下运行，并且具有快速的零配置安装和必备组件要求较少等特点

9.1.4 SQL Server 2019的安装步骤

同其他软件一样，微软公司也为SQL Server 2019的安装过程提供了一个友好的安装向导，但在实际安装之前，应该先熟悉各版本特点及对软硬件要求，才能正确安装。

在SQL Server 2019安装前需要注意是否满足以下条件：

① 确认当前操作系统是64位操作系统，因为SQL Server 2019必须安装在64位操作系统上。

② 系统要求Windows 10 TH1 1507及更高版本，或者Windows Server 2016及更高版本。

③ SQL Server 2019的企业版安装包中不包含SSMS，SSMS需要单独安装。

④ 安装前请确认当前操作系统的区域（时区）为北京时区（这将影响默认排序规则，默认排序规则会影响对中文的支持、查询和排序）。

SQL Server 2019的安装步骤如下：

① 运行安装文件，系统显示“SQL Server安装中心”，左边是大类，右边是对应该类的内容。系统首先显示“计划”类。

② 选择“安装”类，系统检查安装基本条件，进入安装程序支持规则窗口，单击“全新SQL Server独立安装或向现有安装添加功能”选项开始安装。可以全新安装，也可以向现有安装添加新的功能组件。安装中心界面如图9-1所示。

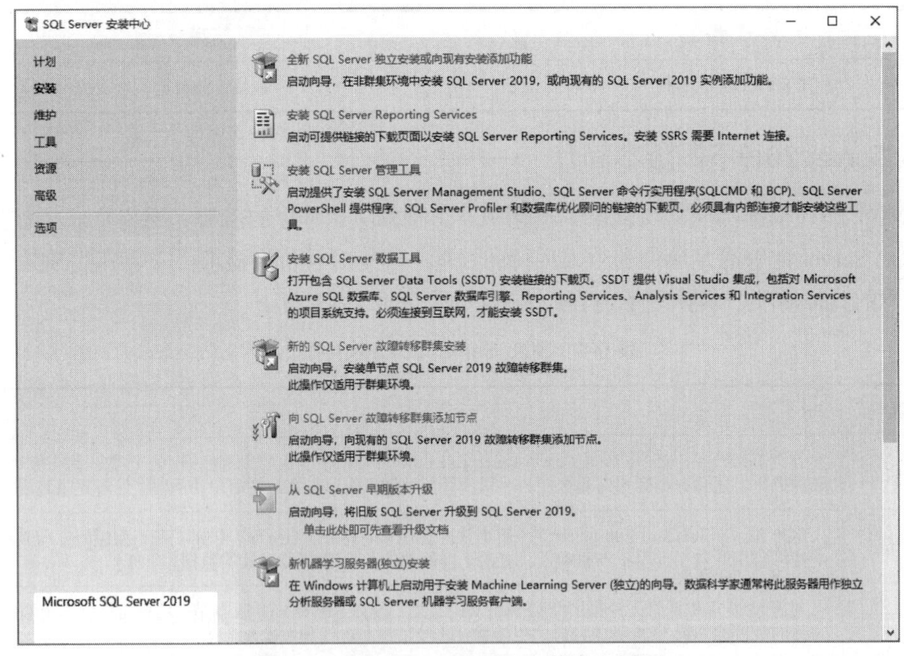

图 9-1　SQL Server 2019 安装中心界面

③ 系统显示“产品密钥”窗口，选择“输入产品密钥”，输入SQL Server对应版本的产品密钥，如图9-2所示。在学习阶段或开发测试阶段也可以使用Developer版本，Developer版本具备企业版的全部功能，微软授权开发者可在开发、调试、测试阶段使用，但不能用于生产环境（即已正式上线的系统不被授权使用Developer版本）。

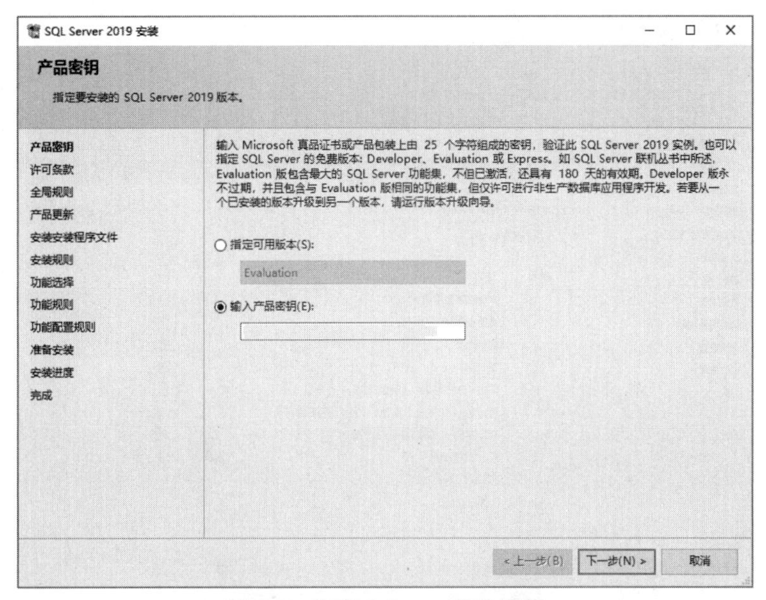

图 9-2　安装中心——产品密钥

④ 系统显示“许可条款”窗口，阅读并接受许可条款，单击“下一步”按钮，如图9-3所示。

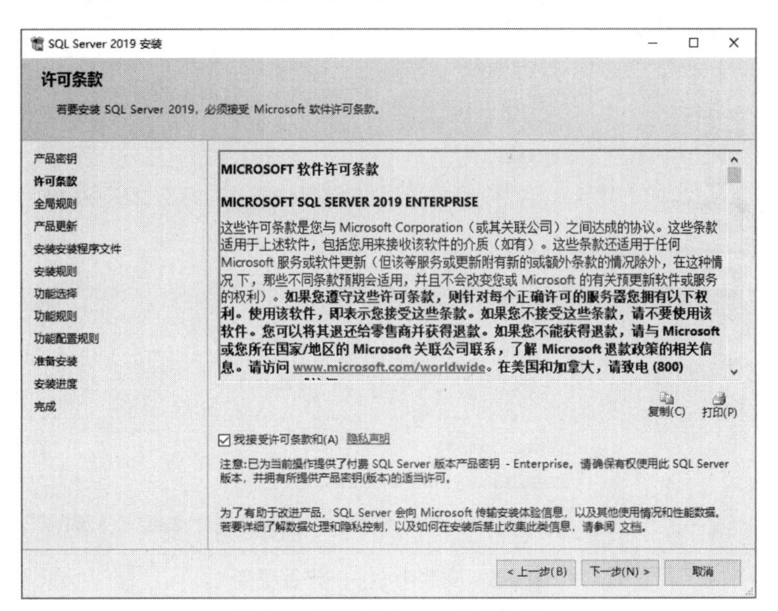

图 9-3　安装中心——许可条款

⑤ 进入“全局规则”窗口，在安装前需要确定所有安装规则已通过检查才可进入下一步，否则安装过程中可能会报错，导致程序安装失败。全局规则界面如图9-4所示。

⑥ 设置产品更新时可根据实际需要选择是否接受更新检查。学习阶段可选择不更新，即不勾选“包括SQL Server产品更新”复选框。产品更新界面如图9-5所示。

SQL Server 2019 安装

全局规则

安装程序全局规则可确定在您安装 SQL Server 安装程序支持文件时可能发生的问题。必须更正所有失败，安装程序才能继续。

产品密钥
许可条款
全局规则
产品更新
安装安装程序文件
安装规则
功能选择
功能规则
功能配置规则
准备安装
安装进度
完成

操作完成。已通过: 8。失败 0。警告 0。已跳过 0。

隐藏详细信息(S) <<　　重新运行(R)

查看详细报表(V)

结果	规则	状态
	安装程序管理员	已通过
	设置帐户权限	已通过
	重启计算机	已通过
	Windows Management Instrumentation (WMI)服务	已通过
	针对 SQL Server 注册表项的一致性验证	已通过
	SQL Server 安装介质上文件的长路径名称	已通过
	SQL Server 安装程序产品不兼容	已通过
	版本 WOW64 平台	已通过

< 上一步(B)　下一步(N) >　取消

图 9-4　安装中心——全局规则

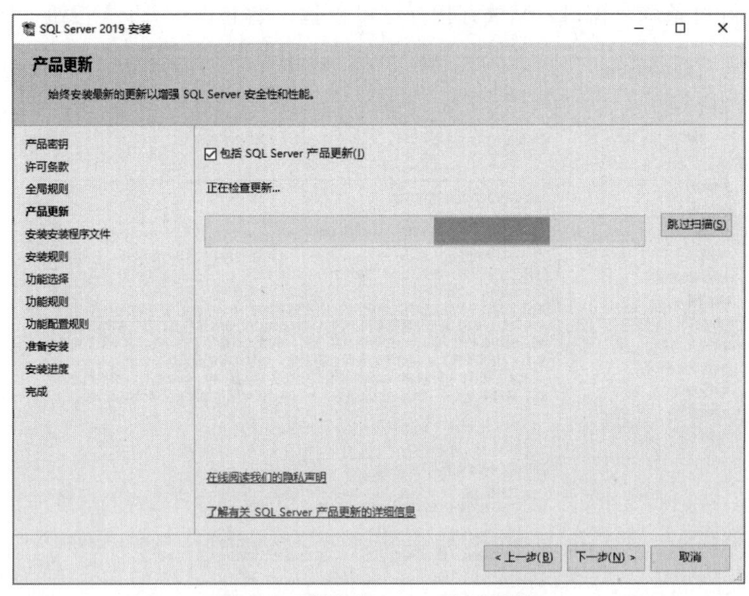

图 9-5　安装中心——产品更新

⑦ 系统显示“安装程序文件”窗口，安装SQL Server 2019程序。如果没有异常或错误，该界面往往一闪而过。

⑧ 系统显示“安装规则”界面，安装规则中要求防火墙需要关闭，请在系统中找到防火墙设置并关闭，否则可能会导致安装失败。关闭防火墙后再单击“重新运行”按钮，直到看到安装规则中所有条目都通过，才可单击“下一步”按钮继续安装，可在SQL Server 2019安装完成后再打开防火墙。安装规则检测如图9-6所示（包含防火墙检测失败），防火墙设置如图9-7所示，再次执行安装规则检测如图9-8所示。

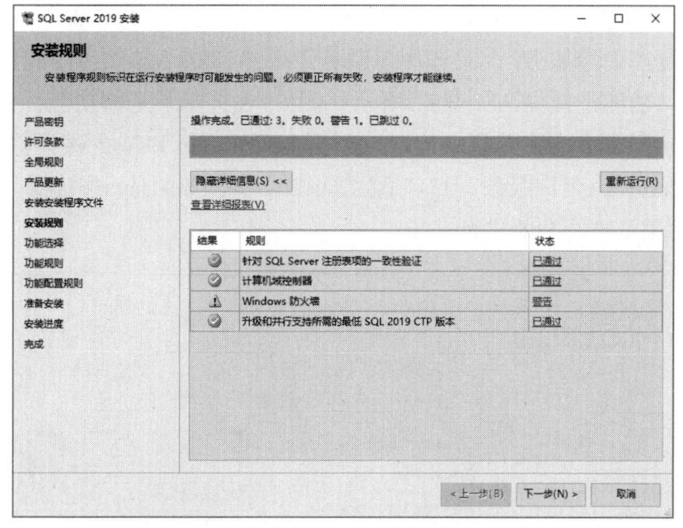

图 9-6　安装中心——安装规则（一）

图 9-7　防火墙设置

图 9-8　安装中心——安装规则（二）

⑨ 系统显示“功能选择”窗口，在“功能”区域中选择要安装的功能组件。用户如果仅需要基本功能，则选择“数据库引擎服务”，只选择该服务需要约1 003 MB磁盘空间；若有更多功能需求，则可以按需选择安装，功能选择界面如图9-9所示。图9-9中选择了全部功能，共需要1 4584 MB（约14.5 GB），此时占用空间较大，在选择功能时应根据需要选择，以减少磁盘空间占用；在选择功能时“针对外部数据的PolyBase查询服务”和“适用于HDFS数据源的Java连接器”分别占用9 233 MB和1 158 MB，请根据实际需要选择功能进行安装。

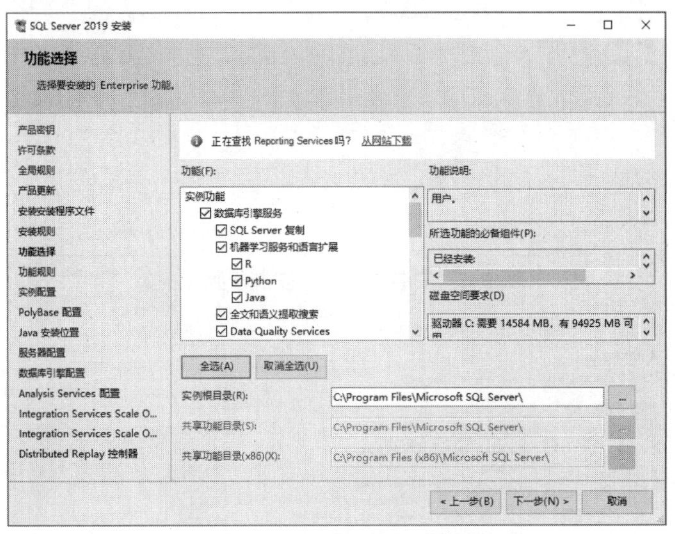

图 9-9　安装中心——功能选择

⑩“功能规则”窗口是在“功能选择”完成后执行检测的窗口，主要检测功能安装所需的依赖是否满足，若不满足请按照错误提示一一解决后再执行安装操作。部分问题可在不重启计算机下解决，但有时是需要重启的，若无须重启即可解决问题，可在解决问题后单击“重新运行”按钮继续执行检测操作。功能规则窗口如图9-10所示。

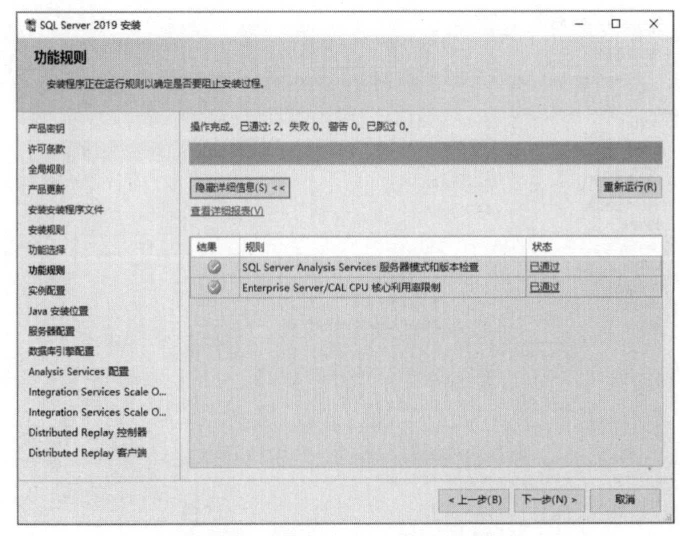

图 9-10　安装中心——功能规则

⑪ 系统显示“实例配置”窗口。如果是第一次安装，既可以使用默认实例，也可以自行指定实例名称。如果当前服务器上已经安装了一个默认的实例，则再次安装时必须指定一个实例名称。如果选择“默认实例”，则实例名称默认为MSSQLSERVER。如果选择“命名实例”，在后面的文本框中输入用户自定义的实例名称，实例配置如图9-11、图9-12所示。

图 9-11　安装中心——实例配置界面（命名实例）

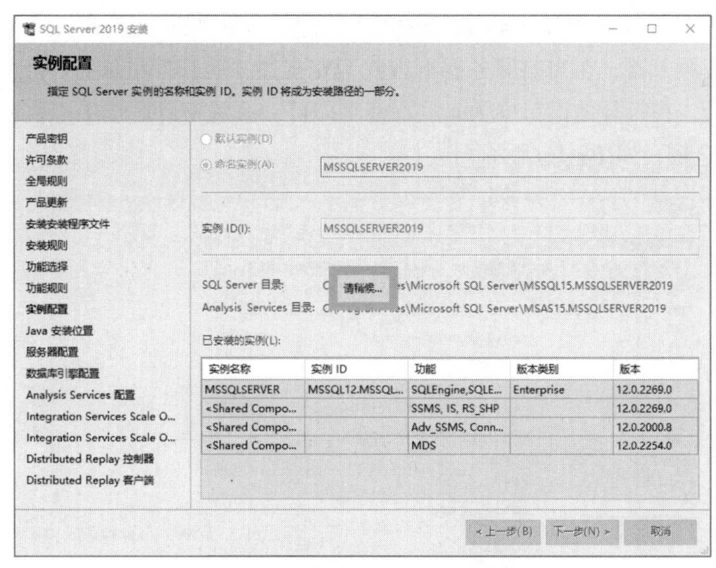

图 9-12　安装中心——实例配置中

⑫ 系统显示“服务器配置”窗口。在“服务账户”选项卡中为每个SQL Server服务单独配置用户名和密码及启动类型。“账户名”可以在列表框中进行选择。也可以单击“对所有SQL Server服务器使用相同的账户”按钮，为所有的服务分配一个相同的登录账户。服务器配置如图9-13所示。

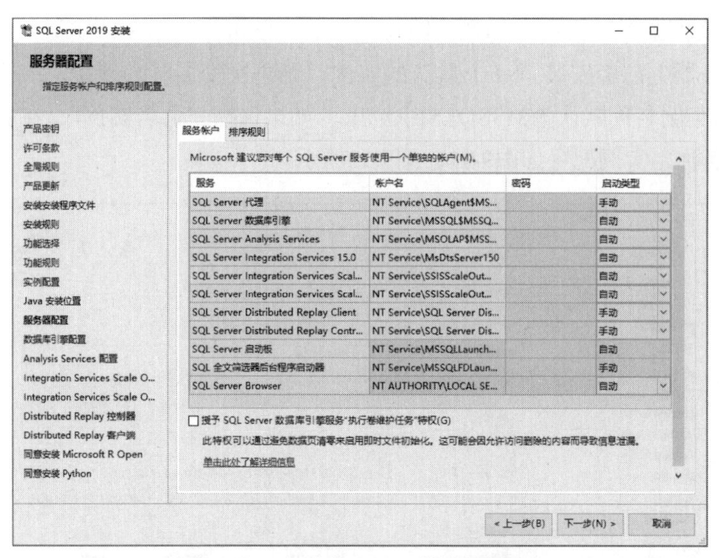

图 9-13　安装中心——服务器配置

⑬ 系统显示“数据库引擎配置”窗口，包含服务器配置、数据目录、TempDB、MaxDOP等多个选项卡。

⑭ 在“服务器配置”选项卡中选择身份验证模式。身份验证模式是一种安全模式，用于验证客户端与服务器的连接，它有两个选项：Windows身份验证模式和混合模式。这里选择“混合模式”，并为内置的sa系统管理员账户设置密码，为了便于介绍，这里将密码设为123456，服务器配置如图9-14、图9-15所示。如果在以后使用SQL Server 2019过程中忘记了sa用户的登录密码，可先使用Windows身份认证方式登录数据库服务器，在当前服务器下方找到安全性并展开，在sa上右击，在弹出的快捷菜单中选择“属性”命令，在打开的窗口中为sa重置密码即可，重置密码后选中“强制实施密码策略”和“强制密码过期”复选框，如图9-16所示。

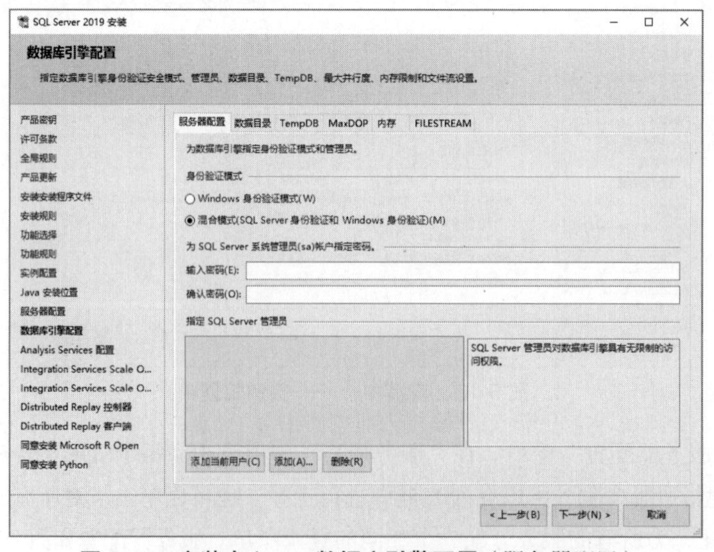

图 9-14　安装中心——数据库引擎配置（服务器配置）

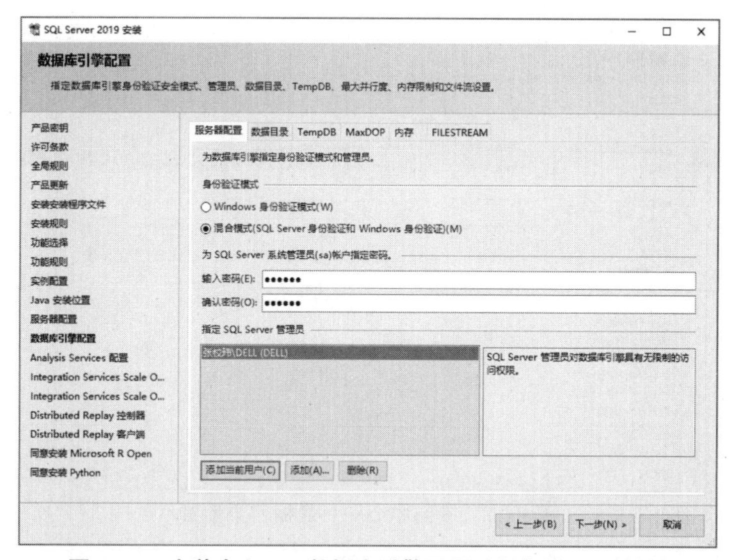

图 9-15　安装中心——数据库引擎配置（服务器配置结果）

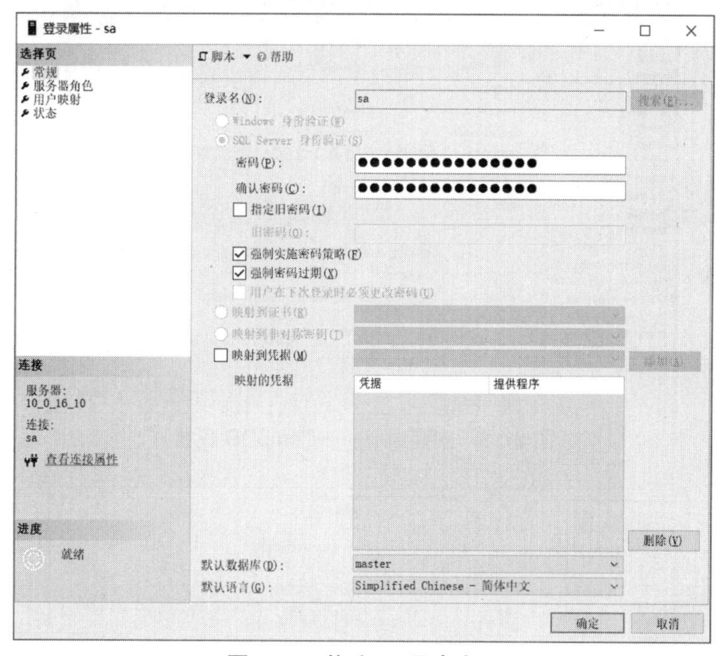

图 9-16　修改 sa 用户密码

⑮ 在“数据目录”选项卡中指定数据库文件的存放位置，这里指定为C:\Program Files\Microsoft SQL Server\MSSQL15.MSSQLSERVER\MSSQL\Data（也可根据计算机中各盘符的存储空间或使用习惯进行设置），系统把不同类型的数据文件安装在该目录对应的子目录下，如图9-17所示。TempDB配置、MaxDOP配置、内存配置、FILESTREAM配置、Analysis Services配置、Integration Services主节点与辅助角色节点配置、Distributed Replay控制器与客户端配置如图9-18～图9-26所示。

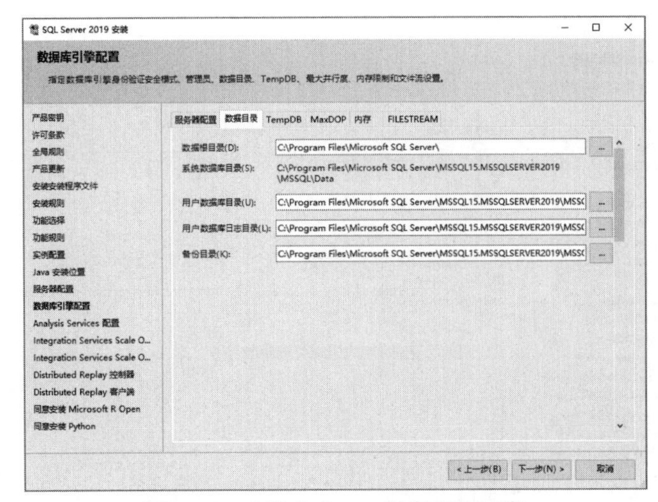

图 9-17　安装中心——数据目录配置

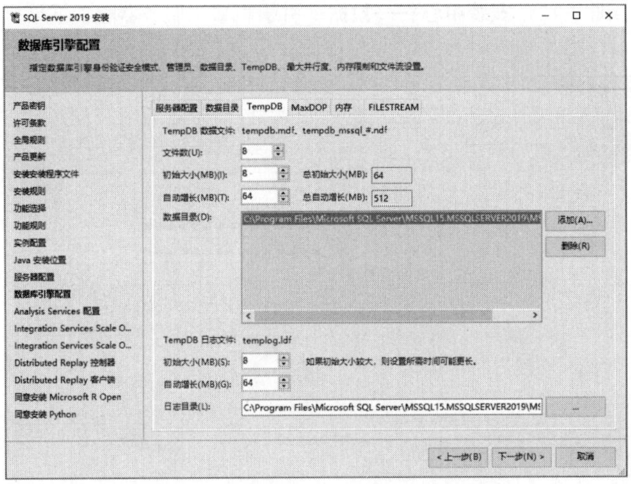

图 9-18　安装中心——TempDB 配置

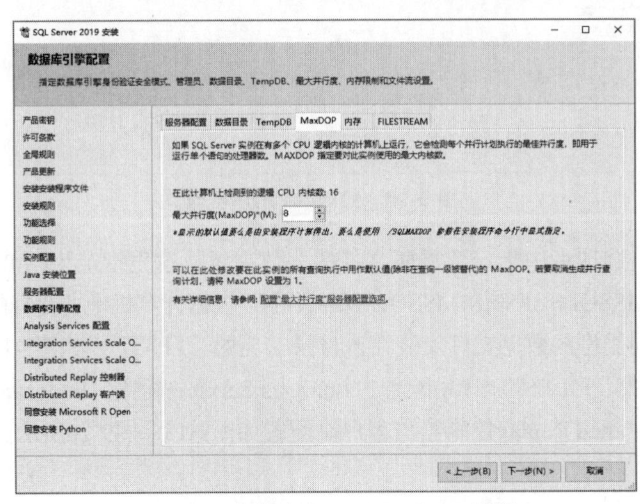

图 9-19　安装中心——MaxDOP 配置

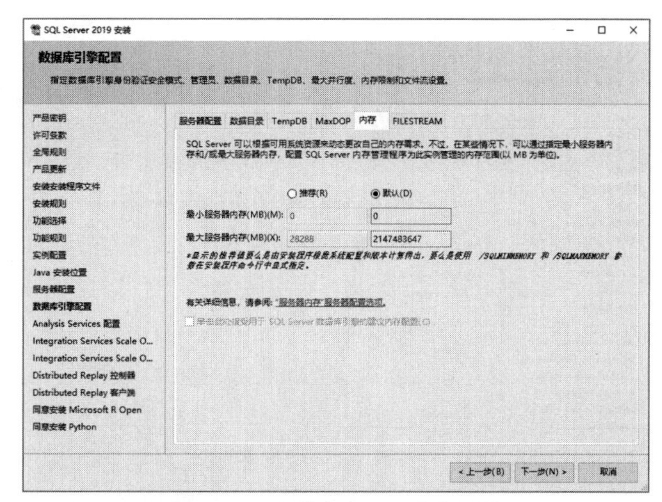

图 9-20 安装中心——内存配置

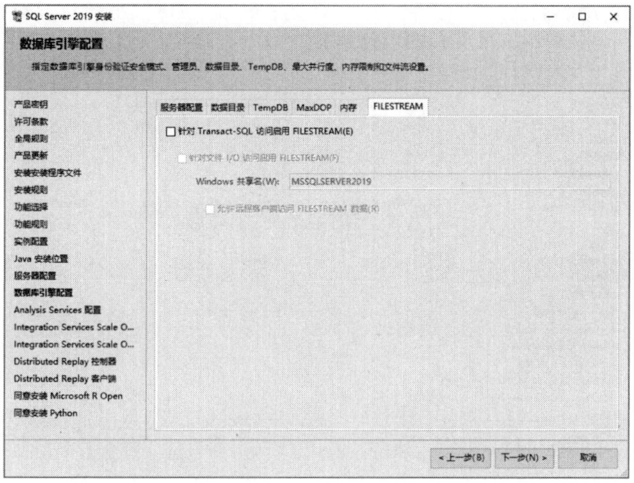

图 9-21 安装中心——FILESTREAM 配置

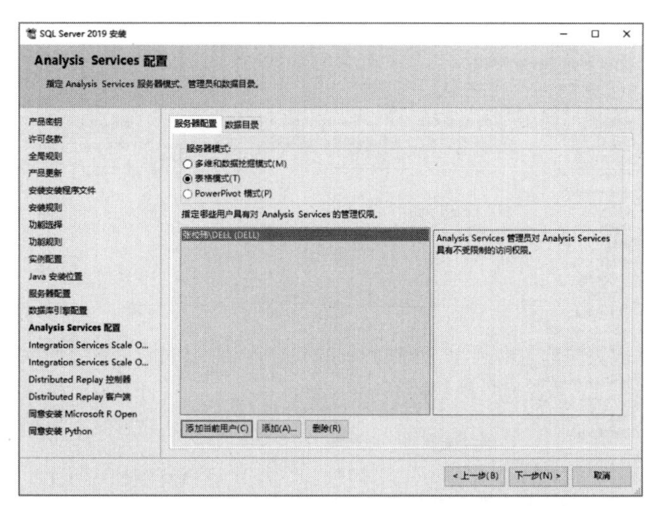

图 9-22 安装中心——Analysis Services 配置

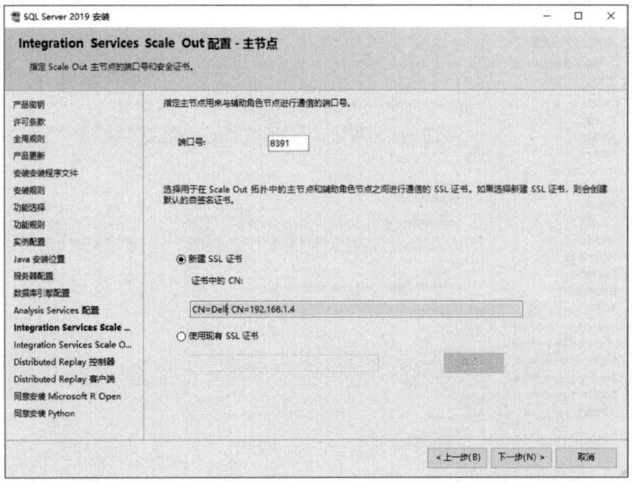

图 9-23　Integration Services Scale Out 主节点配置

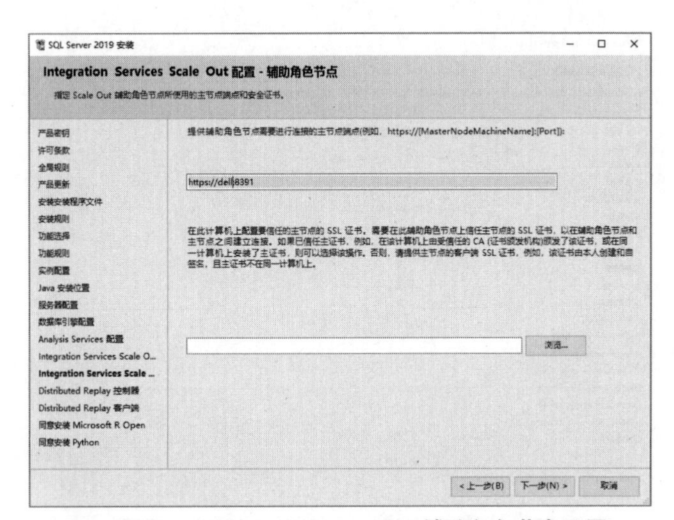

图 9-24　Integration Services Out 辅助角色节点配置

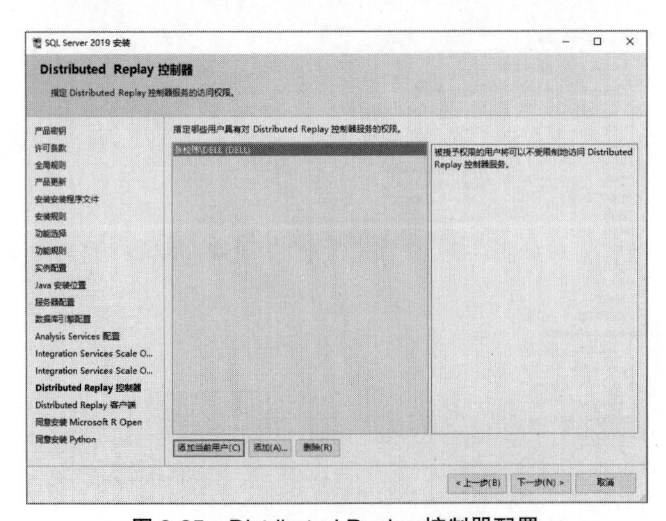

图 9-25　Distributed Replay 控制器配置

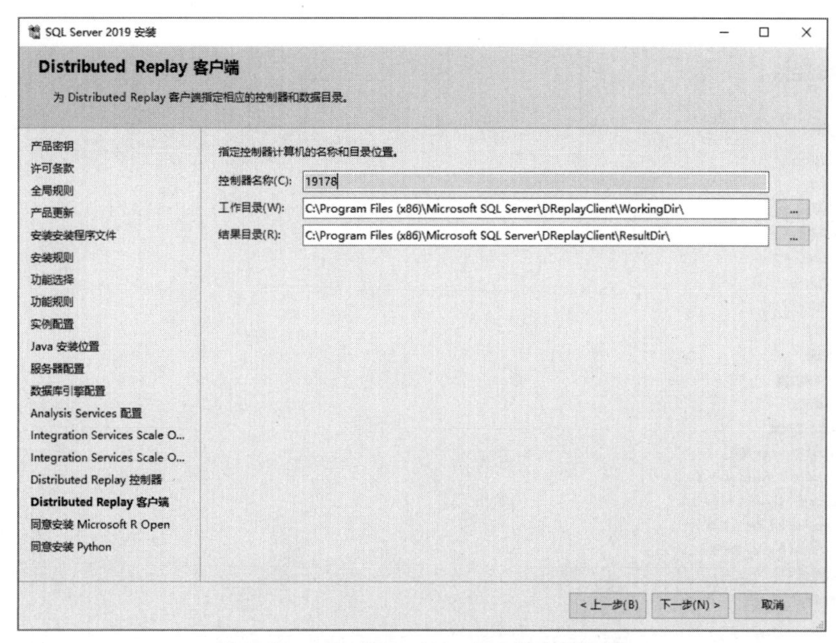

图 9-26　Distributed Replay 客户端配置

⑯ 系统进入“功能配置规则”窗口，用户可了解安装支持文件时是否发现问题。如果发现问题，解决问题后方可继续。

⑰ 系统进入“准备安装”窗口，显示“已准备好安装SQL Server 2019”的内容，其中有的已经安装，如图9-27所示。安装过程如图9-28和图9-29所示。

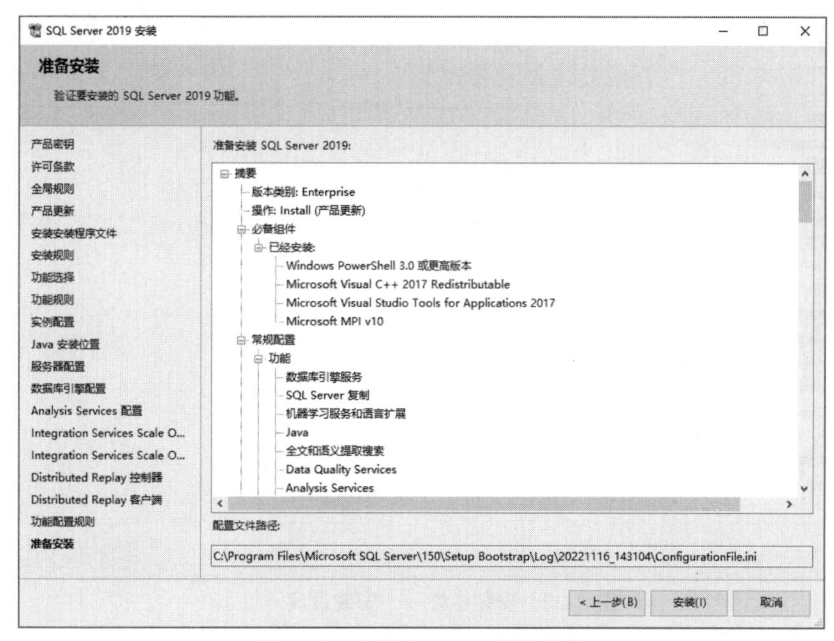

图 9-27　安装中心——准备安装

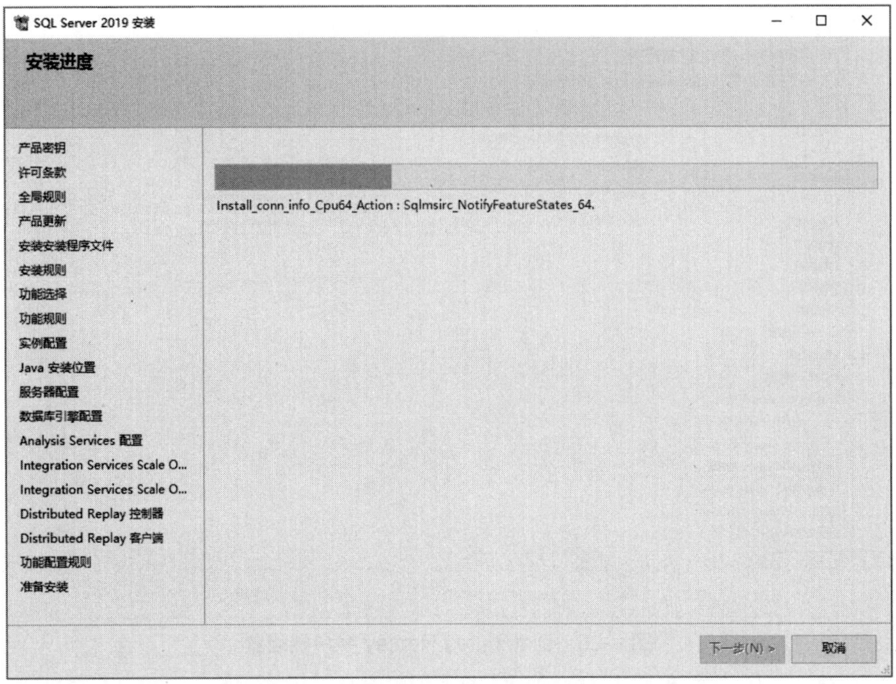

SQL Server 2019 安装
安装进度
产品密钥
许可条款
全局规则
产品更新
安装安装程序文件
安装规则
功能选择
功能规则
实例配置
Java 安装位置
服务器配置
数据库引擎配置
Analysis Services 配置
Integration Services Scale O...
Integration Services Scale O...
Distributed Replay 控制器
Distributed Replay 客户端
功能配置规则
准备安装
Install_conn_info_Cpu64_Action : Sqlmsirc_NotifyFeatureStates_64.
下一步(N) >
取消

图 9-28　安装中心——安装进度（一）

SQL Server 2019 安装
安装进度
产品密钥
许可条款
全局规则
产品更新
安装安装程序文件
安装规则
功能选择
功能规则
实例配置
Java 安装位置
服务器配置
数据库引擎配置
Analysis Services 配置
Integration Services Scale O...
Integration Services Scale O...
Distributed Replay 控制器
Distributed Replay 客户端
功能配置规则
准备安装
Install_sql_tools_extensions_Cpu64_Action : InstallFiles. Copying new files
下一步(N) >
取消

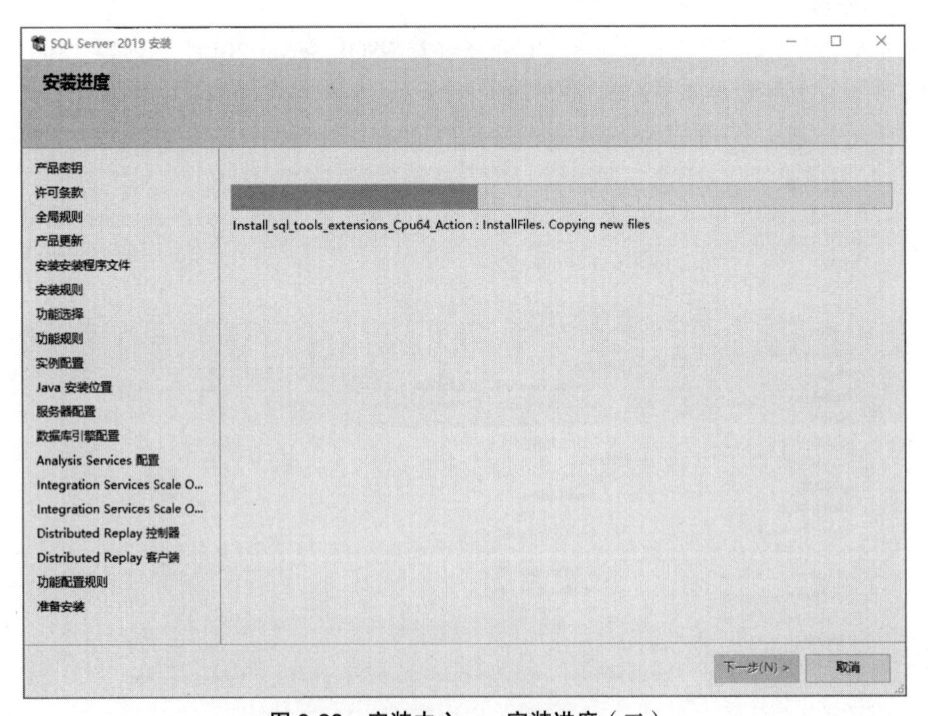

图 9-29　安装中心——安装进度（二）

⑱ 系统进入“完成”窗口，如图9-30所示。单击“关闭”按钮即可完成安装，若提示重新启动系统，请完成重新启动计算机操作后再使用SQL Server 2019相关服务。

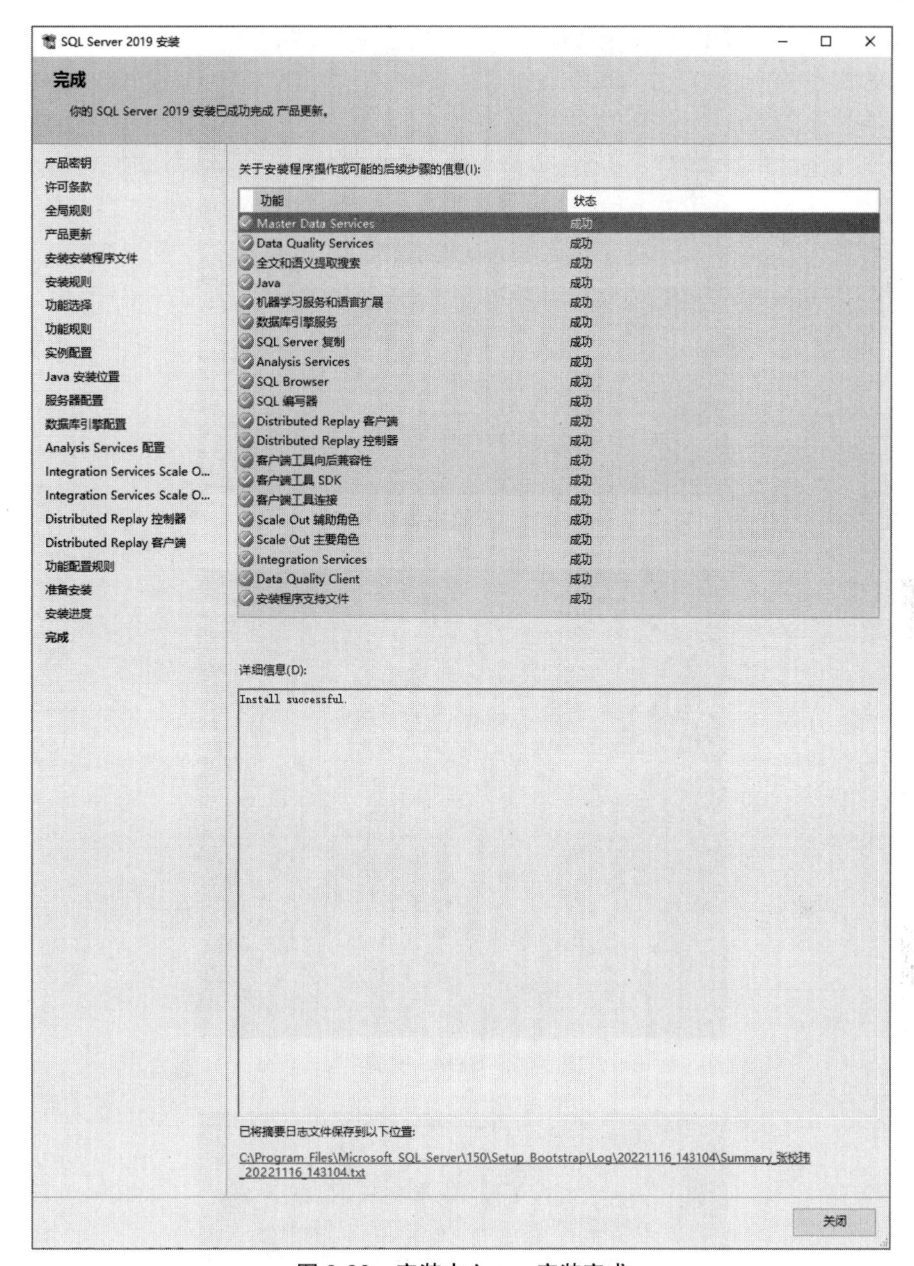

图 9-30　安装中心——安装完成

9.1.5　安装SSMS

在SQL Server 2019中SSMS（SQL Server Management Studio）是独立的安装程序，需要单独安装，在安装SSMS之前应先确保SQL Server 2019已经安装完成（如果先安装SSMS再安装SQL Server 2019可能会出现错误，建议先删除SSMS再执行SQL Server 2019的安装）。

SSMS的安装过程比较简单，无复杂的配置内容，在此不再赘述，其安装过程如图9-31 ~ 图9-34所示。

图 9-31　开始安装 SSMS

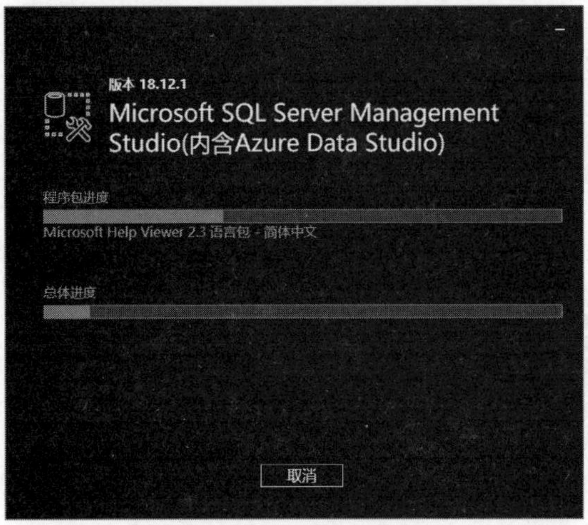

图 9-32　SSMS 安装中

图 9-33　SSMS 安装完成

图 9-34　SSMS 图标及文本

9.1.6　SQL Server 2019的运行

1. 登录 SQL Server 2019

SQL Server 2019程序包包含若干个程序，SSMS是独立的安装包，运行时先通过SQL Server Management Studio进入主界面，可以把SQL Server Management Studio的快捷方式放在桌面上、开始面板或任务栏，以方便打开。SSMS运行时，启动过程如图9-35所示，启动后的界面如图9-36所示，“连接到服务器”对话框如图9-37所示，用“.”作为服务器名称和SQL Server身份认证登录方式如图9-38和图9-39所示。若想连接的实例为命名实例，则可在服务器名称处输入“服务器地址\命名实例”，如localhost\MSSQLSERVER2019。

图 9-35　启动 SSMS

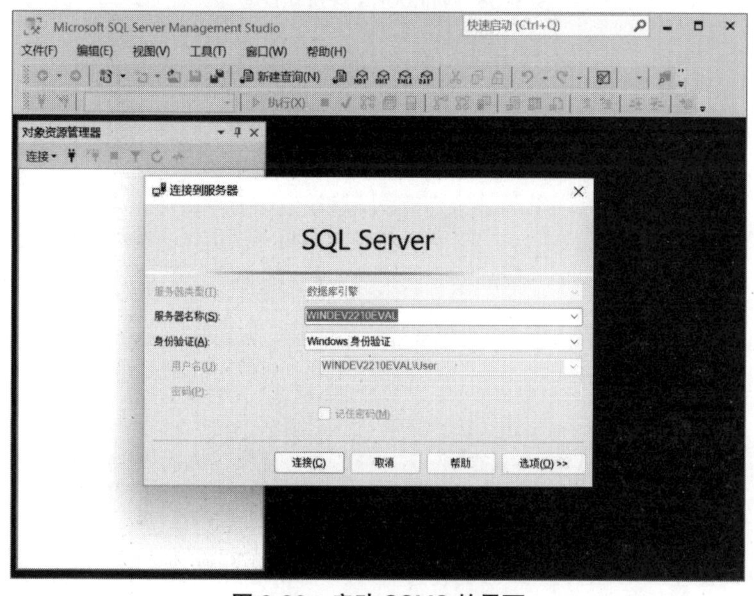

图 9-36　启动 SSMS 的界面

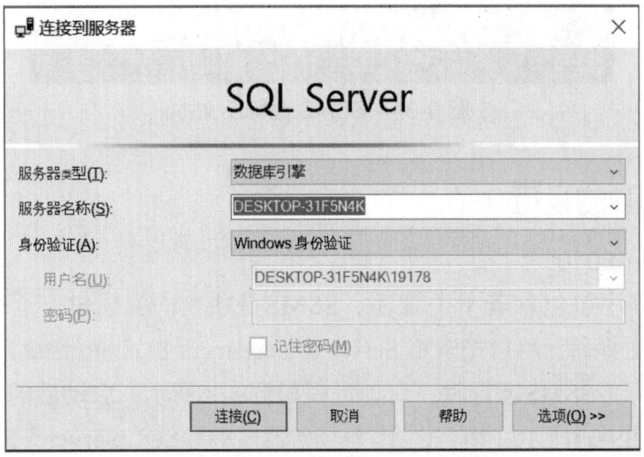

图 9-37 “连接到服务器”对话框

图 9-38 Windows 身份认证登录

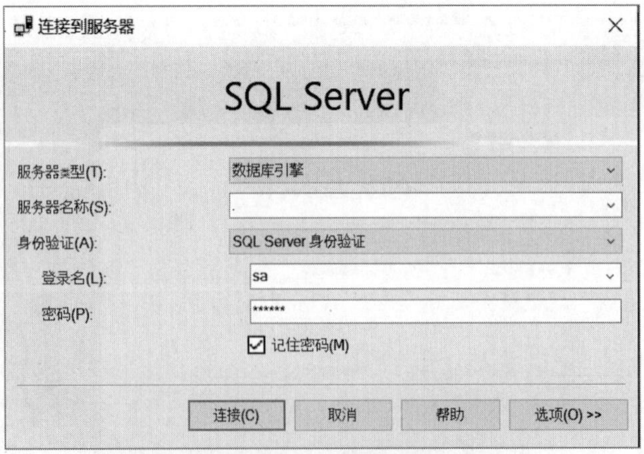

图 9-39 SQL Server 身份认证登录

身份验证的模式是在SQL Server 2019安装过程中“身份验证模式”指定的，如果确定“Windows身份验证模式”，则这里只能采用Windows身份验证。如果确定“混合模式”，这里可以采用Windows

身份验证或者SQL Server身份验证。在混合模式下，同时指定了系统管理员（sa）账号的管理员和登录密码，如图9-40所示。

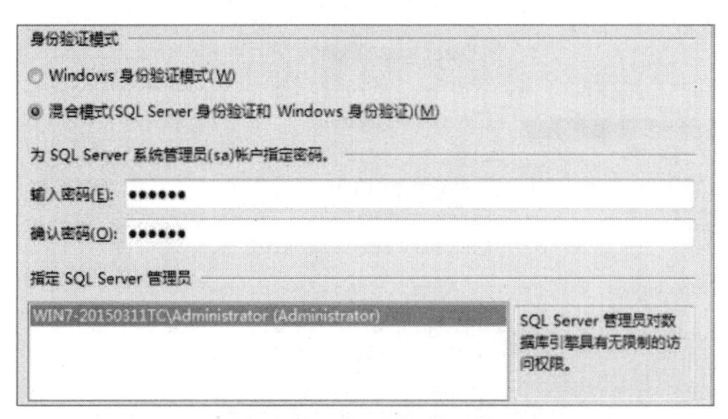

图 9-40　身份模式选择

注意：如果选择的是“Windows身份验证模式”，可右击“计算机”（有些系统称为“此电脑”），打开系统的属性面板，找到计算机名，将计算机名复制到剪贴板，在服务器名称栏填入计算机名（或用一点代替），身份验证选择“Windows身份验证”，然后单击“连接”按钮，即可连接到SQL Server服务器上。

2. 进入 SQL Server 2019

单击“连接”按钮，系统进入SQL Server Management Studio（简称SSMS）窗口，并且默认打开“对象资源管理器”。系统进入SQL Server Management Studio（管理员）窗口，如图9-41所示。如果想新建一个SQL语句页面，通过“新建查询”可以创建一个空白页面。

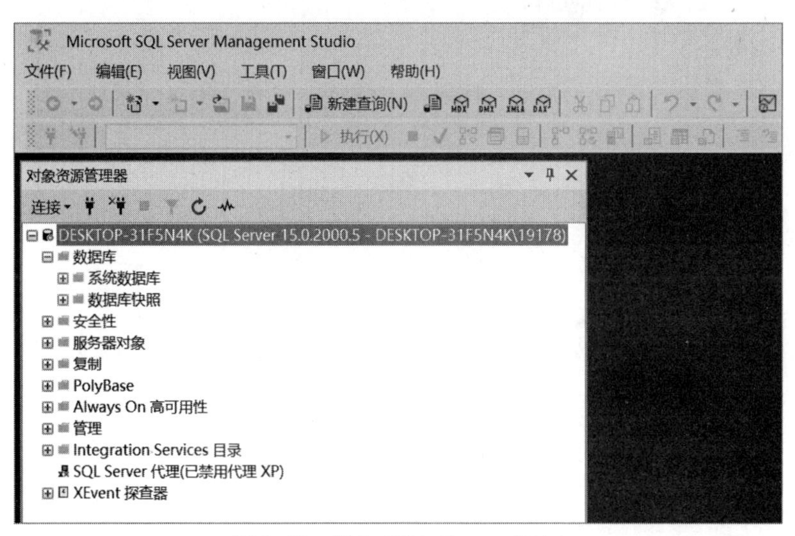

图 9-41　进入 SQL Server 2019

3. SSMS 环境配置

这里需要了解SSMS环境参数，可在SSMS窗口中选择“工具”→“选项”命令，弹出“选项”对话框，如图9-42所示。

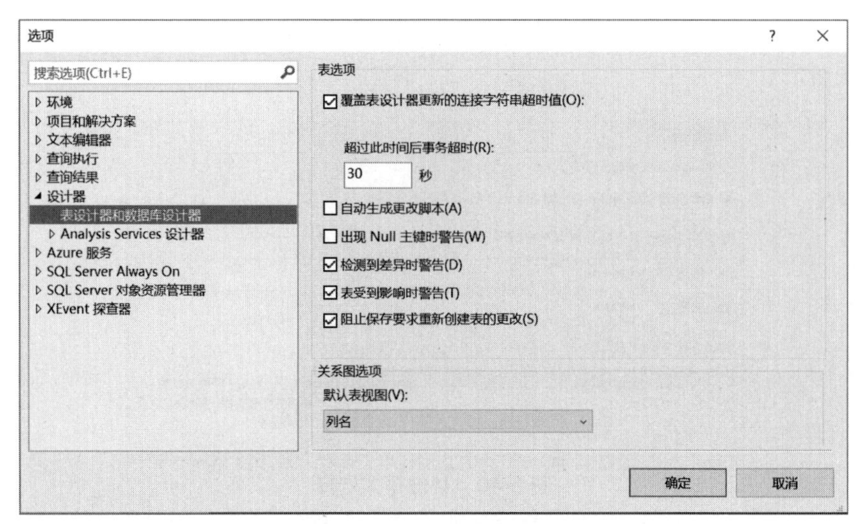

图 9-42 “选项”对话框

9.1.7 SQL Server 2019服务器

1. SQL Server 2019 服务器属性

①“常规”：在该选项中可以看到当前数据库的运行环境，如主机名、产品名、操作系统、版本、语言、根目录和服务器排序规则等内容，其中服务器排序规则会影响中文输入和排序，以Chinese开头的值对中文支持比较好，如图9-43所示。

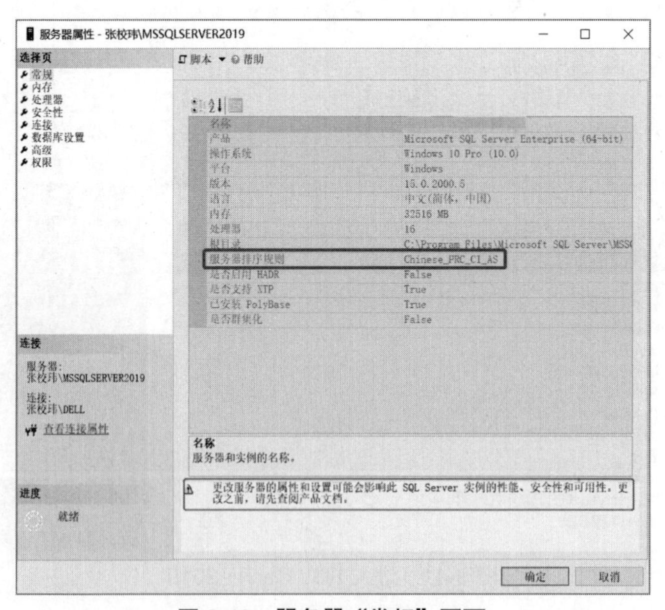

图 9-43 服务器“常规”页面

②“数据库设置”：在该选项中可以看到数据库默认的数据、日志、备份目录配置等内容，如图9-44所示。

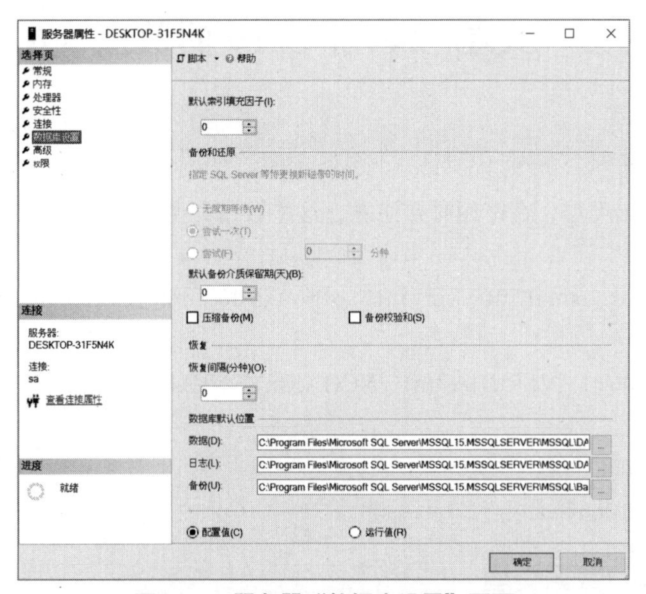

图 9-44　服务器“数据库设置”页面

2. 连接属性

在图9-44中单击“查看连接属性”，系统显示“连接属性”窗口，在此窗口中有产品、服务器环境、连接、身份验证等信息，如图9-45所示。

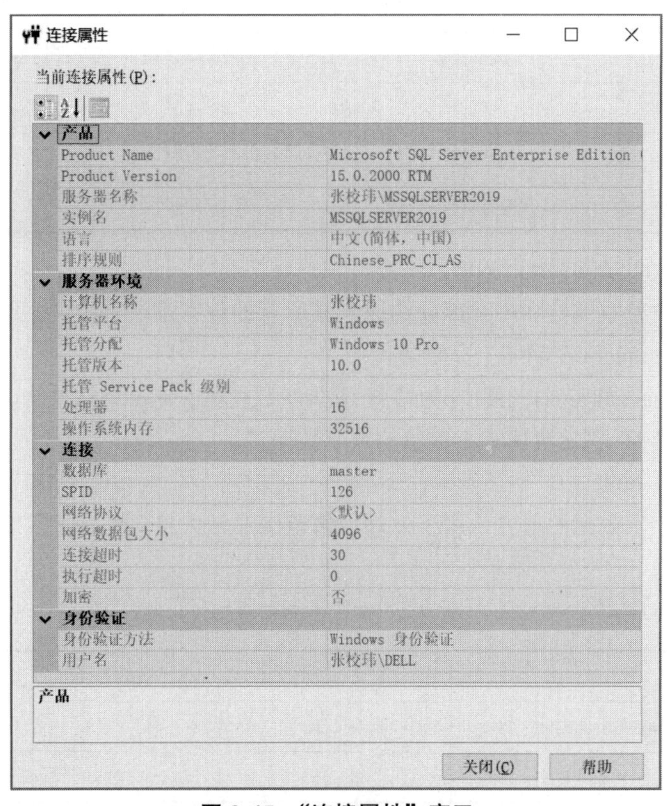

图 9-45　“连接属性”窗口

9.2 SQL Server 2019 的数据类型

9.2.1 基本数据类型

SQL提供了基本数据类型，在使用时要注意，这些数据类型和具体DBMS中不同，应用时注意查看相关使用手册。

① 数值型：包括int、smallint、tinyint、bigint、decimal、numeric、real、float、money、smallmoney。

② 字符串型：CHAR(n)、VARCHAR(n)、NCHAR(n)、NVARCHAR(n)、TEXT、NTEXT。

③ 位串型：bit(n)。

④ 日期和时间型：datetime。

⑤ 自定义型：create domain。

9.2.2 SQL Server2019数据类型

1. 整型：int、smallint、tinyint、bigint

整型包括四种类型。从标识符的含义可以看出，它们的表示数范围逐渐缩小，具体如表9-5所示。

表 9-5 整型数据类型

类　型	名　称	数 范 围	存储字节
bigint	大整数	-2^{63} ~ $2^{63}-1$	8
int	整数	-2^{31} ~ $2^{31}-1$	4
smallint	短整数	-2^{15} ~ $2^{15}-1$	2
tinyint	微短整数	0 ~ 255	1

2. 精确数值型：decimal、numeric

精确数值型数据由整数部分和小数部分构成，其所有的数字都是有效位，能够以完整的精度存储十进制数。decimal 和 numeric在功能上完全等价。

格式：numeric | decimal(p[,s])，其中p为精度，s为小数位数，s<p, 默认值为0。

存储$-10^{38}+1$ ~ $10^{38}-1$的固定精度和小数位的数字数据。

3. 浮点型：real、float

浮点型不能精确表示数据的精度，用于处理取值范围非常大且对精确度要求不太高的数值，具体如表9-6所示。

表 9-6 浮点型数据类型

类　型	数 范 围	定义长度(n)	精　度	字　节
real	–3.40E+38 ~ 3.40E+38	1 ~ 24	7	4
float	–1.79E+308 ~ 1.79E+308	25 ~ 53	15	8

4. 货币型：money、smallmoney

用十进制数表示货币值，具体如表9-7所示。

表 9-7 货币型数据类型

类　型	数 范 围	小数位数	字　节
money	−922 337 203 685 477.580 8 ~ 922 337 203 685 477.580 7	4	8
smallmoney	−214 748.3648 ~ 214 748.364 7	4	4

5. 位型：bit

位型只存储0和1。当为bit类型数据赋0时，其值为0；而赋非0时，其值为1。字符串值true转换为1，false转换为0。

通常情况下，0和1分别等价于false和true，在使用此类字段进行系统设计时可将其定义为某个功能的开关，亦可用作其他适合使用true、false的场景。

6. 字符型、Unicode 字符型和文本型：char/nchar、varchar/nvarchar、text/ntext

① char[(n)]：定长字符数据类型，其中n定义字符型数据的长度，在1 ~ 8 000之间，默认n=1。

② varchar[(n)]：变长字符数据类型，n（1 ~ 8 000）表示的是字符串可达到的最大长度。实际长度为输入字符串的实际字符个数，而不一定是n。

③ text：可以表示最大长度为$2^{31}-1$个字符，其数据的存储长度为实际字符个数。

④ varchar(MAX)、nvarchar(MAX)：最多可存放$2^{31}-1$个字节的数据，可以用来替换text、ntext数据类型。

注意：从SQL Server 2019(15.x)起，使用启用了UTF-8的排序规则时，这些数据类型会存储Unicode字符数据的整个范围，并使用UTF-8字符编码。若指定了非UTF-8排序规则，则这些数据类型仅会存储该排序规则的相应代码页支持的字符子集。

7. 二进制型和图像型：binary[(n)]、varbinary[(n)]、varbinary(MAX)、Image

① binary[(n)]：固定长度的n个字节二进制数据。n的取值范围为1 ~ 8 000，默认为1。binary(n)数据的存储长度为n+4个字节。

② varbinary[(n)]：n个字节变长二进制数据。

③ image（图像数据型）：用于存储图片、照片等。实际存储的是可变长度二进制数据，介于0 ~ $2^{31}-1$字节。该类型是为了向下兼容而保留的数据类型。

④ varbinary(MAX)：最多可存放$2^{31}-1$个字节的数据，推荐用户使用varbinary(MAX)数据类型来替代image类型。

8. 日期时间型：date、datetime、smalldatetime、datetime2、datetimeoffset、time

日期时间类型数据用于存储日期和时间信息，用户以字符串形式输入日期时间类型数据，系统也以字符串形式输出日期时间类型数据，具体如表9-8所示。

表 9-8 日期型数据类型

数据类型	日期范围	精确度	说　明
date	1.1.1 ~ 9999.12.31	日期	

续表

数据类型	日期范围	精确度	说明
datetime	1753.1.1 ~ 9999.12.31	3.33 ns	日期和时间分别给出
smalldatetime	1900.1.1 ~ 2079.6.6	分	日期和时间分别给出
datetime2	1.1.1 ~ 9999.12.31	hh:mm:ss[.nnnnnnn]	datetime(n) 表示 n(=1 ~ 7)
datetimeoffset	1.1.1 ~ 9999.12.31	100 ns	带时区偏移量，格式：YYYY-MM-DD hh:mm:ss[.nnnnnnn] [{+|-}hh:mm]
time	00:00:00.0000000 ~ 23:59:59.9999999	100 ns	time(n) 表示 n(=1 ~ 7) 格式：hh:mm:ss[.nnnnnnn]

9. 时间戳型：timestamp

时间戳型反映系统对该记录修改的相对（相对于其他记录）顺序，它实际上是二进制格式数据，其长度为8字节。每当对该表加入新行或修改已有行时，都由系统自动将一个计数器值加到该列，即将原来的时间戳值加上一个增量。一个表只能有一个timestamp列。

10. 平面和地理空间数据类型：geometry、geography

① geometry（平面空间数据类型）：作为.NET公共语言运行时（CLR）数据类型实现，表示欧几里得（平面）坐标系中的数据。

② geography（地理空间数据类型）：作为.NET公共语言运行时（CLR）数据类型实现，表示圆形地球坐标系中的数据。SQL Server支持geography数据类型用于存储GPS纬度和经度坐标之类的空间地理数据。

11. 其他数据类型：sql_variant、uniqueidentifier、xml、hierarchyid

① sql_variant：一种存储SQL Server支持的各种数据类型（除text、ntext、image、timestamp和sql_variant外）值的数据类型。sql_variant的最大长度可达8 016B。

② uniqueidentifier：唯一标识符类型。系统将为这种类型的数据产生唯一标识值，它是一个16B长的二进制数据。

③ xml：用来在数据库中保存XML文档和片段的一种类型，但是此种类型的文件大小不能超过2 GB。

④ hierarchyid：可表示层次结构中的位置。

9.3 使用 SQL Server 创建数据库

9.3.1 SQL Server数据库及其数据库对象

1. SQL Server 数据库实例

在一台计算机上可以安装一个或者多个SQL Server（不同版本或者同一版本），其中的一个称为一个数据库实例。一般安装的第一个SQL Server采用默认实例（在安装时指定），通过实例名称来区分不同的SQL Server。如果目标实例为非默认实例，则可在连接时在“服务器名称”中输入名称（如

“127.0.0.1\MSSQLSERVER2019”）连接非默认实例，示例中是连接本地的MSSQLSERVER2019命名实例。

2. SQL Server 数据库对象

① 表：表是存放数据及表示关系的主要形式，是最主要的数据库对象。

② 视图：视图是一个或多个基本表中生成的引用表（称为虚表）。

③ 索引：表中的记录通常按其输入的时间顺序存放，这种顺序称为记录的物理顺序。

④ 约束：约束用于保障数据的一致性与完整性。具有代表性的约束是主键和外键约束。

⑤ 存储过程：存储过程是一组为了完成特定功能的SQL语句集合，它存储在数据库中，存储过程具有名称，能够接收（输入）参数、输出参数、返回单个或多个值。

⑥ 触发器：触发器基于一个表的操作（插入、修改和删除）创建，编写若干条T-SQL语句，当该操作发生时，这些T-SQL语句会被执行，返回真或者假。

⑦ 默认值：默认值是在用户插入表的新记录前，系统设置的字段初始值。

⑧ 用户和角色：用户是指对数据库有存取权限的使用者；角色通常是一组权限，即将多项权限组合在一起并对其进行命名，形成一个权限组；若给该角色分配操作权限，则属于该角色所有用户都将拥有该权限的所有操作权限。

⑨ 规则：规则用来限制表字段的数据范围。

⑩ 类型：用户可以根据需要在给定的系统类型之上定义自己的数据类型。

⑪ 函数：用户可以根据需要将若干条T-SQL语句或者系统函数进行组合实现特定功能，定义成自己的函数。

3. SQL Server 数据库架构

简单地说，架构的作用是将数据库中的所有对象分成不同的集合，每一个集合就称为一个架构。数据库中的每一个用户都会有自己的默认架构。这个默认架构可以在创建数据库用户时由创建者设置，若不设置，则系统默认架构为dbo。数据库用户只能对属于自己架构中的数据库对象执行相应的数据操作。操作的权限则由数据库角色决定。

4. SQL Server 系统数据库

① master数据库：记录SQL Server系统的所有系统级信息。

② model数据库：保存SQL Server实例上创建的所有数据库的模板。

③ tempdb数据库：tempdb是所有用户使用的临时数据库。

④ msdb数据库：SQL Server代理使用msdb数据库来计划警报和作业，SQL Server Management Studio、Service Broker和数据库邮件等其他功能也使用该数据库。

5. SQL Server 文件

（1）文件

从逻辑上看，数据库是一个容器，存放数据库对象及其数据，其基本内容是表数据。但从操作系统角度（物理）看，数据库由若干个文件组成，它与其他文件并没有什么特殊的差异，仅仅是数据库文件由DBMS创建、管理和维护。

（2）数据文件和日志文件

在SQL Server中，数据库包含行数据文件和日志文件。行数据文件存放数据库数据，日志文件记录操作数据库的过程。

（3）文件组

数据库文件除了可扩大原有存储容量外，还可以增加新的数据文件，称为辅助数据文件。

6. SQL Server 中的 FILESTREAM

借助FILESTREAM，基于SQL Server的应用程序可以将非结构化数据（如文档和图像）存储在文件系统中。应用程序在利用丰富的流式API和文件系统性能的同时，还可保持非结构化数据和对应的结构化数据之间的事务一致性。

9.3.2 SQL Server界面形式创建数据库

在本书第4章中介绍了用SQL语句方式创建数据库及数据库表，本节主要介绍如何使用SQL Server提供的界面形式快速创建数据库及数据库对象。

1. 创建数据库

现以教学管理系统数据库（pxscj）为例介绍如何创建数据库，数据文件和日志文件的属性按默认值设置。

创建该数据库的过程如下：

① 启动SQL Server Management Studio，使用默认的配置连接到数据库服务器，系统默认打开“对象资源管理器”。

② 在“对象资源管理器”中右击“数据库”，在弹出的快捷菜单中选择“新建数据库”命令，打开“新建数据库”窗口。

③“新建数据库”窗口的左上方共有三个选项：“常规”、“选项”和“文件组”。在“常规”选项的“数据库名称”文本框中填写要创建的数据库名称pxscj（数据库逻辑名，操作数据库时采用该文件名），其他属性按默认值设置，如图9-46所示。

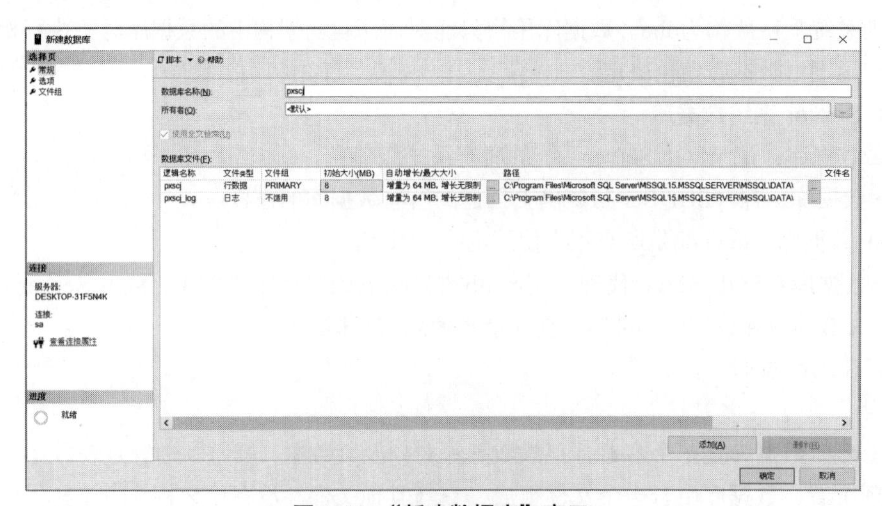

图 9-46 “新建数据库”窗口

说明：

① 文件存放位置：单击“路径”标签栏右侧的 ... 按钮自定义路径。

② 文件名：系统默认的行数据文件主文件名与数据库逻辑名称相同，日志文件加上_log，这里为pxscj.mdf和pxscj_log.ldf。在“文件名”文本框中，用户也可自己确定数据库文件名。

③ 文件组：数据库可包含若干个行数据文件和日志文件，通过文件组进行组织。

④ 初始大小：系统默认行数据文件初始大小为8 MB，日志文件为8 MB，用户可以进行修改。当数据库的存储空间大于初始大小时，数据库文件会按照指定的方法自动增长。在SQL Server 2019中，数据文件和日志文件的默认增长增量为63 MB，默认最大增长限度为不限制（不限制的含义为增长到数据文件所在盘符存满为止）。

⑤ 增长方式：单击“自动增长”标签栏右侧的...按钮，弹出如图9-47所示对话框。用户可根据实际需要或特殊要求自行修改。

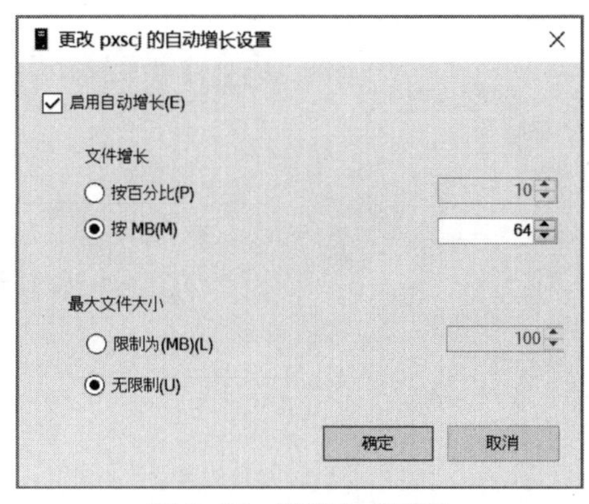

图 9-47　增长方式界面

至此，数据库pxscj已经创建完成。此时，可以在“对象资源管理器”窗口的“数据库”下找到pxscj数据库，在C:\Program Files\Microsoft SQL Server\MSSQL15.MSSQLSERVER\MSSQL\Data目录下找到对应的两个文件，其他为系统生成的数据库文件，如图9-48所示。

（a）

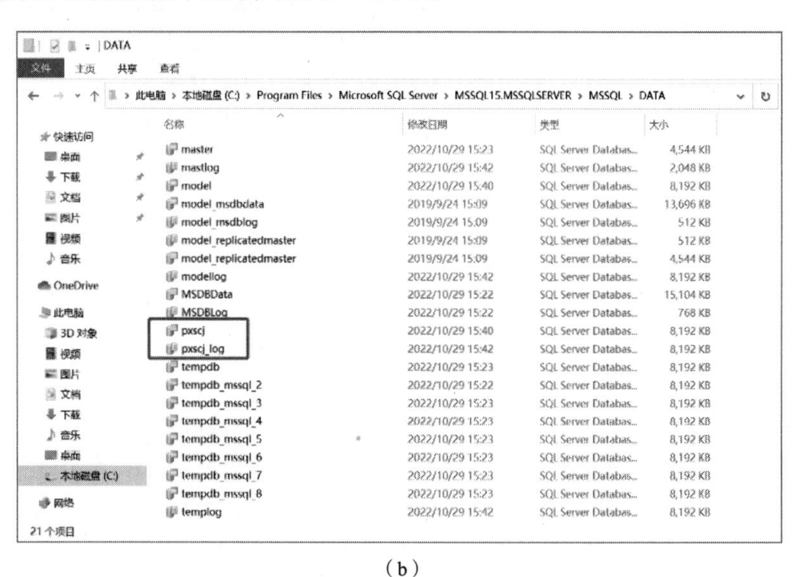

（b）

图 9-48　数据库文件位置

2. 数据库的修改与删除

（1）数据库修改

选择需要修改的数据库（pxscj），右击，在弹出的快捷菜单中选择“属性”命令，系统显示如图9-49所示的“数据库属性”窗口。

图 9-49 “数据库属性”窗口

①“文件”选项：增加或删除文件。一个数据库可包含一个主数据文件和若干个辅助数据文件，当数据库中的某些辅助数据文件不再需要时，应及时将其删除。但不能删除主数据文件，因为在主数据文件中存放着数据库的主要信息和启动信息，若将其删除，数据库将无法启动。

②“文件组”选项：增加或删除文件组。从系统管理策略角度出发，有时可能需要增加或删除文件组。当增加了文件组后，就可以在“文件”选项中，将新增文件组加入数据文件。

（2）数据库的重命名

在“对象资源管理器”中选择要重命名的数据库，右击，在弹出的快捷菜单中选择“重命名”命令，输入新的数据库名称即可更改数据库的名称。此时修改的是数据库的逻辑名，数据文件和日志文件的文件名和存储位置是不变的。

（3）数据库的删除

对一些不需要的数据库应该及时删除，以释放被其占用的系统空间。用户可以利用图形向导方式轻松地完成数据库的删除工作。

在“对象资源管理器”中选择要删除的数据库（如pxscj），右击，在弹出的快捷菜单中选择“删除”命令，弹出“删除对象”对话框，选中最下面的“关闭现有连接”选项，单击“确定”按钮删除数据库。

3. 数据库表的创建

（1）SQL Server的数据类型

数据表中列的数据类型可以是SQL Server提供的系统数据类型，也可以是用户定义的数据类型。SQL Server提供的数据类型如表9-9所示。每种数据类型的范围及使用可以参考9.2的相关内容。

表 9-9　SQL Server 提供的数据类型

数 据 类 型	符 号 标 识
整数型	Int、smallint、tiny、bigint
精确数值型	decimal、numeric
浮点型	real、float
货币型	money、smallmoney
位型	bit
字符型	char、varchar、varchar(MAX)
Unicode 字符型	nchar、nvarchar、nvarchar(MAX)
文本型	text、ntext
二进制型	binary[(n)]、varbinary[(n)]、varbinary(MAX)
图像型	Image
日期时间型	date、datetime、smalldatetime、datetime2、datetimeoffset、time
时间戳型	timestamp
平面和地理空间数据类型	geometry、geography
其他	sql_variant、uniqueidentifier、xml、hierarchyid

（2）数据库表的创建

在创建好的pxscj数据库上创建三张表：xsb表、kcb表、cjb表，这三张表的结构如表9-10 ~ 表9-12所示。

表 9-10　xsb 表结构

列　名	数 据 类 型	长　度	是否可空	默 认 值	说　明
学号	定长字符型（char）	6	×	无	主键，前 2 位表示班级，中间 2 位为年级号，后 2 位为序号
姓名	定长字符型（char）	8	×	无	
性别	位型（bit）	默认值	√	1	1：男；0：女
出生时间	日期型（date）	默认值	√	无	
专业	定长字符型（char）	12	√	无	
总学分	整数型（int）	默认值	√	0	
备注	不定长字符型（varchar）	500	√	无	

表 9-11　kcb 表结构

列　名	数 据 类 型	长　度	是否可空	默 认 值	说　明
课程号	定长字符型（char）	3	×	无	主键
课程名	定长字符型（char）	16	×	无	
开课学期	整数型（tinyint）	1	√	1	范围为 1 ~ 8
学时	整数型（tinyint）	1	√	0	
学分	整数型（tinyint）	1	×	0	范围为 1 ~ 6

表 9-12　cjb 表结构

列　名	数 据 类 型	长　度	是否可空	默 认 值	说　明
学号	定长字符型（char）	6	×	无	主键
课程号	定长字符型（char）	3	×	无	主键
成绩	整数型（int）	默认值	√	0	范围为 0 ~ 100

创建这几张表的步骤如下：

① 打开“表设计器”。在SSMS的“数据库”中展开pxscj，选中“表”选项，右击，在弹出的快捷菜单中选择“新建”→“表”命令，打开“表设计器”窗口，在“表设计器”窗口中输入学生表（xsb）结构，如图9-50所示。

图 9-50　xsb 创建界面

② 设置“列属性”。在表设计器列属性卡中输入各列，然后设置相关约束：

• 不能为空：取消选中“学号”、“姓名”和“性别”中“允许Null值”列上的复选框。

• 设置主键：在“学号”列上右击，在弹出的快捷菜单中选择“设置主键”命令，该字段前将显示小钥匙图标。

• 默认值或绑定：“专业”字段默认值设置为“计算机”；“性别”字段默认值段设置为1；“总学分”字段默认值设置为0。

列属性很多，上述属性是常规的属性，其他部分属性随着SQL Server的深入学习可以得到进一步理解。

③ 设置表属性。右击列编辑区域，在弹出的快捷菜单中选择“属性”命令，“属性”页中显示数据库名称为pxscj，用户修改（表名称）为xsb，再单击工具栏中的“保存”按钮即可完成保存操作。

另外两张表的创建如图9-51所示。

	列名	数据类型	允许 Null 值
🔑	课程号	char(3)	☐
	课程名	char(16)	☐
	开课学期	tinyint	☑
	学时	tinyint	☑
	学期	tinyint	☑

（a）kcb表

	列名	数据类型	允许 Null 值
🔑	学号	char(6)	☐
🔑	课程号	char(3)	☐
▶	成绩	int	☑

（b）cjb表

图 9-51 kcb 表和 cjb 表的创建

4. 创建完整性约束

（1）创建主键约束

对表建立PRIMARY KEY约束创建主键索引，选中要创建主键的字段，如“学号”，右击该字段，在弹出的快捷菜单中选择“主键”命令即可创建主键，系统自动按聚集索引方式组织主键索引。

（2）创建唯一性约束

如果要对kcb表中的“课程名”列创建UNIQUE约束，以保证该列取值的唯一性，则可进入kcb表的“表设计器”窗口，选择“课程名”属性列并右击，在弹出的快捷菜单中选择“索引/键”命令，弹出“索引/键”对话框，在常规的选项中可以看到“是唯一的”的值为“是”，单击“关闭”按钮，再保存表修改即可完成唯一约束的设置。

（3）创建check约束

① 在“对象资源管理器”中展开“数据库”→“pxscj”→“表”，选择dbo.cjb，展开后选择“约束”，右击，在弹出的快捷菜单中选择“新建约束”命令。

② 在弹出的“检查约束”对话框中，单击“添加”按钮，添加一个“检查约束”。在“常规”属性区域中的“表达式”栏后面单击“…”按钮（或直接在文本框中输入内容），弹出“CHECK约束表达式”对话框，编辑相应的CHECK约束表达式为“成绩>=0 AND 成绩<=100”。约束的标识名称修改为CK_cjb_cj，如图9-52所示。在“检查约束”对话框单击“关闭”按钮，完成检查约束的创建。

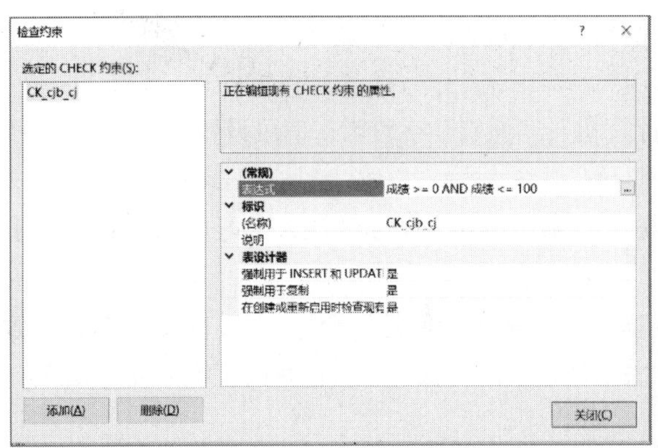

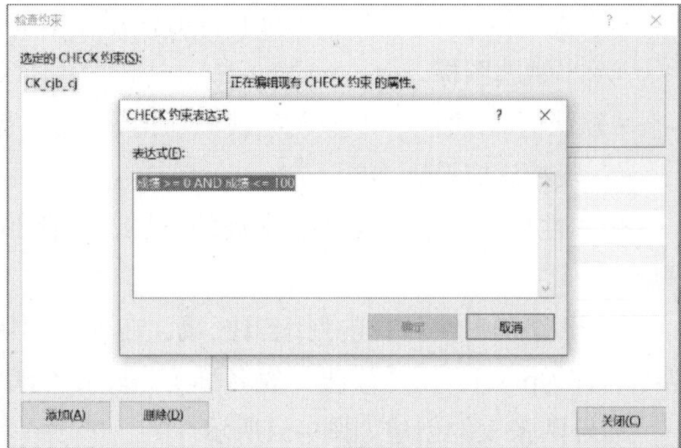

图 9-52　CHECK 约束

（4）创建外键约束

下面通过界面形式的操作实现xsb表与cjb表之间的参照完整性。

① 由于之前在创建表时已经定义xsb表中的“学号”字段为主键，所以这里就不需要再定义主表的主键。

② 在“对象资源管理器”中展开“数据库”→“pxscj”，选择“数据库关系图”，右击，在弹出的快捷菜单中选择“新建数据库关系图”命令，打开“添加表”窗口。

③ 在“添加表”窗口中选择要添加的表，本例中选择表xsb和表cjb。单击“添加”按钮完成表的添加，之后单击“关闭”按钮退出窗口。

④ 在“数据库关系图设计”窗口中将鼠标指向主表的主键，并拖动到从表，即将xsb表中的“学号”字段拖动到从表cjb中的“学号”字段。

⑤ 在弹出的“表和列”对话框中输入关系名、设置主键表和列名，单击“表和列”对话框中的“确定”按钮，再单击“外键关系”对话框中的“确认”按钮，弹出如图9-53所示对话框。

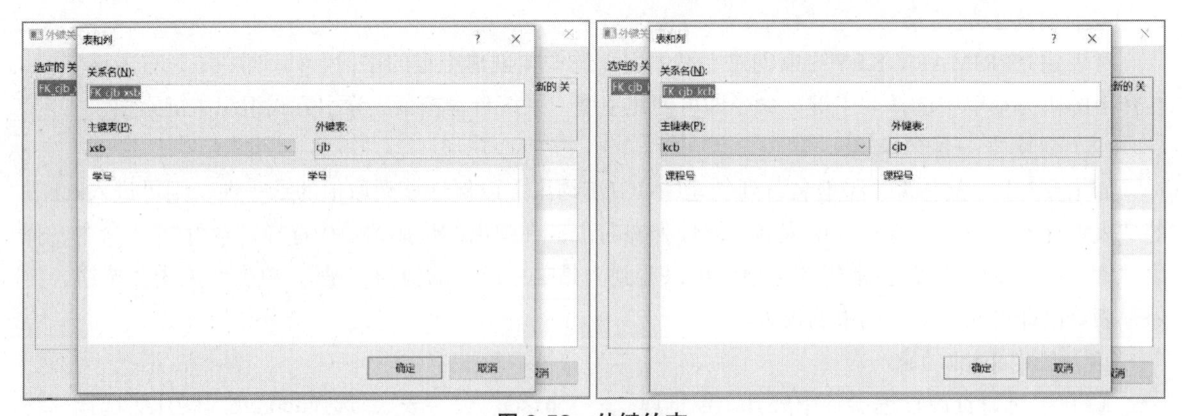

图 9-53　外键约束

⑥ 在弹出的“选择名称”对话框中输入关系图的名称，单击“确定”按钮，在弹出的“保存”对话框中单击“是”按钮，保存设置。

为提高查询效率，在定义主表与从表的参照关系前，可考虑先对从表的外键定义索引，然后定义主表与从表间的参照关系。

采用同样的方法，再添加kcb表并建立它与cjb表的参照完整性关系。

之后，可以在pxscj数据库的“数据库关系图”目录下看到所创建的参照关系，如图9-54所示。

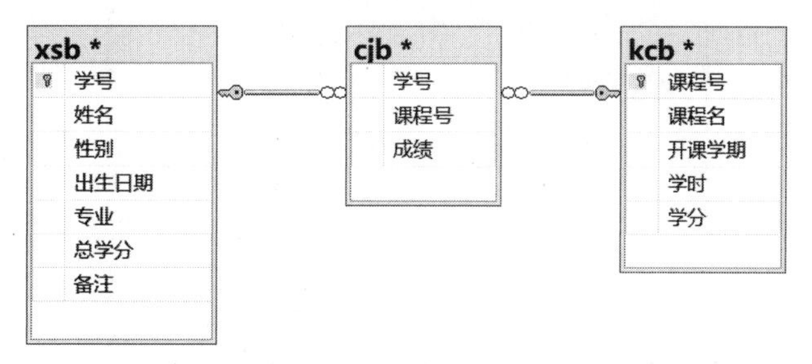

图 9-54　数据库关系图

如cjb表的学号和xsb表的学号有外键约束关系，如果在cjb表中输入xsb中不存在的学号，则系统显示错误，如图9-55所示。当在cjb中更新数据时，输入xsb中不存在的学号报错如图9-56所示。输入kcb中不存在的课程号时报错，如图9-57所示。

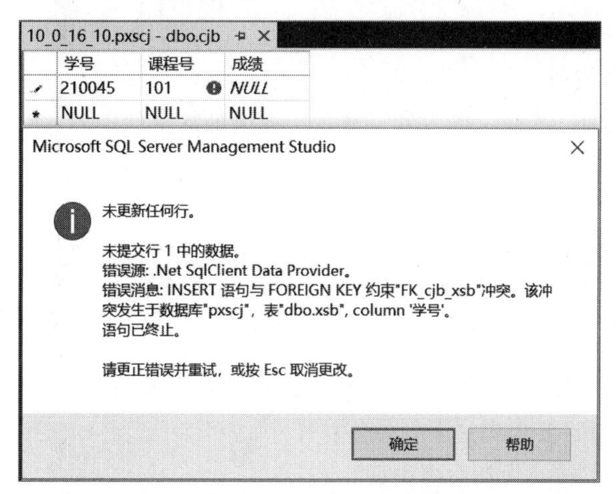

图 9-55　在 cjb 中输入 xsb 中不存在的学号导致错误

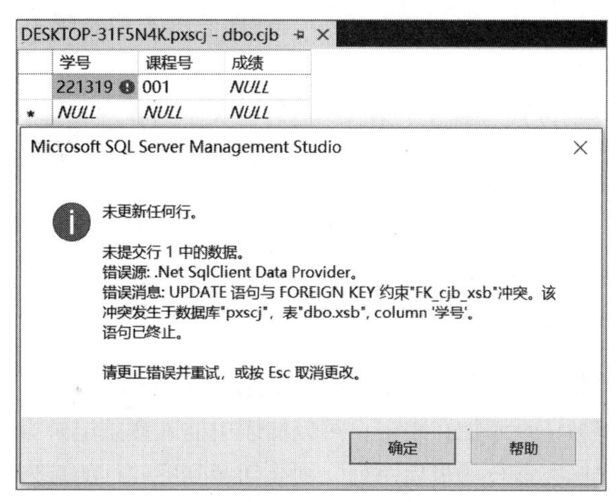

图 9-56　更新 cjb 时输入 xsb 不存在的学号导致错误

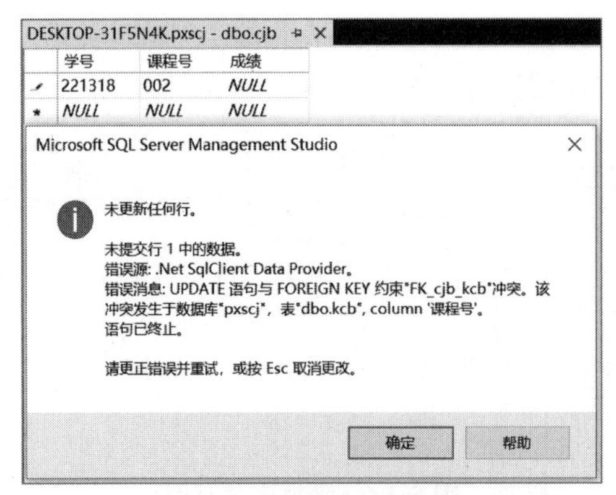

图 9-57　输入 kcb 不存在的课程号导致错误

5. 修改表结构

修改表结构包括增加列、删除列、修改已有列的属性（列名、数据类型、是否为空值等）。

在“对象资源管理器”中选择pxscj数据库中的xsb表，右击，在弹出的快捷菜单中选择“设计”命令，打开“表设计器”窗口。

（1）加入新列和删除某列

① 加入新列：右击该列，选择“插入列”命令，在增加的空列中加入新列名称及其属性。

② 删除某列：右击该列，选择“删除列”命令。

（2）列没有值修改列属性

如果当前表没有输入数据，或者需要修改的列没有值，则可以直接修改。如果出现问题，可以先删除该列，再增加列。

（3）列有值修改列属性

当表中有了记录后，一般不要轻易改变表结构，特别是不要改变列的数据类型，以免产生错误。在需要改变列的数据类型时，要求满足下列条件：

① 原数据类型必须能够转换为新数据类型。

② 新数据类型不能为timestamp类型。

③ 如果被修改列属性中有“标识规范”属性，则新数据类型必须是有效的“标识规范”数据类型。

注意： 如果不能通过界面方式修改表，在SSMS的面板中选择“工具”→“选项”命令，在弹出的“选项”对话框中选择“设计器”，取消选择“阻止保存要求重新创建表的更改”复选框，如图9-58所示。

6. 录入数据

现以pxscj数据库中xsb、kcb、cjb表为例，介绍表数据记录的插入、修改和删除。

（1）插入记录

刚开始输入数据，将光标定位在第一行，然后逐列输入列的值。输入完成后，将光标定位到当前表尾的下一行。插入记录将新记录添加在表尾，可以向表中插入多条记录。使用【Tab】键可快速将光标切换至下一列，若当前光标在该行的最后一列，则会切换到下一行的首列，熟练使用【Tab】键可提升数据录入效率。

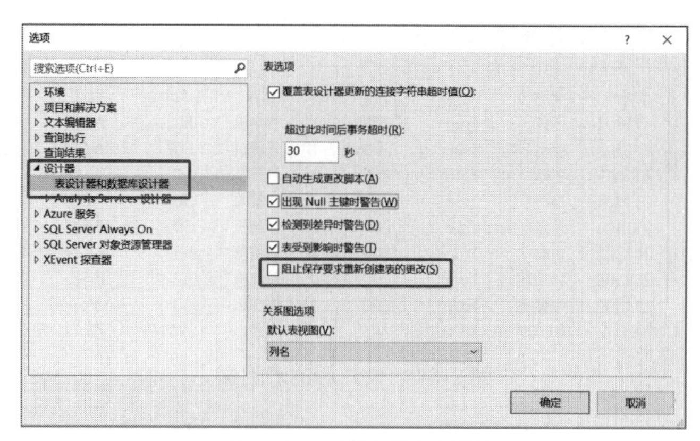

图 9-58　“选项”对话框

输入时需要注意：

① 没有输入数据的记录所有列显示为NULL。

② 若表的某些列（例如学号、姓名）不允许为空值，则必须为该列输入值，否则系统显示错误信息。已经输入内容的列系统显示“！”提示，如图9-59（a）所示。

③ 输入不允许为空值的列，其他列没有输入，将光标定位到下一行，此时设置默认值的列就会填入默认值，如图9-59（b）所示。

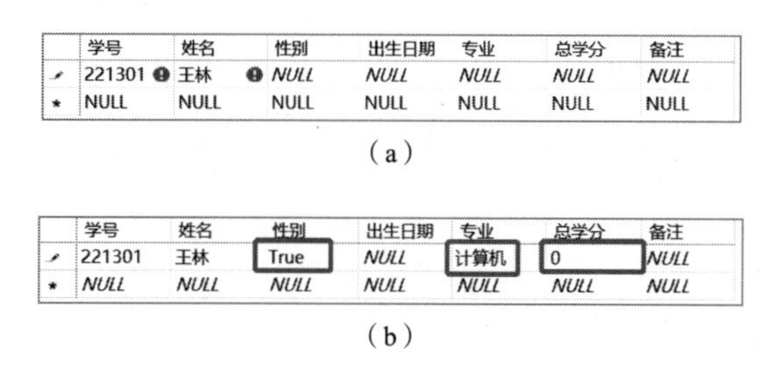

图 9-59　录入数据

④ 性别字段为bit类型，用户需要输入1或者0，系统对应显示True或者False。

⑤ 输入记录的主键（学号）字段值不能重复，否则在光标试图定位到下一行时系统显示错误信息，并且不能离开该行，如图9-60所示。

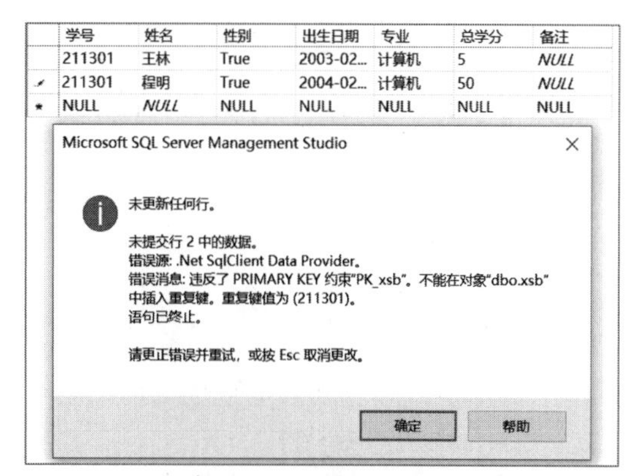

图 9-60　主键重复错误提示

整体数据录入后的xsb表的效果如图9-61所示。

	学号	姓名	性别	出生日期	专业	总学分	备注
	211301	王林	True	2003-02-10	计算机	50	NULL
	211302	程明	True	2004-02-10	计算机	50	NULL
	211303	王燕	False	2002-10-06	计算机	50	NULL
	211304	韦严平	True	2003-08-26	计算机	50	NULL
	211306	李方方	True	2003-11-20	计算机	50	NULL
	211307	李明	True	2003-05-01	计算机	54	NULL
	211308	林一帆	True	2002-08-05	计算机	52	班长
	211309	张强民	True	2002-08-11	计算机	50	NULL
*	NULL	NULL	NULL	NULL	NULL	NULL	NULL

图 9-61　录入后的表数据

（2）删除记录

当表中的某些记录不再需要时，应将其删除。在表数据窗口中定位需要删除的记录行，单击该行最前面的黑色箭头处选择全行，右击，选择“删除”命令，弹出确认对话框，单击“是”按钮将删除所选择的记录，单击“否”按钮将不删除该记录。

（3）修改记录

先定位被修改的记录的行，在列中直接进行修改，修改之后将光标移到下一行即可保存修改的内容。

按照上述方法，向课程表（kcb）和成绩表（cjb）中输入样本记录，如图9-62所示。

	课程号	课程名	开课学期	学时	学分
	101	计算机基础	1	80	5
	102	程序设计与语言	2	68	4
▶	206	离散数学	4	68	4
	208	数据结构	5	68	4
	209	操作系统	6	68	4
	210	计算机原理	5	85	5
	212	数据库原理	7	68	4
	301	计算机网络	7	51	3
	302	软件工程	7	51	3
*	NULL	NULL	NULL	NULL	NULL

（a）kcb表

	学号	课程号	成绩
	211301	101	80
	211301	102	78
	211301	206	76
	211302	102	78
	211302	206	78
	211303	101	62
	211303	102	70
▶	211303	206	81
	211304	101	90
	211304	102	84
	211304	206	65
	211306	101	65
	211306	102	71
*	NULL	NULL	NULL

（b）cjb表

图 9-62　kcb 和 cjb 的数据修改

9.4　数据库分离与附加

在学习数据库时，用户经常需要在不同服务器上完成同一数据库的操作，因此需要对数据库进行移动（专业术语称为数据库分离与附加）操作，因此，需要掌握如何完成数据库进行附加与分离操作，才能有效地让数据库在不同机器上运行并完成数据库设计、系统开发与调试工作。

9.4.1　数据库的分离

首先登录到SQL Server 2019，选择要分离的数据库文件，如pxscj数据库，右击该数据库，选择“任务”→“分离”命令（见图9-63），在弹出的对话框中选中“删除”和“更新”，然后单击“确定”按钮，分离成功。数据库将不出现在“对象资源管理器”中，但仍在磁盘上，在磁盘上找到该数据库文件（包括pxscj.mdf和pxscj.ldf两个文件），复制到所需的磁盘或U盘上即可实现数据库的移动。如果未执行分离操作，直接复制数据文件和日志文件，系统会弹出错误提示“该操作无法完成，……”。只有先执行分离操作，才能复制数据库文件和日志文件。

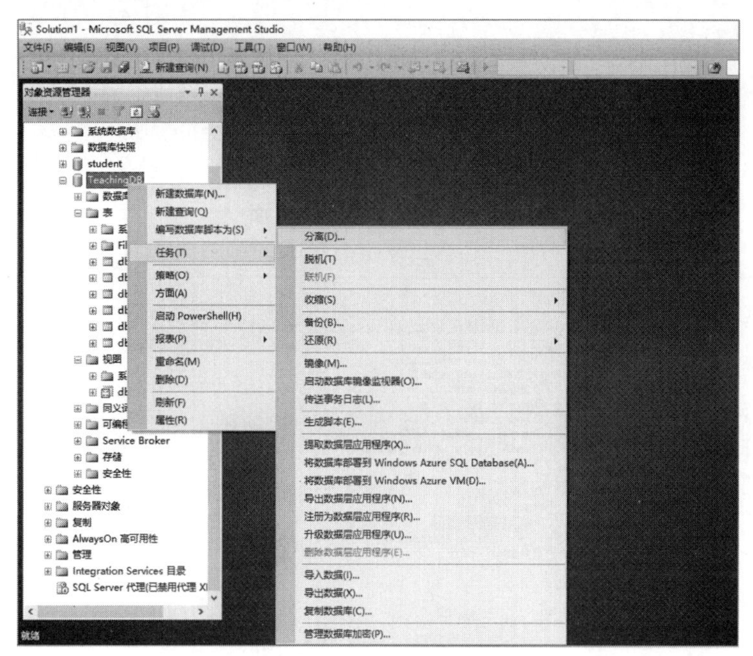

图 9-63　分离数据库

9.4.2　附加数据库

当需要使用某个已分离的数据库时，需要把该数据库附加到SQL Server 2019中。具体操作步骤如下：

① 在数据库上右击，选择“附加”命令，在弹出的对话框中单击“添加”按钮，如图9-64所示。

② 选择要添加的数据库文件（注意，是以.mdf为扩展名的文件），单击“确定”按钮。添加成功后，即可在“对象资源管理器”中看到该数据库。选择数据库文件和选择完成界面如图9-65和图9-66

所示。为了便于查找，建议不要将已分离的数据库文件放置在桌面进行附加，应放在更好找的位置，如C盘或D盘的根目录，也可放在某个自定义目录下。

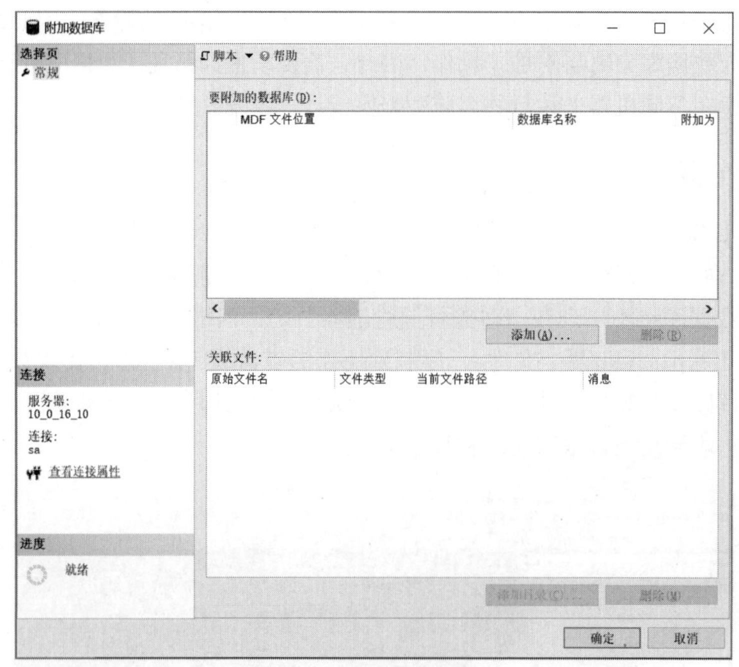

图 9-64　附加数据库界面

图 9-65　选择数据库文件界面

在SQL Server中，还可以使用“复制数据库向导”将数据库复制或转移到另一个服务器中。使用“复制数据库向导”前需要启动SQL Server代理服务，可以使用SQL Server配置管理器来完成。进入SQL Server配置管理器中，双击SQL Server代理服务，弹出“SQL Server代理属性”对话框，单击“启动”按钮，启动该服务后就可以使用“复制数据库向导”。

除了通过分离与附加操作完成数据库文件的迁移外，也可以通过备份与还原操作实现数据库的移动。

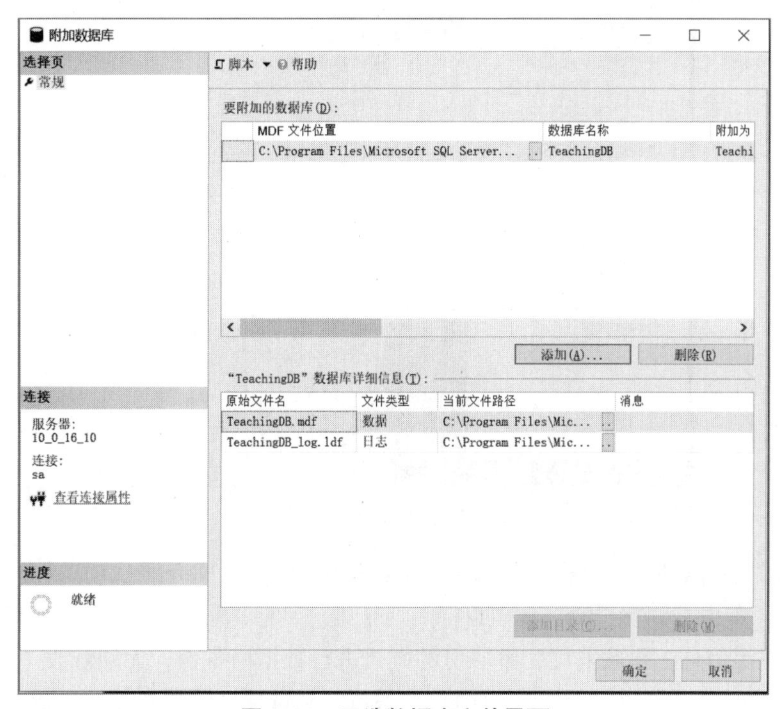

图 9-66　已选数据库文件界面

9.5　SQL Server 2019 数据库备份与还原

SQL Server备份和还原组件为保护存储在SQL Server数据库中的关键数据提供了基本安全保障。为了尽量降低灾难性数据丢失的风险，需要备份数据库，以便定期保存对数据的修改。计划良好的备份和还原策略有助于保护数据库，使之免受各种故障导致数据丢失的威胁。测试策略，方法是先还原一组备份，然后恢复数据库，以便准备好对灾难进行有效的响应。

数据库备份分为完整备份、差异备份和日志备份，SSMS默认的备份策略为完整备份。本节主要介绍数据库完整备份与还原的操作方式，以便读者在数据库学习或实践过程中方便地对数据进行备份。

9.5.1　数据库备份

数据库备份通常指从SQL Server数据库复制数据记录或从其事务日志复制日志记录来创建备份的过程。

下面的例子将以TeachingDB数据库备份操作为例介绍界面方式实现数据库完整备份。其操作步骤如下：

① 右击TeacherDB数据库，在弹出的快捷菜单中选择“任务”→“备份”命令，操作过程如图9-67所示。

图 9-67　备份操作过程

② 在打开的“备份数据库”窗口中可以看到左侧的“常规”、“介质选项”和“备份选项”三个选项（见图9-68），其中右侧有“源”和“目标”两个组。其中，“源”中包括数据库、恢复模式、备份类型、备份组件等信息，在此采用完整备份的方式进行数据库备份，无须修改“源”组中的设置，因为SSMS默认为完整备份。在“目标”组中有“备份”到选项，该选项默认磁盘，下方有数据库备份磁盘路径列表，默认为C:\Program Files\Microsoft SQL Server\MSSQL15.MSSQLSERVER\MSSQL\Backup，单击右侧的“添加”按钮可以添加备份路径，单击“删除”按钮可以删除选中的备份路径，本示例以默认路径为例进行数据库备份操作。

图 9-68　备份数据库窗口

③ 单击“确定”按钮即可执行备份，完成备份操作会弹出如图9-69所示的反馈结果。

图 9-69　数据库备份结果反馈

④ 完成备份后进入C:\Program Files\Microsoft SQL Server\MSSQL15.MSSQLSERVER\MSSQL\Backup目录可以看到“.bak”备份文件，备份文件及其所在路径如图9-70所示。

图 9-70　备份文件及其所在路径

9.5.2　数据库还原

数据库还原通常指将指定 SQL Server 备份中的所有数据和日志页复制到指定数据库的过程。

下面将以TeachingDB数据库还原操作为例介绍数据库还原的方法。具体操作步骤如下：

① 在“对象资源管理器”窗口中选中“数据库”，右击，在弹出的快捷菜单中选择“还原数据库”命令，如图9-71所示。

② 在弹出的“还原数据库”窗口中选中“设备”单选按钮，再单击“…”按钮选择数据库备份文件，如图9-72所示。

图 9-71　还原数据库操作

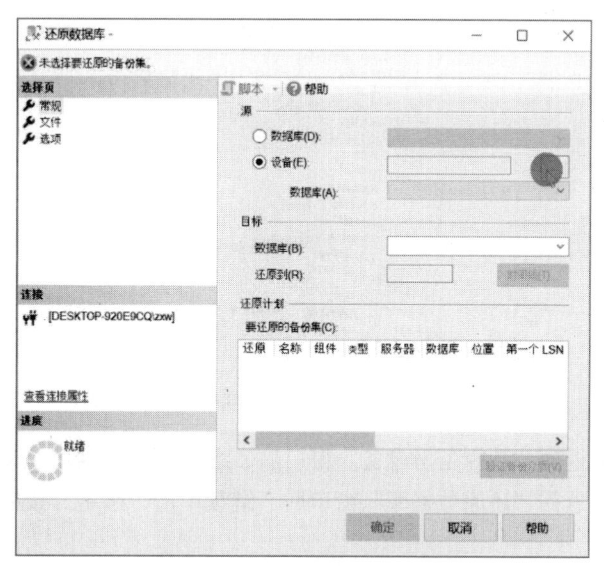

图 9-72　还“原数据库”窗口

③ 在弹出的“选择备份设备”窗口单击“添加”按钮，准备选择数据库备份文件，如图9-73所示。

图 9-73 “选择备份设备”对话框

④ 在弹出的“定位备份文件”窗口选择备份文件，通过备份文件位置列表左侧的目录可以快速找到指定路径下的.bak格式备份文件，选好备份文件后单击“确定”按钮关闭该窗口，如图9-74所示。

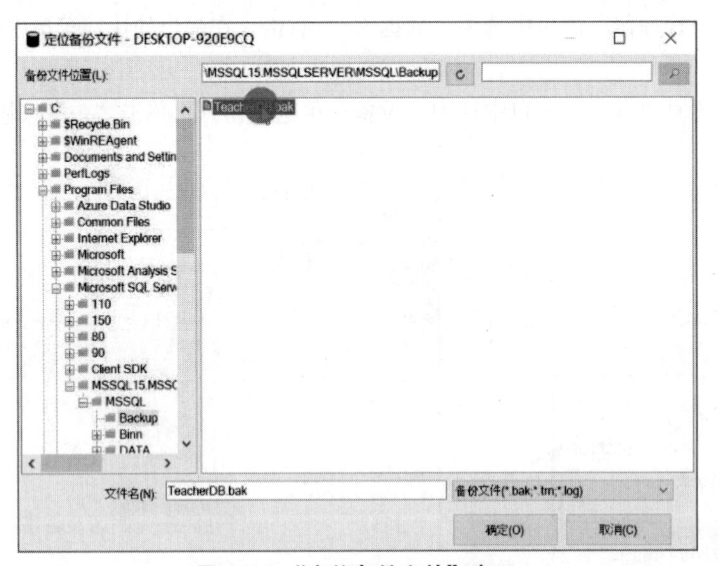

图 9-74 “定位备份文件”窗口

⑤ 返回“选择备份设备”窗口后，继续单击“确定”按钮，如图9-75所示。

⑥ 返回“还原数据库”窗口后，继续单击“确定”按钮执行数据库还原操作。

图 9-75　“选择备份设备”窗口

9.6　SQL Server 2019 安全管理

9.6.1　SQL Server 2019的安全机制

从第7章“数据库安全管理”中可以得知，数据库系统的安全性管理可以归纳为两方面的内容：一是对用户能否登录系统和如何登录的管理；二是对用户能否使用数据库中的对象和执行相应操作的管理。与之相对应，SQL Server 2019的数据安全机制也包括两部分：身份验证机制和权限许可机制。前者决定了用户能否连接到SQL Server 2019服务器，主要包括选择认证模式、认证过程和登录账号管理；后者决定了经过身份验证后的用户连接到SQL Server 2019服务器可以执行的具体操作，如服务器上的操作和具体数据库上的操作，主要包括数据库用户管理、角色管理、权限管理等内容。

1. SQL Server 2019 身份验证模式

身份验证模式是指系统确认用户的方式。SQL Server有两种身份验证模式：Windows身份验证模式和SQL Server身份验证模式。这是在安装SQL Server的过程中由“数据库引擎配置”确定的，如图9-76所示。

（1）Windows验证模式

用户登录Windows时进行身份验证，登录SQL Server时就不再进行身份验证。

注意：

① 必须将Windows账户加入SQL Server中，才能采用Windows账户登录SQL Server。

② 如果使用Windows账户登录到另一个网络的SQL Server，则必须在Windows中设置彼此的托管权限。

图 9-76　设置身份验证模式

（2）SQL Server验证模式

在SQL Server验证模式下，SQL Server服务器要对登录的用户进行身份验证。系统管理员必须设置登录验证模式的类型为混合验证模式。当采用混合模式时，SQL Server系统既允许使用Windows登录名登录，也允许使用SQL Server登录名登录。

2. SQL Server 2019 安全性机制

（1）服务器级别

服务器级别所包含的安全对象主要有登录名和固定服务器角色。其中，登录名用于登录数据库服务器，而固定服务器角色用于给登录名赋予相应的服务器权限。

SQL Server中的登录名主要有两种：第一种是Windows登录名；第二种是SQL Server登录名。

Windows登录名对应Windows验证模式，该验证模式所涉及的账户类型主要有Windows本地用户账户、Windows域用户账户和Windows组。

（2）数据库级别

数据库级别所包含的安全对象主要有用户、角色、应用程序角色、证书、对称密钥、非对称密钥、程序集、全文目录、DDL事件和架构等。

用户安全对象是用来访问数据库的。如果某用户只拥有登录名，而没有在相应的数据库中为其创建登录名所对应的用户，则该用户只能登录数据库服务器，而不能访问相应的数据库。

（3）架构级别

架构级别所包含的安全对象有表、视图、函数、存储过程、类型、同义词、聚合函数等。在创建这些对象时可设置架构，若不设置架构则系统默认架构为dbo。

数据库用户只能对属于自己架构中的数据库对象执行相应的数据操作。至于操作的权限则由数据库角色决定。例如，若某数据库中的表A属于架构S1，表B属于架构S2，而某用户默认的架构为S2，则该用户可以对表B执行相应的操作；但是，如果没有授予用户操作表A的权限，则该用户不能对表A执行相应的数据操作。

3. SQL Server 2019 数据库安全验证过程

用户如果要对某一数据库进行操作，则必须满足以下三个条件：

① 登录SQL Server服务器时必须通过身份验证。

② 必须是该数据库的用户，或者是某一数据库角色的成员。

③ 必须有对数据库对象执行该操作的权限。

不管使用哪种验证方式，用户都必须具备有效的Windows用户登录名。SQL Server有两个常用的默认登录名：sa和计算机名\Windows管理员账户名。其中，sa是系统管理员，在SQL Server中拥有系统和数据库的所有权限，如图9-77所示。

图 9-77　用户名连接服务器

9.6.2　建立和管理用户账户

1. 建立 Windows 验证模式的登录名

（1）创建Windows的用户

以管理员身份登录到Windows，打开控制面板，完成新用户liu的创建。

（2）将Windows账户加入SQL Server中

以管理员身份登录到SSMS，在“对象资源管理器”中，在“安全性”下选择“登录名”选项，右击，在弹出的快捷菜单中选择“新建”→“登录名”命令，打开“登录名-新建”窗口。可以通过单击“常规”选项的“搜索”按钮，在“选择用户或组”对话框的“输入要选择的对象名称”中输入liu，然后单击“检查名称”按钮，系统生成WINDEV2210EVAL\Liu（见图9-78），单击“确定”按钮，回到“登录名-新建”窗口，在登录名中就会显示完整名称。选择默认数据库为TeachingDB，如图9-79所示。

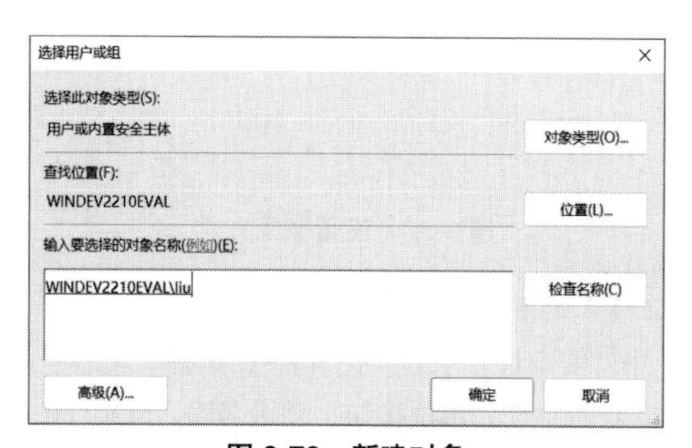

图 9-78　新建对象

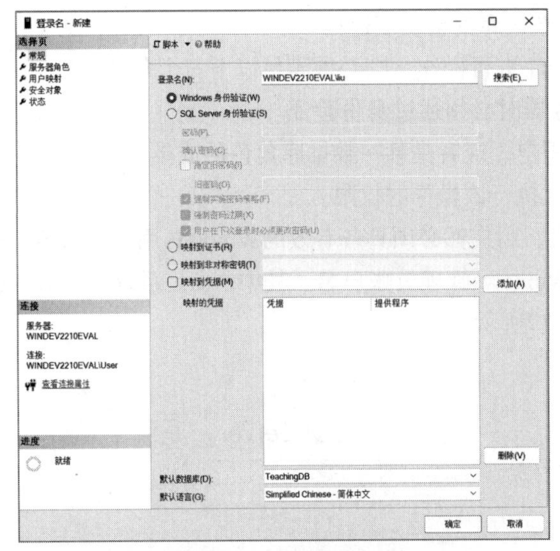

图 9-79　显示用户名

2. 建立 SQL Server 验证模式的登录名

（1）将验证模式设为混合模式

以系统管理员身份登录SSMS，在“对象资源管理器”中选择要登录的SQL Server服务器图标，右击，在弹出的快捷菜单中选择“属性”命令，打开“服务器属性”对话框。选择“安全性”选项，选择服务器身份验证为“SQL Server和Windows身份验证模式”，如图9-80所示。

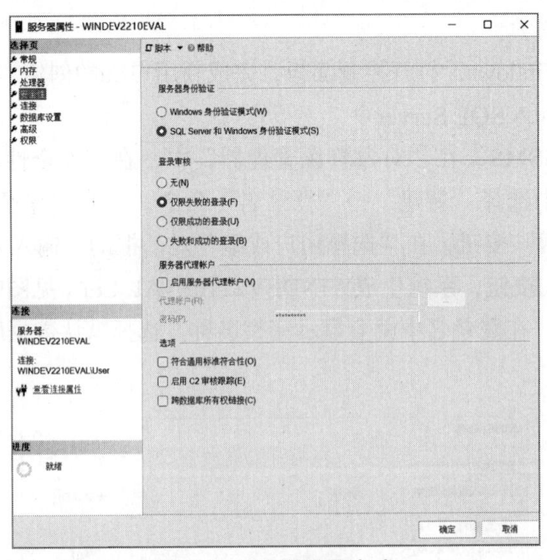

图 9-80　设置登录方式

（2）创建SQL Server验证模式的登录名。

右击“对象资源管理器”中“安全性”下的“登录名”，选择“新建登录名”命令，弹出“登录名-新建”对话框。选中“SQL Server 身份验证”单选按钮，登录名输入SQL_liu，输入密码和确认密码123，并取消选中“强制密码过期”复选框，默认数据库为TeachingDB，单击“确定”按钮即可，如图9-81所示。

图 9-81　新建登录名

3. 管理数据库用户

（1）以登录名新建数据库用户

以系统管理员身份连接SQL Server，展开“数据库”（这里可选TeachingDB）→“安全性”，选择“用户”，右击，选择“新建用户”命令，弹出“数据库用户-新建”对话框。

在“用户名”框中填写一个数据库用户名User_SQL_liu。

在“登录名”文本框中填写一个能够登录SQL Server的登录名，如SQL_liu。

一个登录名在本数据库中只能创建一个数据库用户。这里可选择默认架构为dbo，如图9-82所示。

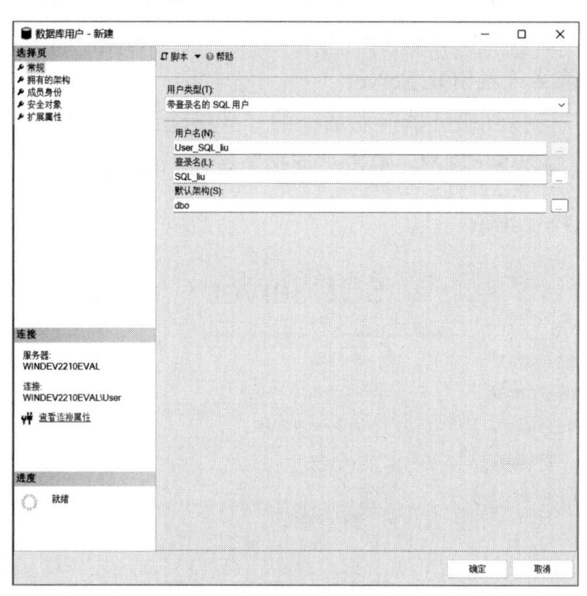

图 9-82　新建用户名（一）

也可采用上述方法在TeachingDB数据库下新建Windows登录名liu对应的用户User_liu，如图9-83所示。

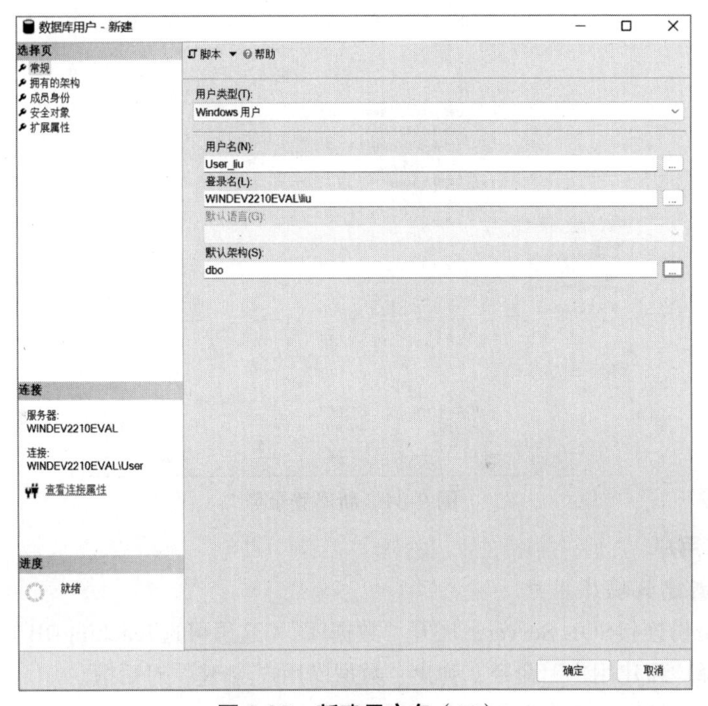

图 9-83　新建用户名（二）

（2）数据库用户显示

数据库用户创建成功后，可以通过选择TeachingDB→“安全性”，选择“用户”栏查看到该用户。在“用户”列表中，还可以修改现有数据库用户的属性，或者删除该用户。

（3）以SQL Server登录名连接SQL Server。

重启SQL Server，在“连接到服务器”对话框的“身份验证”框中选择“SQL Server身份验证”，“登录名”填写为SQL_liu，输入密码123，单击“连接”按钮，即可连接SQL Server，如图9-84所示。

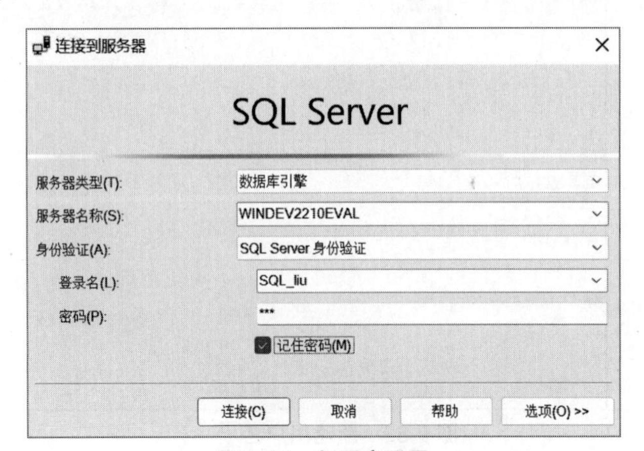

图 9-84　新用户登录

此时的“对象资源管理器”如图9-85所示。

图 9-85　对象资源管理器

9.6.3　SQL Server角色管理

角色是为了易于管理而按相似的工作属性对用户进行分组的一种方式。在SQL Server中，组是通过角色来实现的。角色分为服务器角色（又称固定服务器角色）和数据库角色两种。其中，服务器角色是服务器级别的一个对象，只能包含登录名；数据库角色是数据库级别的一个对象，只能包含数据库用户名。数据库角色又分为固定数据库角色和自定义数据库角色两种。

1. 固定服务器角色

固定服务器角色存在于服务器级别并处于数据库之外。在安装好SQL Server之后，系统自动创建了9个固定的服务器角色。服务器级固定角色和权限如表9-13所示。

表 9-13　服务器级的固定角色及权限

服务器级固定角色	权　限
sysadmin	sysadmin 固定服务器角色的成员可以在服务器上执行任何活动
serveradmin	Serveradmin 固定服务器角色的成员可以更改服务器范围的配置选项和关闭服务器
securityadmin	Securityadmin 固定服务器角色的成员可以管理登录名及其属性。他们可以 GRANT（授予）、DENY（拒绝）和 REVOKE（撤销或收回）服务器级权限，也可以 GRANT、DENY 和 REVOKE 数据库级权限（如果他们具有数据库的访问权限）。此外，他们还可以重置 SQL Server 登录名的密码。 重要提示：如果能够授予对数据库引擎的访问权限和配置用户权限，安全管理员可以分配大多数服务器权限。securityadmin 角色应视为与 sysadmin 角色等效
processadmin	processadmin 固定服务器角色的成员可以终止在 SQL Server 实例中运行的进程
setupadmin	setupadmin 固定服务器角色的成员可以使用 T-SQL 语句添加或删除连接的服务器。使用 Management Studio 时需要 sysadmin 成员资格
bulkadmin	bulkadmin 固定服务器角色的成员可以运行 BULK INSERT 语句。Linux 上的 SQL Server 不支持 bulkadmin 角色或管理 BULK OPERATIONS 权限。只有 sysadmin 才能对 Linux 上的 SQL Server 执行批量插入
diskadmin	diskadmin 固定服务器角色用于管理磁盘文件

续表

服务器级固定角色	权　限
dbcreator	dbcreator 固定服务器角色的成员可以创建、更改、删除和还原任何数据库
public	每个 SQL Server 登录名都属于 public 服务器角色。如果未向服务器主体授予或拒绝对安全对象的特定权限，则用户将继承对该对象公开的权限。只有在希望所有用户都能使用对象时，才在对象上分配 Public 权限。不能更改公共成员身份。 注意：public 与其他角色的实现方式不同，可通过 public 固定服务器角色授予、拒绝或撤销权限

2. 界面方式将登录账号添加到固定服务器角色

① 以系统管理员身份登录到SQL Server服务器，在“对象资源管理器”中展开“安全性”→“登录名”，选择登录名，如SQL_liu，双击或右击选择“属性”命令，打开“登录属性”窗口。

② 在打开的“登录属性”窗口中选择“服务器角色”选项，在“登录属性”窗口右侧列出了所有的固定服务器角色，用户可以根据需要，选中服务器角色前的复选框，为登录名添加相应的服务器角色。此处默认已经选择了public服务器角色，单击“确定”按钮完成添加。

3. 固定数据库角色

每个数据库中都有数据库角色，数据库角色分为固定数据库角色和自定义数据库角色。在安装好SQL Server之后，系统自动创建了10个固定的数据库角色，其角色名称和权限如表9-14所示。

表 9-14　数据库固定角色及其权限

固定数据库角色名	权　限
db_owner	db_owner 固定数据库角色的成员可以执行数据库的所有配置和维护活动，还可以删除 SQL Server 中的数据库。在 SQL 数据库和 Synapse Analytics 中，某些维护活动需要服务器级别权限，并且不能由 db_owners 执行
db_securityadmin	db_securityadmin 固定数据库角色的成员可以仅修改自定义角色的角色成员资格和管理权限。此角色的成员可能会提升其权限，应监视其操作
db_accessadmin	db_accessadmin 固定数据库角色的成员可以为 Windows 登录名、Windows 组和 SQL Server 登录名添加或删除数据库访问权限
db_backupoperator	db_backupoperator 固定数据库角色的成员可以备份数据库
db_ddladmin	db_ddladmin 固定数据库角色的成员可以在数据库中运行任何数据定义语言 (DDL) 命令。此角色的成员可以通过操作以高特权执行的代码来提升其特权
db_datawriter	db_datawriter 固定数据库角色的成员可以在所有用户表中添加、删除或更改数据
db_datareader	db_datareader 固定数据库角色的成员可以从所有用户表和视图中读取所有数据。用户对象可能存在于除 sys 和 INFORMATION_SCHEMA 以外的任何架构中
db_denydatawriter	db_denydatawriter 固定数据库角色的成员不能添加、修改或删除数据库内用户表中的任何数据
db_denydatareader	db_denydatareader 固定数据库角色的成员不能读取数据库内用户表和视图中的任何数据
public	一个特殊的数据库角色，每个数据库用户都是 public 角色的成员，因此不能将用户、组或角色指派为 public 角色的成员，也不能删除 public 角色的成员。通常，将一些公共的权限赋予 public 角色

无法更改分配给固定数据库角色的权限。分配给固定数据库角色的权限明细如图9-86所示。

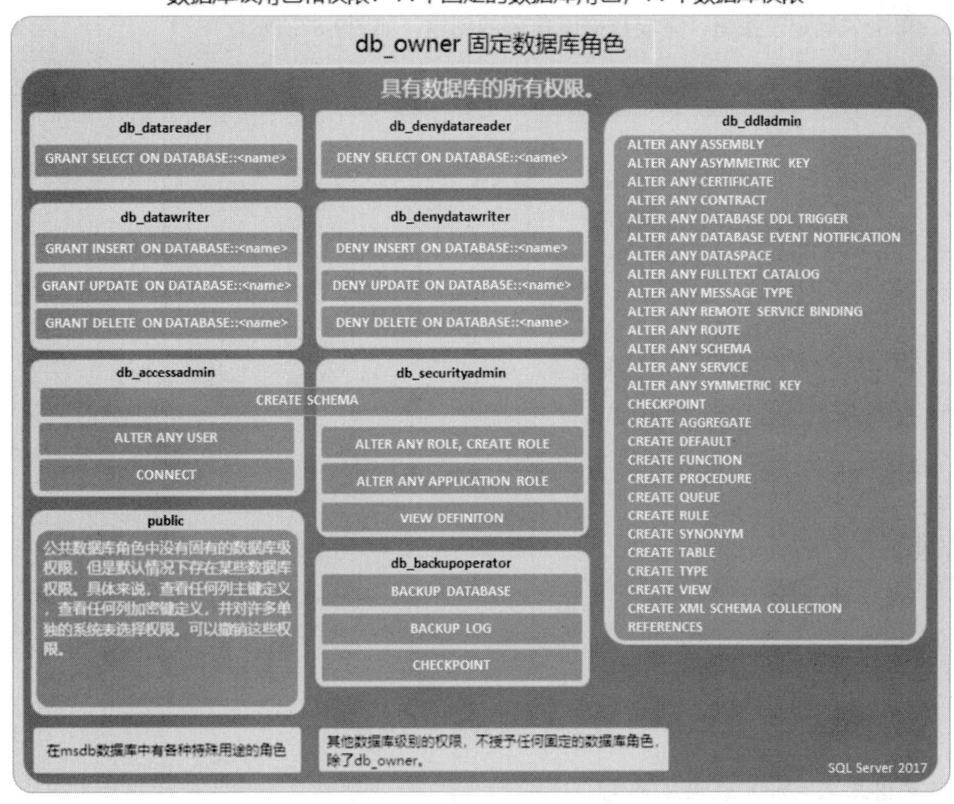

图 9-86　数据库角色及其权限明细

4. 界面方式将用户添加到固定服务器角色

① 以系统管理员身份登录到SQL Server服务器，在“对象资源管理器”中展开“数据库”→TeachingDB→“安全性”→“用户”，选择一个数据库用户，如User_SQL_liu，双击或右击并选择“属性”命令，打开“数据库用户”窗口。

② 在打开窗口的“成员身份”栏中，用户可以根据需要选中数据库角色前的复选框，为数据库用户添加相应的数据库角色，单击“确定”按钮完成添加。

③ 查看固定数据库角色的成员。在“对象资源管理器”中，在TeachingDB数据库的“安全性”→“角色”→“数据库角色”目录下，选择“数据库角色”（如db_owner），右击选择“属性”命令，在打开的“属性”窗口的“角色成员”栏下可以看到该数据库角色的成员列表。

5. 自定义服务器角色

当一组用户需要在SQL Server中执行一组指定的活动时，为了方便管理，可以创建用户自定义的数据角色。

（1）创建数据库角色

以Windows系统管理员身份连接SQL Server，在“对象资源管理器”中展开“数据库”，选择要创建角色的数据库（如TeachingDB），展开其中的“安全性”→“角色”，右击，在弹出的快捷菜单中选择“新建”→“新建数据库角色”命令，打开“数据库角色-新建”窗口。

在“数据库角色-新建”窗口中，选择“常规”选项，输入要定义的角色名称（如role1），所有者默认为dbo，单击“确定”按钮，完成数据库角色的创建，如图9-87所示。

图 9-87　新建数据库角色

（2）将数据库用户加入数据库角色

将用户加入自定义数据库角色的方法与将用户加入固定数据库角色的方法类似。例如，将TeachingDB数据库的用户User_SQL_liu加入role1角色。此时数据库角色role1的成员还没有任何权限，当授予数据库角色权限时，这个角色的成员也将获得相同的权限。当数据库用户成为某一数据库角色的成员之后，该数据库用户就获得该数据库角色所拥有的对数据库操作的权限。

6. 应用程序角色

当不允许用户使用任何工具来对数据库进行某些操作，而只能用特定的应用程序角色来处理时，就可以建立应用程序角色。应用程序角色不包含成员；默认情况下，应用程序角色是非活动的，需要用密码激活。在激活应用程序角色以后，当前用户原来的所有权限自动消失，而获得了该应用程序角色的权限。

创建应用程序角色的步骤如下：

① 以系统管理员身份连接SQL Server，在“对象资源管理器”窗口中展开“数据库”→TeachingDB→“安全性”→“角色”，右击“应用程序角色”，选择“新建应用程序角色”命令。

② 在“应用程序角色-新建”窗口中输入应用程序角色名称APPRole，默认架构dbo，设置密码为123，如图9-88所示。

在“安全对象”页面中，可以单击“搜索”按钮，添加“特定对象”，选择对象为SC表。单击“确定”按钮回到“安全对象”页面，授予course表和student表的“选择”权限，完成后单击“确定”按钮，如图9-89所示。

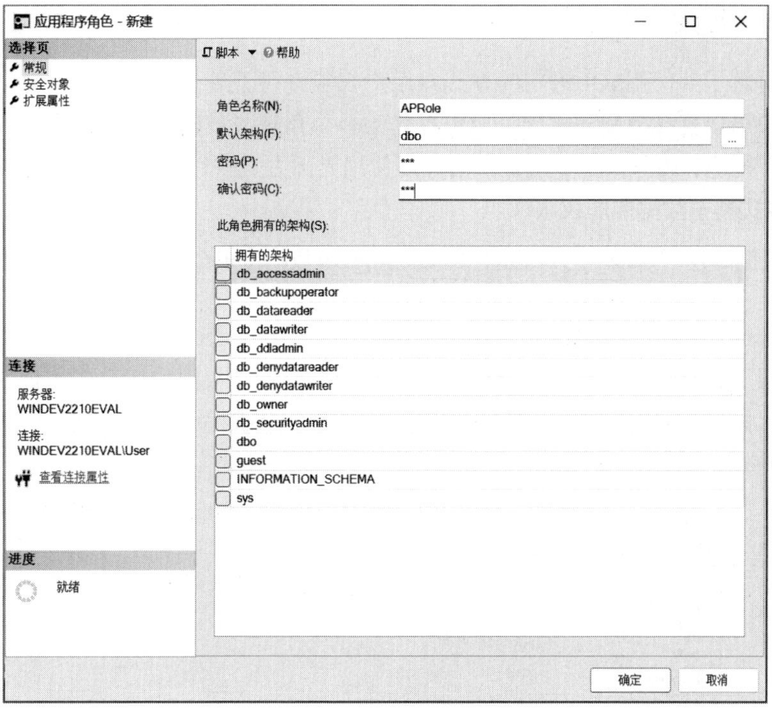

应用程序角色 - 新建

选择页
常规
安全对象
扩展属性

脚本 ▾ 帮助

角色名称(N): APRole
默认架构(F): dbo
密码(P): ***
确认密码(C): ***

此角色拥有的架构(S):

拥有的架构
db_accessadmin
db_backupoperator
db_datareader
db_datawriter
db_ddladmin
db_denydatareader
db_denydatawriter
db_owner
db_securityadmin
dbo
guest
INFORMATION_SCHEMA
sys

连接
服务器:
WINDEV2210EVAL
连接:
WINDEV2210EVAL\User
查看连接属性

进度
就绪

确定　取消

图 9-88　创建应用程序角色

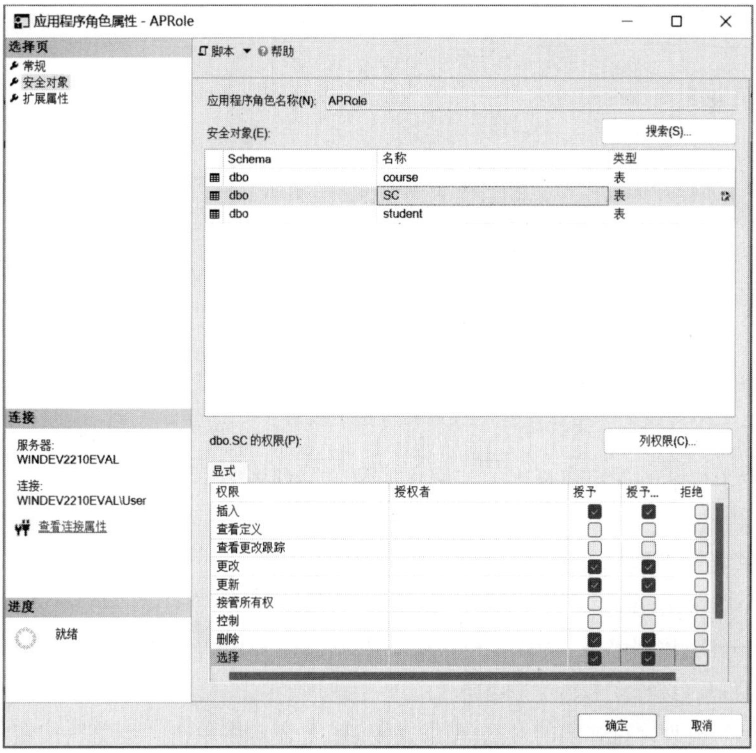

应用程序角色属性 - APRole

选择页
常规
安全对象
扩展属性

脚本 ▾ 帮助

应用程序角色名称(N): APRole

安全对象(E): 搜索(S)...

Schema	名称	类型
dbo	course	表
dbo	SC	表
dbo	student	表

dbo.SC 的权限(P): 列权限(C)...

显式

权限	授权者	授予	授予...	拒绝
插入		☑	☑	☐
查看定义		☐	☐	☐
查看更改跟踪		☐	☐	☐
更改		☑	☑	☐
更新		☑	☑	☐
接管所有权		☐	☐	☐
控制		☐	☐	☐
删除		☑	☑	☐
选择		☑	☑	☐

连接
服务器:
WINDEV2210EVAL
连接:
WINDEV2210EVAL\User
查看连接属性

进度
就绪

确定　取消

图 9-89　应用程序角色授权

9.6.4 SQL Server权限管理

前面章节中讲解了如何用SQL语句的方式对用户权限进行管理。权限用于控制用户如何访问数据库对象。一个用户可以直接分配到权限，也可以作为一个角色成员间接获得权限。一个用户的权限有三种形式：授予、拒绝、废除。本节主要介绍如何使用界面方式进行权限管理。

1. 以界面方式授予数据库的权限

例9-1 数据库用户User_SQL_liu授予TeachingDB数据库的CREATE TABLE语句的权限（即创建表的权限）。

① 选择TeachingDB数据库，右击，选择“属性”命令，进入TeachingDB数据库的“数据库属性”窗口，选择“权限”选项。在“用户或角色”栏中选择需要授予权限的用户或角色User_SQL_liu，在窗口下方列出的“权限”列表中找到相应的权限“创建表”，将其右侧复选框选中，单击“确定”按钮即可完成，如图9-90所示。

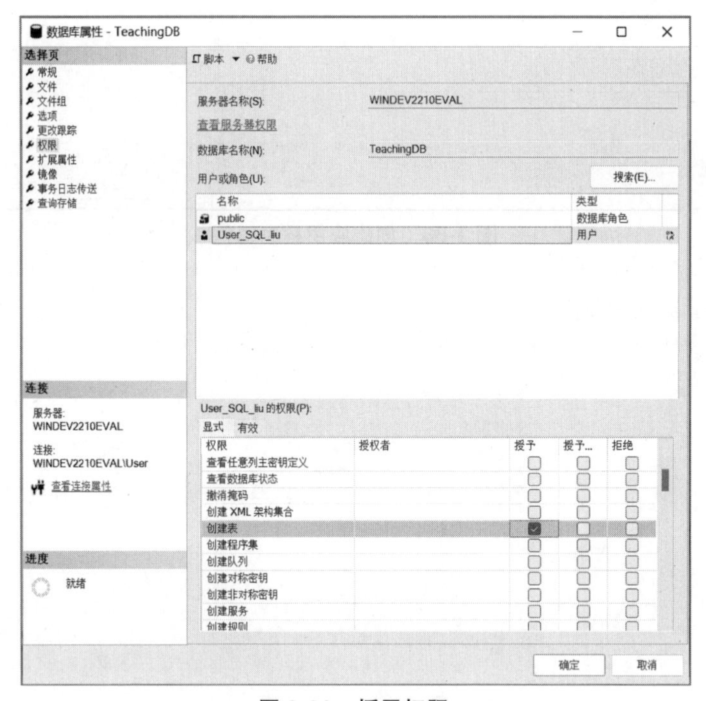

图9-90 授予权限

② 如果需要授予权限的用户在列出的“用户或角色”列表中不存在，可以单击“搜索”按钮将该用户添加到列表中再选择。单击“有效”选项卡可以查看该用户在当前数据库中有哪些权限。

2. 以界面方式授予数据库对象的权限

例9-2 给数据库用户User_SQL_liu授予course表的SELECT、INSERT权限。

① 选择TeachingDB数据库→“表”→course，右击，在弹出的快捷菜单中选择“属性”命令，打开course表的属性窗口，选择“权限”选项。

② 单击“搜索”按钮，在弹出的“选择用户或角色”窗口中单击“浏览”按钮，选择需要授权的用户或角色User_SQL_liu，然后单击“确定”按钮回到course表的属性窗口，界面如图9-91所示。

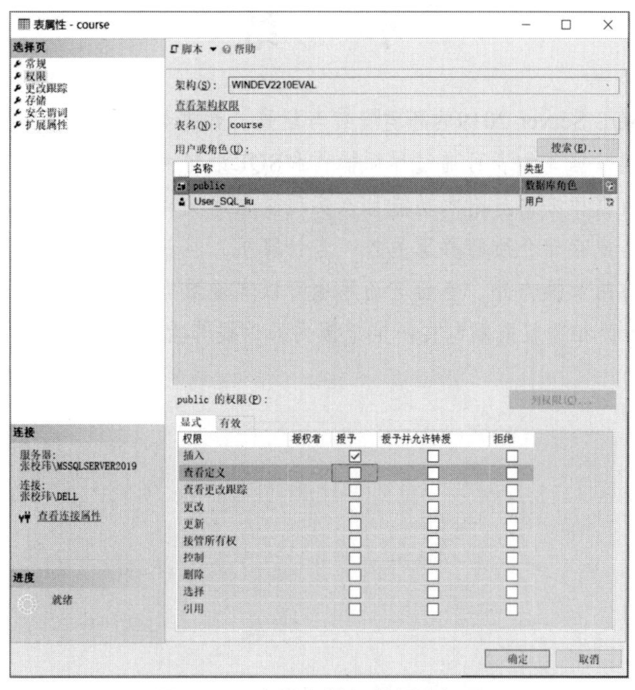

图 9-91　为用户授权数据库权限

③ 在“权限”列表中选择需要授予的权限，如“插入”，单击“确定”按钮完成授权。

④ 如果要授予用户在表的列上的SELECT权限，可以选择“选择”权限后单击“列权限”按钮，在弹出的“列权限”对话框中选择要授予权限的列，如图9-92所示。

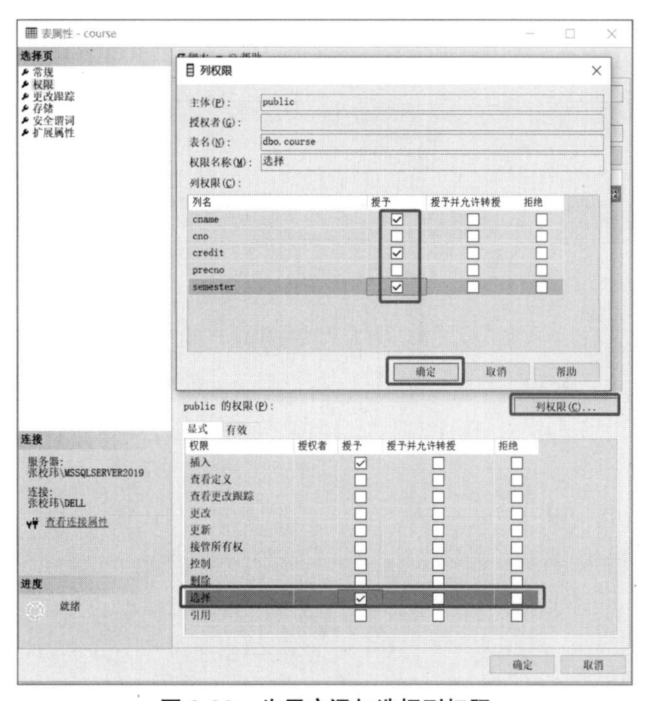

图 9-92　为用户添加选择列权限

小　　结

本章系统地介绍了SQL Server 2019的环境安装与配置、数据类型、界面方式建库建表、数据库分离与附加和安全管理。创建数据库和表可通过界面操作和SQL语句两种方式创建，均可达到预期目的，只是操作方式不同而已。数据库分离与附加功能可以实现数据库文件的迁移，完成分离动作后可将数据库文件和日志文件通过网络或存储介质转移至另外一台计算机，在新计算机上完成附加操作后，可以正常使用数据库。除了分离与附加操作外，备份与还原也可以实现数据库的迁移。数据库安全管理可以将服务器、数据库、数据表等的相关权限限制在一定范围内，以提升数据安全性。